现 代 建 筑 与 设 计

作者在本书里探索了从 19 世纪初至今，现代建筑的历史以及与此相关的设计技术的发展。生动的文字以及 1000 多张表现图同时也说明了经济和社会的发展影响着设计师以及影响着过去 200 年的建筑。

书中共有 120 页全版面插图。每一个插图都有一个主题，每一个主题都反映了当时技术上、经济上以及艺术上的大事。随同这些历史资料的还有历史人物素描画，经济统计的图表，家具的风格，建筑设计图以及城市的变化。所有这些描述都配有精美的图片。

本书的独特魅力在于图文并茂，每一个历史时期的建筑发展及艺术风格的描述都有插图来表现，比较直观，便于读者利用视觉手段来了解错综复杂的时代变化。

本书无论对建筑学专业的学生，还是建筑设计人员以及一般的读者，对他们了解建筑的历史及发展都是非常有价值的。

现 代 建 筑 与 设 计

——简明现代建筑发展史

[英] 比尔·里斯贝罗 著

羌 苑 肖 驰 龚清宇 译

赵中枢 校

中国建筑工业出版社

图字：01-98-2135 号

图书在版编目（CIP）数据

现代建筑与设计/（英）里斯贝罗（Riseboro. B.）著；
羌苑等译.—北京：中国建筑工业出版社，1999（2021.3 重印）
书名原文：Modern Architecture and Design
ISBN 978-7-112-03748-3

Ⅰ. 现… Ⅱ.①里… ②羌… Ⅲ. 建筑设计 Ⅳ. TU2

中国版本图书馆 CIP 数据核字（1999）第 09378 号

This edition first published in 1982 in Great Britain by The Herbert Press，
a division of A & C Black (Publishers) Limited，London. ENGLAND
Copyright © 1982 Bill Riseboro

本书由英国 Herbert 出版社授权翻译出版

责任编辑：程素荣

现代建筑与设计
——简明现代建筑发展史

［英］比尔·里斯贝罗 著

羌苑 肖驰 龚清宇 译

赵中枢 校

＊

中国建筑工业出版社出版、发行(北京海淀三里河路9号)

各地新华书店、建筑书店经销

北京建筑工业印刷厂印刷

＊

开本：787×1092 毫米 1/16 印张：15½ 字数：370 千字
1999 年 9 月第一版 2021 年 3 月第二次印刷

定价：**65.00 元**

ISBN 978-7-112-03748-3

（36967）

目　　录

作者致谢信

许多朋友和同事帮助我确定了本书的指导思想和内容，他们中间有格雷厄姆·道尔（Graham Dowell）、路易斯·费尔南德斯—盖利亚诺（Luis Fernández-Galiano）、杜吉·戈登（Dougie Gordon）和戴维·派克（David Pike）。本书曾经伦敦评论家斯特吉斯和罗杰·康诺弗（Roger Conover）以及麻省理工学院（MIT Press）出版社同事的许多修改。戴维和布伦达·赫伯特（Brenda Herbert）再三鼓励并劝我坚持，雅斯曼·阿特伯里（Jasmine Atterbury）以她的技术完成了索引，艾莎·阿卜杜勒—哈利姆（Ayeshah Abdel-Haleem）给文稿打字，其中少量修改的又重新打，埃丽卡·亨宁格（Erica Hunningher）很细心地帮我校对。我衷心地感谢每一位朋友和同事，还要感谢我的妻子克里斯蒂娜（Christine），为了书的出版，竭尽全力在许多方面帮助我。

插图一览表

一、现代的普罗米修斯——工业革命

任何人类历史的第一个前提无疑是有生命的个人的存在。因此，第一个需要确定的具体事实就是这些个人的肉体组织，以及受肉体组织制约的他们与自然界的关系。……任何历史记载都应当从这些自然基础以及它们在历史进程中由于人们的活动而发生的变更出发。……人们生产他们所必需的生活资料，同时也就间接地生产着他们的物质生活本身（《德意志意识形态》第一卷第一章，〈马克思恩格斯选集〉第一卷 24—25 页）。

物质条件——即社会制度、政治体制及一般说的文化，包括艺术和建筑——最终是要依靠一种社会的谋生方式，现代建筑和设计必须被看作是与现代的经济制度有联系的，和被其限定的，当 18 世纪和 19 世纪的伟大革命使资产阶级掌权时，这个制度就开始生效，创造了一个以工业生产为基础的新的人类社会。

在 18 世纪中叶，这种很小的变化已经发生，以农业经济占主导地位的欧洲，和殖民地的美洲被传统的占有土地的阶层统治着，而他们的政治却被旧政体中的国王和贵族控制着。最典型的是法国，表面上强大，有众多的人口和一支庞大的军队，被貌似永恒的波旁王朝的政权严密控制着。然而法国半封建的社会结构和它那停滞和低效率的小农经济，以及不发达的国内贸易，这些对最终要依靠工业化的经济发展仍是巨大的障碍。整个西方世界的情况在不同程度上都是如此，从过时的和分裂的德意志列国，到奥—匈帝国，再到有追求的美洲殖民地诸国，在德国，霍恩佐勒·布兰登伯格（Hohenzollern Brandenburg）独自从封建制度中摆脱出来；在奥—匈帝国那里，哈伯斯伯格王朝（Habsburg Court）统治的优越感和僵化，使整个帝国机构的活力耗竭；而美洲在经济上一直受英国统治阶级的支配。

贵族政府的态度和思想，不仅控制着西方的经济和政治，还支配着西方的文化。一种长期的完整的理性传统，它的起源和对人们的激励，可以追溯到古代和文艺复兴时期的罗马，同时创造了一种神圣的语言，把所有国家的统治阶级联合起来，并对它们进行了安排，除了他们自己的劳动阶层以外。要求作家、音乐家和艺术家们进行合作，在创造使之丰富，能互相交流的秘密的语汇方面进行帮助。在他们之中有绅士派的建筑师、受过教育者、有文化者、享有高的社会地位的人，以及在设计宫殿、府邸和公共建筑的过程中，愿意去卖力表达统治阶级意愿的人。当设计建筑物中，不要依靠在工地上的工匠的情况第一次成为可能并得到社会承认时，建筑师和他的作品就基本上是文艺复兴的产物。贵族的教育是注重理论和研究古迹，而轻视实践，其结果是产生了唯理智论，而脱离了建设过程本身，和失去了在普通社会中的根基。

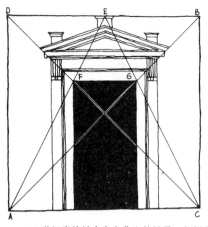

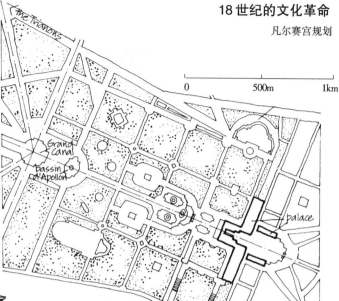

18世纪贵族社会在文化上的继承，包括文化复兴时建筑上的比例关系。(本图绘自塞尔里奥(Serlio)1537年出版的第一本书)和勒·诺特雷(Le Nôtre)设计的巴洛克风格的凡尔赛宫规划

兰格汉斯设计的勃兰登堡大门

风格上的革命来自启蒙运动后的浪漫——古典主义运动。勒杜克斯(Ledoux)在设计'La Saline'时，用了塔斯干风格(此设计工程未建，只是为了交流用)

兰格汉斯(Langhans)运用古希腊风格(基于雅典卫城)设计了勃兰登堡大门(Brandenburg Gate 1788－1791)

吉利(Gilly)设计的普鲁士国家剧院，几乎完全去掉了古典主义风格

吉利设计的国家剧院

帕勒林(Palgrin)设计的凯旋门(1806—1836)

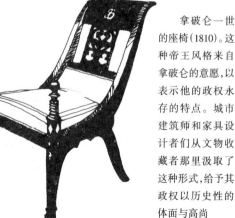

拿破仑一世的座椅(1810)。这种帝王风格来自拿破仑的意愿，以表示他的政权永存的特点。城市建筑师和家具设计者们从文物收藏者那里汲取了这种形式，给予其政权以历史性的体面与高尚

在社会等级较低的一端是工匠建筑师，他们建造的是下等人的住房和村舍小屋，构成了任何国家的大部分建筑活动。虽然现在他们的祖先——中世纪的石匠和木匠师傅的影响不大，然而通过口授和实际的例子，他已经继承了来自中世纪的技能。它有一个具有明显局限性的传统，缺少理智上的促进，和与外界沟通的概念，但是它有它的实力，特别是它可以让建筑设计自然地发展，适合建筑构造的实践性。与理智性的传统不同，它还是名符其实的民间艺术，属于普通的人民。在18世纪和19世纪阶级分化明显，工业化趋势增强的情况中，对于工匠建筑师和他的建造方法的威胁也在增加。在英国，因反对破坏他们的传统和生计建立起来的建筑行业工会，其团结和战斗精神是早期工人运动的基础。

如果确实没有受到威胁，理性的传统也会有大的变化；当资产阶级得到经济上的权力时，肯定属于贵族上流社会有文化的建筑师，他面临着去判断较多的专业上的要求。在17世纪和18世纪，文化传统看上去有足够的稳定，路易十四的凡尔赛宫是这个年代的象征，在一个宏大的宫殿里，一个巨大的巴洛克风格的作品周围被几英里长布置得很规整的花园环绕着，呈放射状的街道象征国王的领土将向各处延伸。这是在前几个世纪就已经提出来的宏伟的设想，仅仅是对上帝——这个世界上有绝对王权的最伟大的人——的纪念，和象征皇权的永恒。但是这种宏伟和权力是建立在不稳固的基础上的；这种明显的消耗，仅仅靠勒索一个效率差的小农经济的税款是不能维持的。欧洲一些宫廷和具有强权、腐败的官僚机构也意识到需要现代化，甚至试着自己去解决这些问题。在彼得大帝和凯瑟琳女王的领导下，俄国尝试向工业化前进；在普鲁士出现的情况是弗雷德里克国王有效地改善了农业、贸易和工业，甚至法国的波旁王朝在路易十五和路易十六两位国王的领导下，开辟了主要的道路网，扩大了纺织和冶金工业，为解决燃料而进口了煤，并且从英国引进了蒸汽机。但是，正是那些旧的政治制度使经济发展停滞不前，这个事实是掩盖不了的。在18世纪期间，对旧的政治制度不断增长的挑战，是由于一种新的资产阶级思想的质疑、批评和交流，这些理智性的促进因素，来自于伏尔泰（Voltaire）和卢梭（Rousseau），休漠（Hume）洛克（Locke）和边沁（Bentham），杰裴逊（Jofferson）和佩因（Paine）的启蒙运动。这些革命的思想得到了普遍地传播。"自由"、"平等"、"博爱"的思想体系的言论，是最能够广泛吸引人的概念，并且要在资产阶级雄心的支配下，去消除来自政治和经济各个方面的障碍。

和其它艺术一样，建筑也开始反映新的人本主义的精神。这种思想的发展源于前罗马过去所表现的那种质朴的高贵的思想，是没有被文艺复兴时流行的社会制度的堕落所玷污的。从温克尔曼开始考古学的发展，以及皮拉内西(Giovanni Battista Piranesi 1720—1778)的戏剧性的建筑设计，都有助于去发现早期的建筑形式。在法国，布利意（Elienne Louis Boullée 1728—1799）和莱杜克斯（Claude Nicolas Ledoux 1736—1806）发展了一种简单的宇宙的几何形体，用在他们的许多未建的建筑设计中。莱杜克斯在他的两个主要的建成的作品——拉·萨利（La Saline）国家化学工厂，在贝桑松附近（1775—1779），和巴黎周围的几个收费门的设计中很好地使用了质朴的塔斯干风格，和罗马的风格没有联系。在柏林，兰格汉斯（Carl Gotthard Langhans 1732—1808）设计了新希腊风格的勃兰登堡门（Brandenburg Gate 1788—1791），是 19 世纪在全欧洲建造的许多礼仪式的拱门中的第一个，在这里也有吉利（Friedrich Gilly 1772—1800）设计的纪念弗里德里克大帝的纪念堂，和普鲁士国家剧院，都未建成，但是二者都表现出了所有彻底"革命"的建筑师那种崇高的本质。在英国，这种彻底性是被建筑师索恩（John Soane 1753—1837 年）所追求的，他已经知道了在意大利的皮拉内西（Piranesi），并且后来受到莱杜克斯的影响。在 1780 年代期间，索恩早就钟爱新希腊风格，在以后的几年，发展到去探索一种纯几何形式的建筑，从此以后，在所有的设计中，就是很少的一点古典主义的装饰都被取消了。他晚期的代表性作品有雷恩的切尔西医院扩建工程（Wren's Chelsea Hospital 1809—1817）、在南伦敦的达利奇美术馆（Dulwich Picture Gallery 1811—1814）、位于贝斯纳尔格林的圣·约翰教堂（St John's Church Bethnal Green 1825—1828）和他的杰作——在伦敦城的英格兰银行（The Bank of England 1791—1833）。英国的建筑师兼工程师拉特罗伯（Benjamin Latrobe 1764—1820）把索恩的思想带进了美国。随后有一个早期的协会，杰斐逊总统亦参与其中，他自己在意大利风格方面是一个天才的设计者。拉特罗伯把新希腊风格介绍给了这个国家，当时他正在设计费城和新联邦政府首都华盛顿的公共建筑。拉特罗伯在他自己的作品中运用了索恩后期的几种风格，如他的杰作——巴尔的摩大教堂（Baltimore Cathedral 1804—1818）。

这种建筑的"朝圣"，从意大利风格到希腊和塔斯干；这种连续的对更多的原始主义和庄严质朴的探索，是我们后来知道浪漫主义运动的一部分，传播到全欧洲。它的开始可以在 18 世纪早期英格兰的诗歌中看到，但是它达到的顶点在 18 世纪末期和 19 世纪早期的诗歌作品中，像华兹·华斯（Words worth）、拜伦（Byron）和基茨（Keats），戏剧家像歌德（Goethe）、席勒（Schiller）和莱辛（Lessing），以及众多的小说家司各脱（Scott）、曼佐尼（Manzoni）、杜马（Dumas）、乔治斯·桑德（Georges Sand）、布朗特斯（Brontës）和波（Poe）。当这个运动发展时，它吸收了来自艺术家和音乐家的贡献；德拉克洛瓦❶（Delacroix）的任性和异国情调；康斯特布尔❷（Comstable）的热情是为上苍；特纳❸（Turner）的是为了上苍和古人；舒伯特❹（Schubert）观察生活像一个英雄的朝圣者；贝多芬❺（Beethoven）的快乐的人类自由的梦幻。浪漫主义使许多知识分子脱离了贵族集团，奉承的表现方式转向代表资产阶级的价值，其最高的概念是作为一个自由独立的人，而不是国家或教会的奴才。个人主义是每一个浪漫主义作品重要的内在的主题；人们重新回到大自然和远古的简朴，文明的虚伪的价值已远离了他，他发现那些文学上的古典主义——丹蒂（Dante）、莎士比亚（Shakespeare）塞万提斯（Cervantes）——在他们的作品中首先重要的是人而不是那些能被看清的抽象的价值；这要求用多方面的新的"思维派"去取代宫庭集团的理性的优越性；一种新的自由的表现是可以让艺术去

---

❶ 德拉克洛瓦，法国画家，坚持浪漫主义，与官方学院派的古典主义相抗衡。
❷ 康斯特布尔，英国风景画家，其作品真实生动地表现瞬息万变的大自然景色。
❸ 特纳，英国画家，擅长水彩画和油画，其历史风景画及富有诗趣的风景画自成风格。
❹ 舒伯特，奥地利作曲家。
❺ 贝多芬，德国作曲家。

回答关于人类生活、命运、人类的过去、世界本身和许多以前的其它事物的问题，或者是对上面这些问题的评论。富有浪漫色彩的艺术基本上是与思想有关，上面那些自由主义者的自由思想，平等和博爱，二者是促进的，并且在大西洋两岸，依次拿它们去促进一系列的政治革命。

随着1776年的美国革命，在重建的时期中，建筑师们大部分都在表现一种复活的精神方面发挥了作用。在波托马克河岸建立了华盛顿城，在当地特殊选择了一种建筑风格，去象征以农业为主的南方和新的工业化的北方，以及有文化的东部州和野蛮的西部，事实上是要求用新希腊风格去避免与过去的英国贵族建筑有联系。拉特罗伯把意大利风格的白宫，用希腊的爱奥尼克柱式进行了重建（1807），并且在1815年开始去重建扩大的美国国会大厦（the United States Capitol），由他的富有创造力的合伙人布尔芬奇（Charles Bulfinch 1763—1844）完成在1829年。从内部的建筑上的宗旨来看，新的国家机构和公元前5世纪雅典民主政权之间是相同的。尽管自相矛盾，新城的规划放进这些新的象征物还是适合的。由法国工程师朗方（Pierre Charles L Enfant 1754—1825）设计的新城规划，并没有吸收比路易十四的凡尔赛宫更多的民主思想，它的宽大的巴洛克式的街景虽然美丽，但是给一个生气的城市留下了不相宜的功能上的问题，和为了一个新的民主秩序留下了象征性的错误。但在另一方面资产阶级自由本身还是迷惑人的，尽管这个革命使得北方的利益，和南方对北方工业化制度的自由扩张保持一定距离的矛盾尖锐了。直到1861年的南北战争时，才出现解决经济自由的办法。

同样在法国也是如此，虽然1798年的革命使它成为所有自由主义者的浪漫主义的象征，革命后数年的事件证明了其他方面的进展。一系列政治上的广泛的改革以后，拿破仑稳定了机构和法律，并且扩大了人民的民主。学院派的罗马风格的公共建筑，如维格诺（Vignon）设计的马德莱娜 Madeleine 教堂（1806—1843）和帕尔格里（Palgrin）设计的在埃图瓦勒（Etoile）的凯旋门（Arc de Triomphe 1806—1836），开始了拿破仑帝国在国外的权利和在国内的专制。设计的这种新的帝国风格，是由拿破仑宫廷建筑师佩西尔（Percier）和方丹（Fontaine）创造的，为了使建筑能鼓舞人，大量地吸收罗马、希腊和埃及建筑的精华，虽在主观上企图去否定这些形式，然而对法国的波旁王朝来说，运用后其建筑是壮观的，并且虽然这些风格本身被说成是具有先进性和现代的，实际上它继续表现出这个国家高于人民的权势，拒绝接受任何一种自由，不管是资产阶级的还是其它什么的自由。

18世纪末，在世界上只有一个国家存在资产阶级的自由。在17世纪时期英国的革命永远地结束了皇室的绝对的权力，使英国的资产阶级有可能成长为一种政治力量，然后到18世纪期间，才有了建立在最终要依靠的资产阶级的经济力量基础上的，工业化的基本的先决条件——农村的佃户几乎全部消逝，因此才有可能向新的工作转移；农业改革增加了食品生产和参加生产的劳动人数；高度发展的市场经济贯穿全国，它建立在农业、城市商业和农业机器制造的基础上；正在发展的国外贸易网络的存在，使市场能够扩展；以上所有这些良机，和新的不受束缚的中产阶级的积极性，与挥霍的贵族形成鲜明的对比，为新工业的投资积累了资金。法国大革命或许可称为新时代的象征，然而，（英国的）工业革命也是实际存在的。

自从 1688 年国会在威斯敏斯特作出了最重要的决定——使这个实体成为衰落的贵族和新兴的中产阶级之间为权力而斗争的政治舞台，土地拥有者的托利党（Tory Party）、拥护君主制度者、反共和者和反动分子、辉格党、进步的宪法的拥护者，要求国会的重要决定，超越国王的权力和支持城市资产阶级，他们之间争斗的态势已经形成。当资产阶级分子的权力增长时，辉格党交了好运；经济权力转移的一个特点，是在 17 世纪期间英格兰银行的成立，辉格等一群强有力的金融家甘愿去认购政府的可观的债券，作为回报他们拥有印刷钞票的专有权。每一场连续的战争或危机都增加了国家的债券，当这种货币出了名时，就增加了银行的地位和辉格党的权利。索恩为英格兰银行设计的建筑，在那些"革命"建筑师们的作品中，只有他的作品预示出一种在前进中的真正的革命思想。

新的工业正在开始成长，创造变成为对人类劳动力无止境的要求。在英国煤和铁的工业已经率先分别存在有几个世纪了。二者都位于农村地区，无论哪里的煤矿，当煤层就在地表面时，一小队人用手就可工作，把熔炉装在陡峭的森林溪谷处，森林提供木炭去融化铁，快速流动的水为其提供基本的动力。在 18 世纪时两个过程像画一样，这种情景适合浪漫主义的风景画家，如保罗·桑比（Paul Sandby）或约瑟夫·赖特（Joseph Wright）。到这个世纪末，希罗普郡（Shrop-Shire）的冶铁先驱，达比（Darby）家庭做了冶炼实验，使铁的生产效率更高，并且确信在将来煤和铁的工业将联合起来。铁的生产很快从希罗普郡移到南威尔士的较大产煤区，克莱德河边（Clydeside）和泰恩河边（Tyneside），但在希罗普郡留下了一个重要的纪念碑——铁桥，1779 年由达比三世（Abraham Darby Ⅲ）建在科尔布鲁克代尔（Coalbrookdale），是用拱形桁架做支撑串起来的，桥跨过塞文河，形成了一条窄的通道，在那个年代，这是工艺学上早期的，并且是独特的不平凡的成就。当一个建筑戏剧性地和浪漫地闯入 18 世纪的风景中，当一种结构是质朴无华且直接坦露时，从历史上看，它就是世界上采用铸铁结构的第一个最大的建筑例子。

虽然煤和铁将控制工业革命的第二个阶段，资本主义体系的优点和缺点两方面却是通过棉纺工业的变化变得明显的。棉纺的工艺有两个主要因素：纱线的精纺和布匹的编织。在 18 世纪早期传统的农村工业中，一种简单的伙伴关系存在于妇女和儿童纺工，与男的工匠编织者之间。各种工艺的改进是适合于农村工业的生产过程的，例如飞梭（1730）和珍妮纺织工作法（the Spinning Jenny 1760），但是当 1768 年创造了水力纺纱机，和 1780 年米尔（Mule）把纺纱引入工厂时，棉纺业发生了重要的变化，精纺的产量大大增加，并且出现了要妇女和儿童操作机器的要求。为了保持织布与纺纱同步，要求纺织机械化，当 1780 年发明了动力纺织机时，19 世纪初就得到广泛地应用。同时，在工匠式的纺织工人中，出现了普遍失业的情况。生产过剩的必然结果要求迅速在国内外两个方面去开辟市场，以调节投资与产量之间的矛盾。当运输和生产工艺的发展开始使工业从农村的位置中解脱出来时，集中生产的优势变得明显了，城镇进入了显著的发展时期。拿破仑战争以后，在英国纺织工业中心的兰开夏郡，作为"辉格"资产阶级的据点，成了这一时代世界上的经济焦点。

一方面，像马克斯和恩格斯说的，工业资本主义带来了某些毋庸质疑的好处：

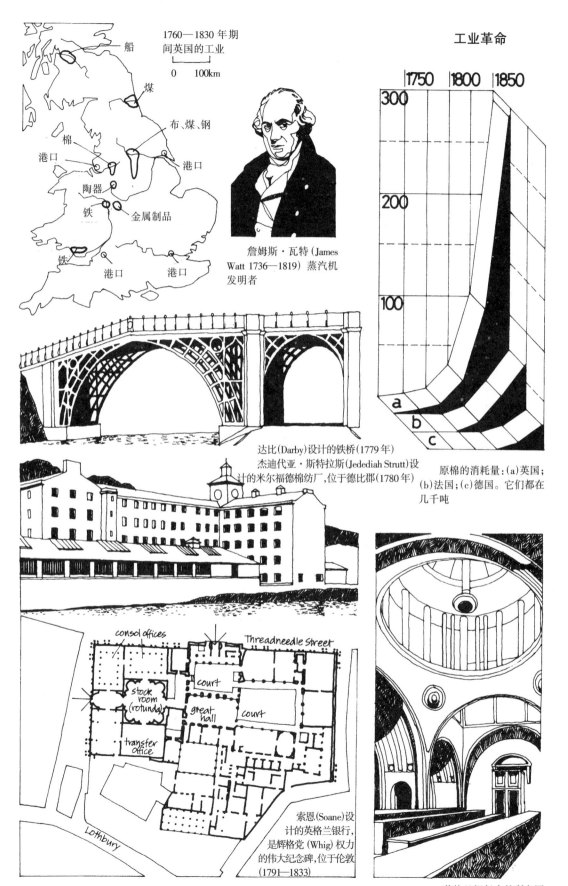

1760—1830 年期间英国的工业

0　100km

船
煤
布、煤、钢
棉
港口
港口
陶器
铁
金属制品
铁
港口
港口

詹姆斯·瓦特(James Watt 1736—1819) 蒸汽机发明者

工业革命

|1750 |1800 |1850

300

200

100

a
b
c

原棉的消耗量：(a)英国；(b)法国；(c)德国。它们都在几千吨

达比(Darby)设计的铁桥(1779 年)

杰迪代亚·斯特拉斯(Jedediah Strutt)设计的米尔福德棉纺厂，位于德比郡(1780 年)

consol offices
Threadneedle Street
court
stock room (rotunda)
great hall
court
transfer office

Lothbury

索恩(Soane)设计的英格兰银行，是辉格党 (Whig) 权力的伟大纪念碑，位于伦教 (1791—1833)

英格兰银行内的利息厅

资产阶级在它的不到一百年的阶级统治中所创造的生产力，比过去一切世纪创造的全部生产力还要多，还要大。自然力的征服，机器的采用，化学在工业和农业中的应用，轮船的行驶，铁路的通行，电报的使用，整个大陆的开垦，河川的通航，仿佛用法术从地下呼唤出来的大量人口，——过去哪一个世纪能够料想到有这样的生产力潜伏在社会劳动里呢？（《共产党宣言》，马克思恩格斯选集，第一卷256页，人民出版社，1972年版）。

　　在另一方面，工业化、工厂体制、迅速地城市化，地方经济和与之相联系的当地手工艺和文化的破坏，给许多人带来了更大的苦难。随着工业城市的创建，出现了超负荷的工作和经常的失业、肮脏的生活条件、贫困、愚昧和疾病。某些人富有和另一些人贫穷之间的对照，给现代社会留下了矛盾的根源，和一部完全充满这个矛盾特点的200年历史。

二、对比——19 世纪初期的英国和美国

1815 年，随着亚眠协议的签署，拿破仑战争结束。各式各样的庆祝和平的公众活动在英国展开，摄政王的纪念方式是令其新近任命的建筑师纳什（John Nash 1752—1835），负责建造一座等待已久的新皇宫。新皇宫位于摄政王钟爱的布赖顿（Brighton）海滨胜地，并采用当时时髦的"东方"风格。这座得到赞美的皇家亭子（Royal Parilion 1815—1821），是费解的、奢华的、乏味的，并以他们当时的理解，十分动人地再释印度和中国的建筑思想。由于国家遭受战争之苦，具有火焰般的热切企盼，值得任何欧洲皇室去重获战前那些辉煌的时光。但是事实上要落空，英国不能，永远也不能再回到一直存在于全欧洲的那种君主制国家的老路上去了。因为在英国，是中产阶级的资本家，捍卫了英王的王位；承担了他们所得胜利的战争的费用；为英王的儿子建造宫殿，而且中产阶级将使英国成为这个世界上能够看到的最强盛的国家。

从 1815 年到 1840 年，英国的工业，工厂的生产扩大了，使兰开夏郡（Lancashire）棉纺城市进入了世界经济的前列。曼彻斯特（Manchester）和索尔福德（Salford）的人口在 1750 年时分别为 4 万，19 世纪初超过 10 万人，并且一直在迅速增长。虽然曼彻斯特现在已经发展为英格兰第二大城市，它仍带有中世纪商镇的遗迹，至今还有古老的镇中心，包括富有的制造商 18 世纪的宽敞的住宅，住宅区由环绕的数个收税门，将其与外围的区域隔离开，但是现在发生了非常显著的变化：河岸边建成了 50～60 座新的棉纺厂，工厂排出的污水垃圾直接流入河中。潮湿污秽的茅舍和工人们的陋室，已经聚集到大面积的新克罗斯区（New Cross）和新城区。1822 年，一座杰出的市政厅在城市中心建成，它被古德温（Francis Goodwin）设计成希腊复兴式风格，在把棉纺工业强加于这座城市的情况下，市政厅的建立虽然姗姗来迟，但市民的地位终于得到承认。

生活在曼彻斯特很难得到尊重。城市社会正在分裂为两个对立的集团：雇主们实际上拥有一切；劳动者除了为工资出卖自己的劳动力以外，一无所有，而且不能按照 18 世纪那种自己习惯的步调去工作，他们处于按机器的要求来支配人的活动的新情况之下。城镇的布局取决于工厂最有效和最经济的区位；建筑技术的发展，特别是铁和玻璃的运用是为了商业和工业建筑的改进，而不是为了住宅；其他科学技术发明的应用，如煤气灯的引进是为了延长工作时间，也是基于商业的目的。甚至否定教育是为了最大多数的人。愚笨的工厂苦活不要有受过教育的劳动力，因而英格兰在 19 世纪的大部分时间中没有形成基础教育系统。涌入城镇的工人的经济和社会生活是由制造商的利益目的决定的。消费者可以通过购买商品为市场扩大做出贡献，然而工人并未被作为消费者看待，他们仍旧缺少人权，无法设想他们能够比勉强糊口的生活水平有任何的提高。

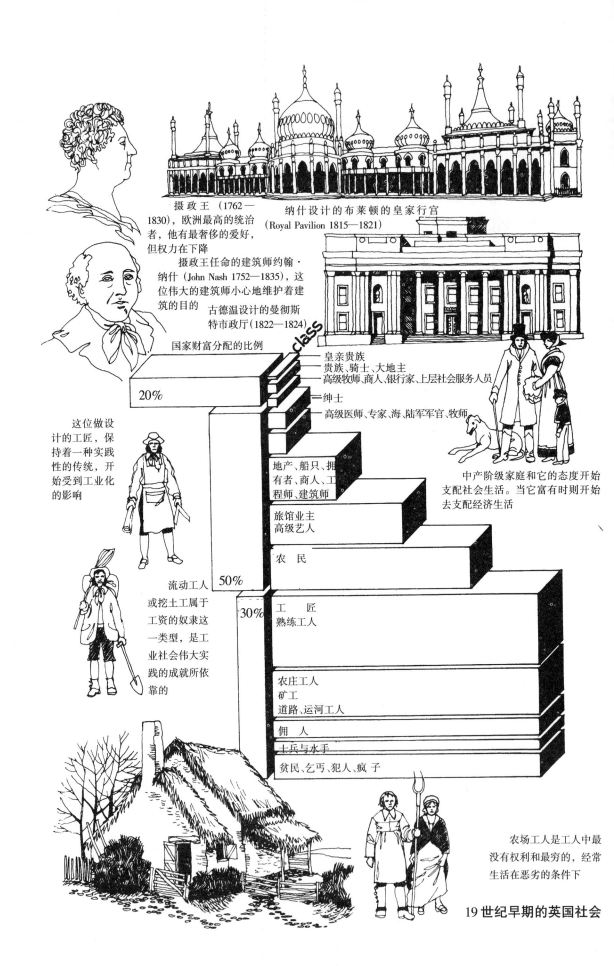

摄政王 (1762—1830)，欧洲最高的统治者，他有最奢侈的爱好，但权力在下降

纳什设计的布莱顿的皇家行宫 (Royal Pavilion 1815—1821)

摄政王任命的建筑师约翰·纳什 (John Nash 1752—1835)，这位伟大的建筑师小心地维护着建筑的目的

古德温设计的曼彻斯特市政厅 (1822—1824)

国家财富分配的比例

class

这位做设计的工匠，保持着一种实践性的传统，开始受到工业化的影响

皇亲贵族
贵族、骑士、大地主
高级牧师、商人、银行家、上层社会服务人员
绅士
高级医师、专家、海、陆军军官、牧师

20%

地产、船只、拥有者、商人、工程师、建筑师

旅馆业主
高级艺人

农 民

中产阶级家庭和它的态度开始支配社会生活。当它富有时则开始去支配经济生活

流动工人或挖土工属于工资的奴隶这一类型，是工业社会伟大实践的成就所依靠的

50%

30%

工 匠
熟练工人

农庄工人
矿工
道路、运河工人

佣 人

士兵与水手

贫民、乞丐、犯人、疯子

农场工人是工人中最没有权利和最穷的，经常生活在恶劣的条件下

19世纪早期的英国社会

浪漫派艺术家对所有剥削和丑陋的反应，以实例说明了资本主义的矛盾性。他庆幸资产阶级的社会为个人主义的成长提供了一个机会，然而他们又怨恨资本主义的结果和道路，实际上，资本主义抹煞了个人主义的精神。一个由庆祝现代社会的优点开始的运动，却以抵制他们转而对过去或是更原始的社会的喜爱而告终。浪漫派诗人，如华兹华斯（Wordsworth）试图去发现：

大自然和智慧的语言，

是我思想形成的源泉；

心灵的培育，

是我美德的开端。

有一些值得注意的例外情况。以雪莱为例，他们的政治观念未能使他们认识到错误的行动计划与"现状"无关，而是由资本主义制度引起的。作为资本主义制度的对立面，不是大自然或者过去，而是出现的工人阶级的力量。

改良主义者们各自试着为工人阶级去争得较好的条件，他们之中的沙夫茨伯里（Shaftesbury），想为妇女和儿童找出去约束工厂系统中错误的过度行为的办法，而科布登（Cobden）和布赖特（Bright），在为废除谷物法而工作。最伟大的引人瞩目的是欧文（Robert Owen 1771—1858），他是威尔士的工业家，早年曾在棉纺业中获得巨大收益，通过和他的业主的女儿结婚，他成为一个有1800人的大棉纺厂的管理者，该厂位于格拉斯哥附近的新拉纳克（New Lanark），在那里欧文开始把乌托邦的理论付诸实践，后来表述：他的著作在《新社会观》（A New View of Society 1813）一书中，此书使他闻名于世。他的思想是"人"的特性由环境造成的，而不是天生的，在19世纪初，这是一种新观念。当时认为穷人之所以贫穷，是由于他们懒惰和堕落。欧文坚持的观点是，如果穷人有不适当之处，仅仅是因为他们穷，并且他试图在新拉纳克去改变这种情况，去改善生活和工作条件，和关心他的工人们的精神需要，特别是通过教育。

在小镇的中心是棉纺厂，那里的高地上住着2500人，左右着小镇的环境。从利润中，他提供了一个合作性的食品店和商场、面包房、屠宰场和洗衣房。在道德培训所每天教工人做健美操，在学校里，5至10岁的儿童受到全日制教育——一种前所未闻的实践。小镇的边上是住宅，这些住宅和其它所有的建筑一样，建造得有些单调，是用当地的很好的砂石砌的。受小镇商业的成功影响，和社会改革神话的吸引，每年有15000名羡慕的参观者来到新拉纳克。

欧文首先关心的是童工问题，并且将他在新拉纳克的工作，扩大成一个为改善童工的工作条件，和缩短他们工时的，国家法律的运动。尽管有许多反对的意见，他永远也不会对他的奋斗目标失去信念，也不会在统治阶级基本的人权方面失去他的信心。虽然还有人反对所有的证据他还是坚信，如果他的想法得到传播，资本主义制度将开始改造它自己。1824年欧文离开拉纳克（Lanark）前往美国印地安纳州，在那里建立了有4万英亩土地的共产主义新村（New Harmony），希望将新村建成一个农业公社的样板，然而这项实验至1827年就失败了。回到英国，他用全部余生去开展合作和贸易联盟运动，最后到1824年才获得合法性。欧文一生成就卓著，当人们感到距他的奋斗目标还很远时，

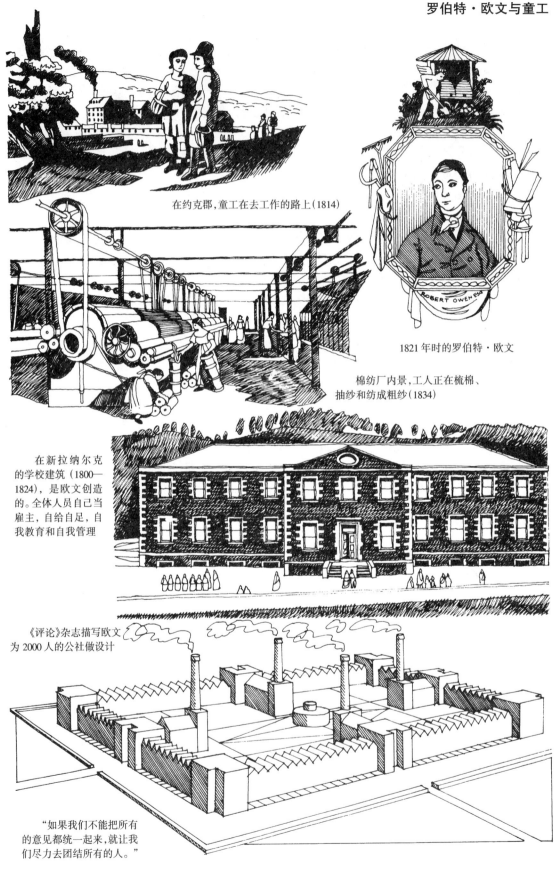

在约克郡,童工在去工作的路上(1814)

1821年时的罗伯特·欧文

棉纺厂内景,工人正在梳棉、抽纱和纺成粗纱(1834)

在新拉纳尔克的学校建筑(1800—1824),是欧文创造的。全体人员自己当雇主,自给自足,自我教育和自我管理

《评论》杂志描写欧文为2000人的公社做设计

"如果我们不能把所有的意见都统一起来,就让我们尽力去团结所有的人。"

他所馈赠予后人的宝贵思想，却指导着人们认识到社会制度的改变是必然的；利用工业为工人们谋利益以及为工人去开拓事业是可能的；尊贵的劳动力是人类幸福的源泉；在意识上应强化工人将其自身作为一个阶级的必要性。

与此同时，资本主义依然在加速发展，由于有了廉价的劳动力，特别是女工和童工，资本迅速在棉纺工业集聚，反过来又刺激了在与其相关的化学、冶金和机械工业，以及资产投机和营造业方面的投资。

随着营造活动的成长壮大，已有的建筑设计方法要尽可能地去发挥作用，并要求有巨大体量的新建筑，和许多前所未有的新形式和新技术。如各种制造厂、棉纺厂、仓库；桥梁、高架渠；煤矿、铸铁厂、煤气厂，这些建筑都要求结构具有非同寻常的尺寸、高度、强度和复杂性。对于纯功能性的和经济实惠的建筑，总是被学院派培养出来的绅士建筑师排除在他们的眼界之外，即使他们有兴趣，但他们在这方面的实践技能却很少。同时，用在18世纪时期的工艺传统无法处理新的复杂建筑，因此新的技术和新的组织方法是非常需要的。

在18世纪末，一个新专业建立，那些工程师首先诞生了。在此之前，大规模的工程和勘测任务主要是由军事部门承担的，他们在建造桥梁和防御工事中积累了大量的经验，并被河渠工程师们在1760年至1800年间，用于大的有益的工程之中。为了强调他的公民职责，工业革命时的技术专家，现在被命名为"土木工程师"。作为一位土木工程师，需要一个实用的头脑，良好的教育，以上最重要的是能够应用发展中的材料力学知识去解决实际问题。

结构的精确性，使得在经济的设计中可以在造价上进行精确的计算。估算师应运而生，它的特殊任务对于营造业日益激烈的竞争有直接的责任。在营造商通过投标获取合同与另一对方的竞争期间，投标的竞争制度也成长起来。随着建造商造价意识的增强，营造商有效地管理好自身的机构显得更加重要，19世纪初，总承包商的出现，发挥了管理和协调的作用。起初，工匠们强烈反对在建造期间由承包商来领导，认为没有必要去打破他们自己与业主之间的直接的关系，随着建筑联盟力量的成长，尝试到这样做的良好结果。19世纪初，为了坚持老的施工管理方法，爆发了多次罢工甚至暴乱，但是资本主义制度要求投标竞争，工匠式建筑师的时代几乎结束了。

从工厂和仓库所有者的纯经济方面看，功能性的设计对这类建筑是再好不过了，由于没有多少社会意义，劳动力就没有必要浪费在不值得考虑的建筑设计的细节上。从学术的意义上看，建筑设计大都局限于被认为有重要的社会意义，和作为标志性的建筑上，这种观点不论错误与否，建筑一直是房主和机构有意义的和地位的象征。因此对绅士建筑师在文化技巧上的要求一直很多，他不断用建筑上的想象力来培养自己，却脱离结构、造价、施工过程的实践，把这些问题留给工程师、估算师和承包商。1834年，英国建筑协会，即后来的皇家建筑协会成立了，其意义在于使建筑师迈向职业化，摒弃18世纪不规范的建筑设计方法，用合法的方式保护建筑师免受其它新的建筑行业的冲击。

不同建筑风格的含义和重要性成了建筑师主要地全神贯注的事情，学术上的讨论结果是在风格问题上，而风格大多适合于教堂、市政厅或银行，其目的是引述辉煌的过去，

合同制

在 18 世纪和 19 世纪时，建筑师常常就是工匠本人，他和劳动者及在工地上直接由他雇用的工匠之间有合同，并且给那些人估价

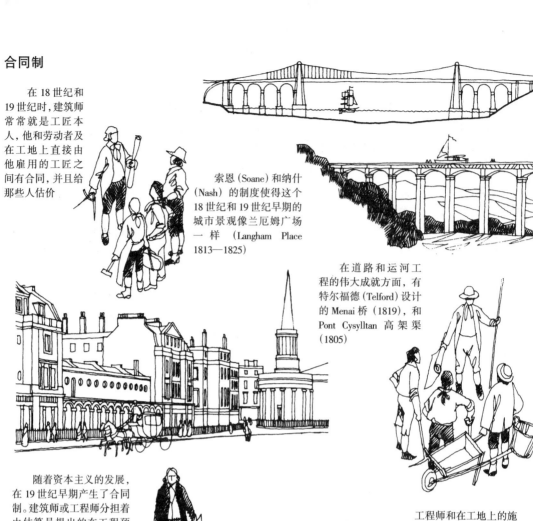

索恩（Soane）和纳什（Nash）的制度使得这个 18 世纪和 19 世纪早期的城市景观像兰厄姆广场一样（Langham Place 1813—1825）

在道路和运河工程的伟大成就方面，有特尔福德（Telford）设计的 Menai 桥（1819），和 Pont Cysylltan 高架渠（1805）

工程师和在工地上的施工人员之间，有着平等而亲密的关系

随着资本主义的发展，在 19 世纪早期产生了合同制。建筑师或工程师分担着由估算员提出的在工程预算中的责任

雇主根据合同直接雇用和控制工人们

在有建筑合同的情况下，劳动者和工匠都变成了被雇用的劳动者

一个工程实例——这是丘奇隧道（Church Tunnel），位于从伦敦到伯明翰的铁道上，工长和挖土的工人在平静地工作

保持现在的尊严，所以对风格的争论，就是对过去那些年代，所选择的风格在政治上和社会上的内涵的争论，自然在 19 世纪初的年代中，古希腊和古罗马的风格仍保持着支配的地位。

运用古希腊和古罗马风格的最引人瞩目的例子，是始于 1818 年的伦敦中心区广泛的重建活动。开发者是摄政王，希望将王室所占有的大量土地成为资产，以体面的方式，在通常的投机性的争夺中去分享所获得的利益。沿着卡尔顿王宫（Carlton House）宽敞的行列式的大道，坐落着许多优雅的新古典主义的建筑，大道通过城市到它的北部，那是大面积的农田已经被设计成一座公园，因为认识到作为开敞的景观，可以使围绕它的边缘建造的豪华的台阶式住宅和独立式别墅增值。预计位于公园中的夏宫始终未建。这个理想设计的其余部分，和留下的富于想象力的连续的路线和空间，是英国城镇规划最好的成就之一。设计者是那位在布赖特凉亭的设计中获得名望的纳什，他是一位充满活力又玩世不恭的建筑师，能按照要求去设计出任何建筑风格。在这个规划设计中，他赋予建筑一种稳健的、高贵的气质，如摄政街、波特兰王宫（Portland Place）、克雷森特公园（Park Crescent），和摄政公园中的台阶式住宅，包括豪华的坎伯兰台阶式住宅（Cumberland Terrace 1829）。北部乡村公园（Park Village）中的优雅的别墅，增加了一种轻松的格调，是首先公认的郊区住宅的实例。

随着英格兰银行地位的上升，它的官方建筑师科克雷尔（Charles Cockerell 1788—1863），设计了它在普利茅斯（Plymouth 1835）、布里斯托尔（Bristol 1844）、利物浦（1845）和曼彻斯特（1845）的分行办公大楼。作为一个对希腊建筑和建筑师雷恩（Wren）的崇拜者，科克雷尔发展了一种混合风格，即把丰富的巴洛克式格调加入严肃的新古典主义的设计中。新古典主义的更传统的一派的作品，有威尔金斯（Williams Wilkins 1778—1839）设计的纪念性的伦敦建筑，如大学的学院（1827）、国家美术馆（the National Gallery 1834），以及斯默克（Robert Smirke 1781—1867）设计的大英博物馆（the British Museum 1823）。当时最出色的新古典主义的公共建筑当属利物浦的圣乔治厅（St George's Hall），始建于 1840 年，由年轻的建筑师埃尔姆斯（Harvey Lonsdale Elmes 1813—1847）设计，因埃尔姆斯早逝，以后由科克雷尔完成。埃尔姆斯是在音乐厅和法院两项分开的设计竞赛中获胜后，受聘于圣乔治厅设计的。这两种功能最终完美地结合在一幢简洁的纪念性的建筑中，建在一个著名的岛上。作为一个设计，它的成功源自它的简洁、符合逻辑的形式、严格的古典对称，和很正规的严肃的科林斯风格的细部设计。

19 世纪商业生活的特点是绅士俱乐部的增多，形成了一种个人之间接触的场所，和在不受一般法规的制约和隐密的气氛中去缔结商业协议的场所。18 世纪早期的咖啡屋，经常是普通的私人住宅，在许多方面达到与俱乐部相同的功能，所以在有目的地建造俱乐部时，如亚当（Robert Adam）设计的皇家艺术协会（Royal Society of Arts 1772），或者克伦登（John Crunden）设计的布德尔俱乐部（Boodle's club 1775）首次出现时，它们的建筑风格是所熟悉的那种正规的住宅的建筑风格，但是 19 世纪的商人们有较宏伟的想法。18 世纪期间，俱乐部逐渐专门化和宗派化。到 19 世纪，俱乐部以能被任一集团的人员较好地使用，和比另一个俱乐部更能给人以深刻的印象为荣。在伦敦，几个主要的

纳什设计的伦敦

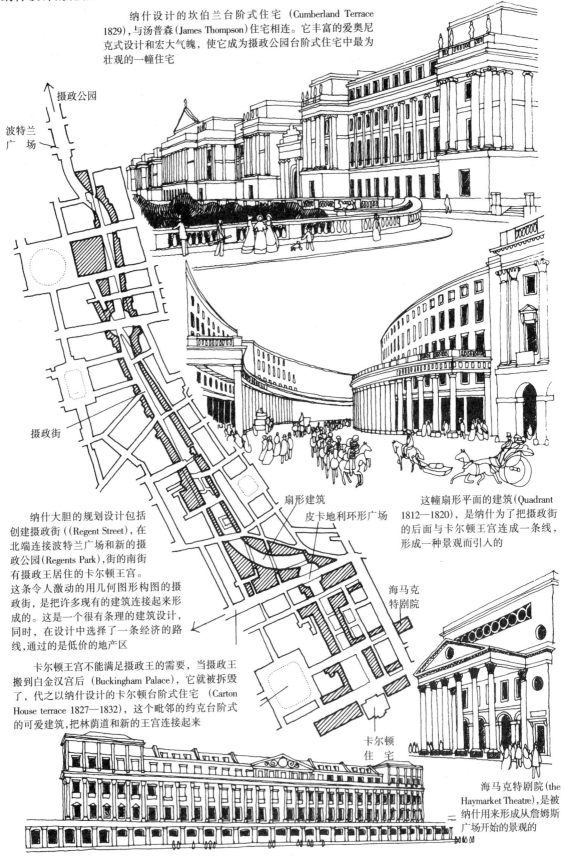

纳什设计的坎伯兰台阶式住宅（Cumberland Terrace 1829），与汤普森（James Thompson）住宅相连。它丰富的爱奥尼克式设计和宏大气魄，使它成为摄政公园台阶式住宅中最为壮观的一幢住宅

摄政公园

波特兰广场

摄政街

纳什大胆的规划设计包括创建摄政街（（Regent Street），在北端连接波特兰广场和新的摄政公园（Regents Park），街的南街有摄政王居住的卡尔顿王宫。
这条令人激动的用几何图形构图的摄政街，是把许多现有的建筑连接起来形成的。这是一个很有条理的建筑设计，同时，在设计中选择了一条经济的路线，通过的是低价的地产区

卡尔顿王宫不能满足摄政王的需要，当摄政王搬到白金汉宫后（Buckingham Palace），它就被拆毁了，代之以纳什设计的卡尔顿台阶式住宅（Carton House terrace 1827—1832），这个毗邻的约克台阶式的可爱建筑，把林荫道和新的王宫连接起来

扇形建筑

皮卡地利环形广场

这幢扇形平面的建筑（Quadrant 1812—1820），是纳什为了把摄政街的后面与卡尔顿王宫连成一条线，形成一种景观而引入的

海马克特剧院

卡尔顿住宅

海马克特剧院（the Haymarket Theatre），是被纳什用来形成从詹姆斯广场开始的景观的

古典主义的复兴

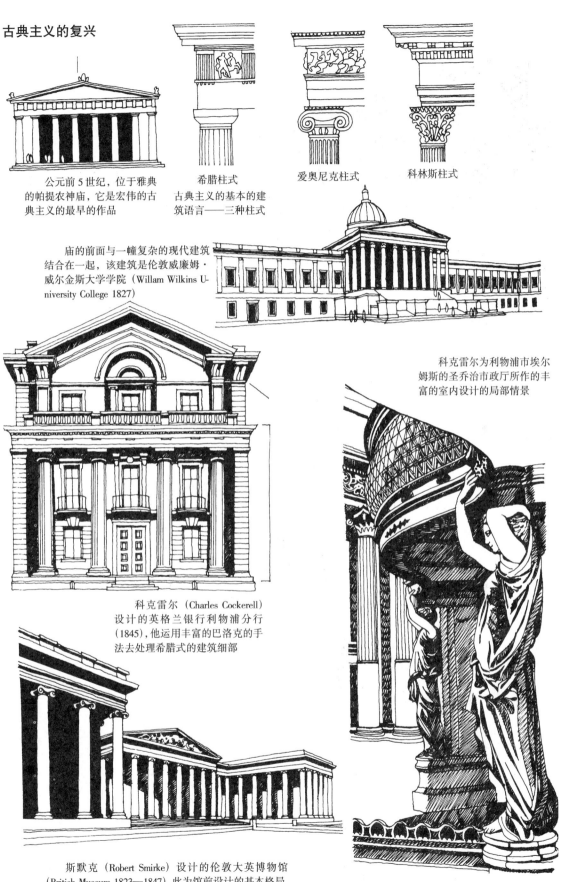

公元前 5 世纪，位于雅典的帕提农神庙，它是宏伟的古典主义的最早的作品

希腊柱式
古典主义的基本的建筑语言——三种柱式

爱奥尼克柱式

科林斯柱式

庙的前面与一幢复杂的现代建筑结合在一起，该建筑是伦敦威廉姆·威尔金斯大学学院（Willam Wilkins University College 1827）

科克雷尔为利物浦市埃尔姆斯的圣乔治市政厅所作的丰富的室内设计的局部情景

科克雷尔（Charles Cockerell）设计的英格兰银行利物浦分行（1845），他运用丰富的巴洛克的手法去处理希腊式的建筑细部

斯默克（Robert Smirke）设计的伦敦大英博物馆（British Museum 1823—1847），此为馆前设计的基本格局

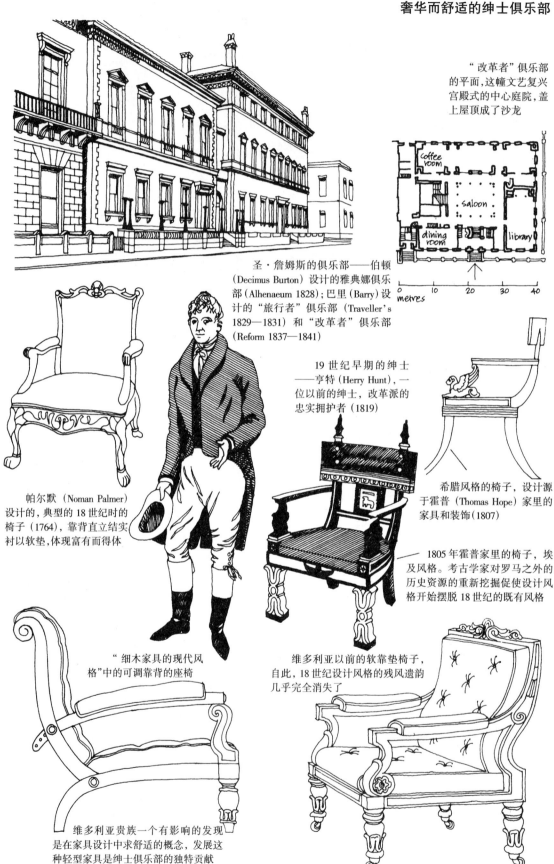

"改革者"俱乐部的平面,这幢文艺复兴宫殿式的中心庭院,盖上屋顶成了沙龙

coffee room

saloon

dining room

library

0 10 20 30 40
metres

圣·詹姆斯的俱乐部——伯顿(Decimus Burton)设计的雅典娜俱乐部(Alhenaeum 1828);巴里(Barry)设计的"旅行者"俱乐部(Traveller's 1829—1831)和"改革者"俱乐部(Reform 1837—1841)

19世纪早期的绅士——亨特(Herry Hunt),一位以前的绅士,改革派的忠实拥护者(1819)

希腊风格的椅子,设计源于霍普(Thomas Hope)家里的家具和装饰(1807)

帕尔默(Noman Palmer)设计的,典型的18世纪时的椅子(1764),靠背直立结实衬以软垫,体现富有而得体

1805年霍普家里的椅子,埃及风格。考古学家对罗马之外的历史资源的重新挖掘促使设计风格开始摆脱18世纪的既有风格

"细木家具的现代风格"中的可调靠背的座椅

维多利亚以前的软靠垫椅子,自此,18世纪设计风格的残风遗韵几乎完全消失了

维多利亚贵族一个有影响的发现是在家具设计中求舒适的概念,发展这种轻型家具是绅士俱乐部的独特贡献

俱乐部均建于1813年到1834年之间，如卫士俱乐部（the Guard's）、联合服务社（the United Service）、雅典娜俱乐部（the Athenaeum）；旅行者俱乐部（the Travellers'）、为托利党人建的卡尔顿俱乐部（the Carlton）、和为辉格党和激进党人建的改革者俱乐部（the Reform）。这些建筑体量大、光彩夺目，而位于富人所在的圣·詹姆斯区（St James's district）的俱乐部，更是一个比一个宏伟壮观。从建筑学的角度看，最值得注意的是旅行者俱乐部（1829）和改革者俱乐部（1837），二者皆由巴里（Charles Barry 1795—1860）设计。由于在他的设计中以16世纪佛罗伦萨的官邸为模式，巴里偶然碰巧地使意大利文艺复兴式的风格在英国复活了。更及时的是他能够创造另外一种联想，即在他的业主和具有文艺复兴思想的巨贾之间建立一种满意的联系。

19世纪早期，已著名的新古典主义风格，受到了哥特式复活这种现象的挑战。中世纪前期，哥特式风格是欧洲文化的一个组成部分，而且在到17世纪一直是欧洲传统生活的一部分。从此以后，哥特式风格仅被用于在精神上的有意识的模仿，总的来说，用的是一种表面化的误解的方法。对于中世纪精神的兴趣的增长，标志着欧洲的艺术家和音乐家们对复兴民间艺术和重新发现"人民"的开始，所提出的理想主义的概念，很清楚是与工业社会相对应的，而不是封建的社会关系和与它相同的社会。由于考古学的研究、在1830年代浪漫主义运动的迅速扩展，和包括英国基督教圣公会发起的"牛津运动"的发展，随着这些精神方面的加强，基督教改革前的圣礼和传统仪式的加强，促进了对中世纪精神的兴趣。

18世纪的新教教堂，已经设计成在其中进行小部分仪式的后路德教堂的形式。宗教主义者或教堂建筑和装饰研究者们要求一种新的建筑形式，要有一个突出的唱诗班和祭祀用的祭坛，和一个高的仪式性的祭坛。他们试图提高教堂的设计水平，使其有精确的科学性，和带有最大的精神上的效果。建成的哥特式教堂的设计者们是真正的试图去了解中世纪建筑的形式与功能，在曼彻斯特的圣威尔弗雷德（St Wilford），休姆（Hulme）教堂（1839）；在斯塔福德郡的圣贾尔斯（St Giles），奇德尔（Cheadle）教堂（1841）；和在伦敦的圣贾尔斯，坎伯威尔（Camberwell）教堂（1842）。这些教堂的设计者普金（Augustus Welby Pugin 1812—1852）和斯科特（George Gilbert Scott 1811—1878）为哥特式风格的复兴做出了重要贡献。普金狂热，易变，激昂，是一个热忠于改变天主教的人；斯科特是个令人尊敬的，有能力的热衷于传道的人，通过他们热情的和富有学术价值的文章和令人信服的建筑质量，以各自不同的方式促使哥特式建筑具有一种宗教性原则的根据。

普金在对哥特式的争论中最有创意的贡献是他对"真理"本质的认识，他在"真正的指导原则，还是天主教建筑"一文（1841）中写道："设计的两个大的准则是：第一，没有适用、结构、经济上的必要性，就没有建筑上的特性；第二，所有的装饰都应该组成和丰富建筑的结构"。对普金来说，哥特式建筑的形式并非来自任何外部的表面对称的意图，而是来自结构、材料和真正的工艺上的功能性需要。普金说真实性使得哥特式成为一种优越的风格，适合于所有的建筑类型，无论是神圣的还是世俗的。随着复兴运动的扩展，哥特式风格成为快速发展的城市中新市政厅和法院、大学中的学院和独立学校、

普金和斯科特

索尔兹伯里大教堂(1220—1865)。对于13世纪英国哥特式的这个原型,普金早已对它有很好的了解

奥古斯塔斯·普金(Augustus Pugin 1812—1852)

普金设计的圣·威尔弗雷德·赫尔梅教堂(St wilfred Hulme1839—1842)

圣·威尔弗雷德教堂的平面

吉尔伯特·斯科特(Gilbert Scott 1811—1878)

圣·贾尔斯·奇德尔教堂的主要入口处

普金设计的圣贾尔斯·奇德尔教堂(St Giles Cheadle 1841—1846)

斯科特设计的圣贾尔斯·坎伯韦尔教堂(church of St Giles Camberwell 1842—1844)

普金为圣贾尔斯·奇德尔教堂设计的祈祷书,使用了丝绒和黄铜

普金为圣玛丽·哈德菲尔德教堂(the Church of St Marie Hadfield)设计的银质圣餐杯(1849)

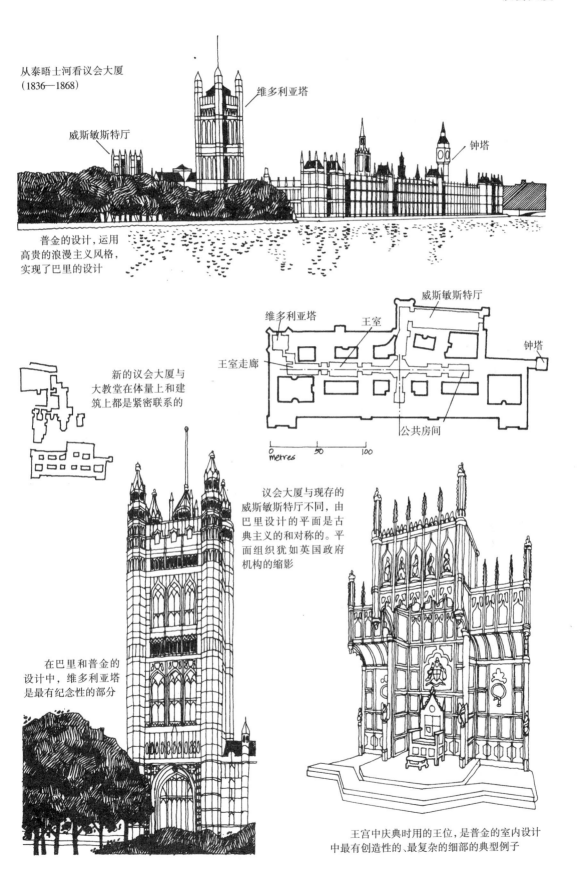

从泰晤士河看议会大厦
（1836—1868）

威斯敏斯特厅

维多利亚塔

钟塔

普金的设计，运用
高贵的浪漫主义风格，
实现了巴里的设计

维多利亚塔　　王室　　威斯敏斯特厅

钟塔

王室走廊

公共房间

0　　50　　100
metres

新的议会大厦与
大教堂在体量上和建
筑上都是紧密联系的

议会大厦与现存的
威斯敏斯特厅不同，由
巴里设计的平面是古
典主义的和对称的。平
面组织犹如英国政府
机构的缩影

在巴里和普金的
设计中，维多利亚塔
是最有纪念性的部分

王宫中庆典时用的王位，是普金的室内设计
中最有创造性的、最复杂的细部的典型例子

富有的制造商为了他们的子孙的利益而捐赠的图书馆和博物馆都采用的风格。它深入到中产阶级的文化中，就像帕拉第奥风格成为 18 世纪贵族固有的生活一样。特别具有讽刺意味的是，由于英国天主教对伟大的精神真谛的追求，以及浪漫主义者相信充满人的尊严的过去，这个复兴运动产生了一种抵制世俗的思想意识，这种思想意识又被代表逃离现实的材料力量转换成了一种日用品。

最早和最重要的例子源于 1834 年大火的结果，即中世纪的威斯敏斯特宫——政府的议会中心被烧毁。被委托去重建的是巴里（Charles Barry），他是一位坚定的古典主义者。然而，为了唤起对原有建筑的回忆，以及有责任与附近的威斯敏斯特会堂和威斯敏斯特教堂真正的哥特式风格协调，而采用中世纪风格的设计似乎是适宜的。还有一种非学术性的观点，即哥特式和新古典主义不同，它发源于英国，这样它具有民族风格的权威性。巴里提供了建筑的基本平面，采用对称的古典主义的构图，而普金怀着巨大的热情，赋予了一个 15 世纪哥特式建筑的外形，结果是一个失败的杰作：一个最具诗意和 19 世纪的风景画似的建筑，却缺少一个真正的哥特式建筑所具有的内部结构的推动力和有奇异风格的有生命力的细部。作为一个设计，它回顾了 18 世纪，而没有去实现普金的理论，然而，这座建筑开创了将哥特式风格用于世俗建筑的重要先例。

在 1830 年的选举中，辉格党重新掌权，由于要在城市中增加资产阶级权利的 1835 年的公司法；和 1834 年声名狼藉的济贫法修正案，一个新的改革的议会将在辉格党政府中进一步带来社会公正的希望被驱散了。于是把所有现存的地方法律纳入荒谬的不公平的新制度中使其合法化，这个新制度则通过保持救济在最低工资水平以下的人，和限制工人住宅区的穷人，要他们分居，防止更多的儿童出生，来寻找脱贫的可能性。结果穷者愈穷，尤其是农业劳动者所遭受的痛苦——特别是爱尔兰人，上百万人在 1846 年的饥荒中挨饿而死。

在 1840 年代早期，最穷的穷人和最富的富人形成了强烈的对比。工业化的过程是将资金从消费转向投资。不论是相对的还是绝对的，从未有过如此巨额的可用资本，而且并非所有的资金都再投资于工业。其余的许多资金进入了投机市场，以及在中间商的操作下，用于建筑环境的建设，不仅有城市中心的商业和民用建筑，还有大量的乡村住宅。

成功的制造商为了追求地位和权利，拥有大量乡村的房地产是重要的。大型的乡村住宅成了制造商的商业和政治生活的延续——有些地方不仅是为了居住，也不仅是为了展示他的富有，而是为了提供一个社交环境，在这里能促使合同顺利签署，生意成功。因此，乡村住宅的设计，不仅要满足家庭成员和做家务的工作人员的需要，还要满足大量的客人和他们的仆人的需要。平面设计非常复杂，要为主人和仆人，男人和女人，设置单独的走廊和楼梯。为了更加舒适，室内备有煤气灯、集中供热和供应热水，以及要为娱乐、家族体育，和贵族生活方式中的各种有男子气概的活动，提供招待的条件。

一些建筑师专门研究乡村住宅的设计，他们之中的巴里，在斯塔福德郡的特伦特姆府第（Trentham Hall 1834）的设计中，他运用了古典主义风格，设计得很有特色。一般地说，虽然，"英国味"更浓的风格往往受到青睐：如哥特式、伊丽莎白式（Elizabethan）和雅各宾式（Jacobean），但是在林肯郡的哈拉克斯顿府第（Harlaxton 1834），由萨尔文（Anthony

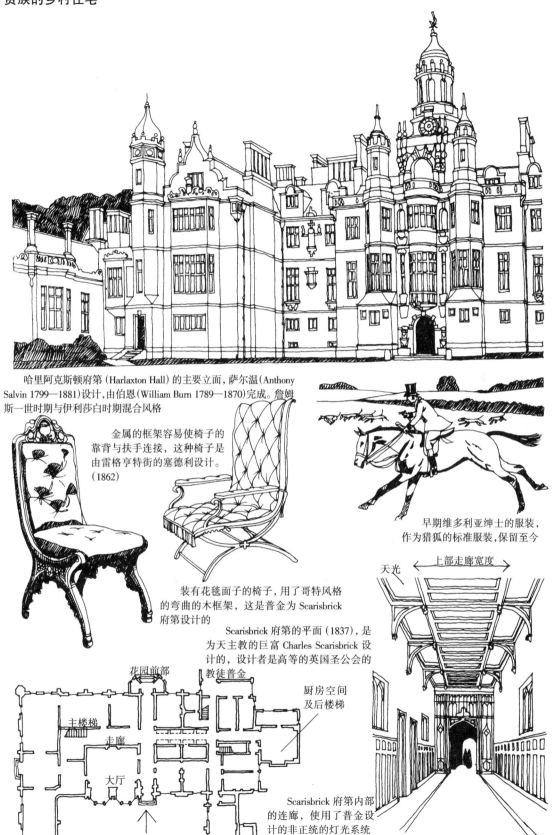

哈里阿克斯顿府第 (Harlaxton Hall) 的主要立面, 萨尔温(Anthony Salvin 1799—1881)设计, 由伯恩(William Burn 1789—1870)完成。詹姆斯一世时期与伊利莎白时期混合风格

金属的框架容易使椅子的靠背与扶手连接, 这种椅子是由雷格亨特街的塞德利设计。(1862)

早期维多利亚绅士的服装, 作为猎狐的标准服装, 保留至今

装有花毯面子的椅子, 用了哥特风格的弯曲的木框架, 这是普金为 Scarisbrick 府第设计的

Scarisbrick 府第的平面 (1837), 是为天主教的巨富 Charles Scarisbrick 设计的, 设计者是高等的英国圣公会的教徒普金

天光

上部走廊宽度

花园前部

厨房空间及后楼梯

主楼梯

走廊

大厅

塔

Scarisbrick 府第内部的连廊, 使用了普金设计的非正统的灯光系统

Salvin 1799—1881）设计，采用了混合式的风格，和"雅各宾"式一样著称，并且后来巴里也把混合式用在汉普郡的海克里尔府第（1842）的设计中。毫不奇怪，普金则在兰开夏郡的萨里斯布里克府第（Scarisbrick Hall 1837）设计时，使用了哥特式风格，这座建筑看上去像一个中世纪的庄园中的宅第。采用中世纪城堡的形式更增加了浪漫的效果，如萨尔文设计的柴郡（Cheshire）帕克福顿城堡（Peckforton Castle 1844），和巴里与莱斯利（Leslie）设计的索塞尔兰（Sutherland）的邓罗宾城堡（Dunrobin Castle 1844）。

住宅的室内设计同样风格各异。19世纪上半叶，室内设计开始反映在建筑中普遍增长的风格上的自由。同时，建筑师对家具设计的强烈影响正在消失，家具工厂的产量正在增加。生产的规模和中产阶级的市场不断增大，刺激了廉价的和贵重的家具，采用较广泛的各种类型和风格，如哥特式、伊丽莎白式、法国巴洛克式和洛可可式。贸易和旅游带回了更多的外来的材料和设计思路：如制型纸、漆画、合成的珍珠母、贝壳镶饰品。重要的技术上的革新包括创造了有弹性的室内装璜，鼓励设计柔软的家具，如宽大的靠背扶手椅子和沙发，铁的用途扩大，代替了木框架，特别在作床架方面，室内装璜总的趋势是向奢侈和多样化发展，像住宅的其余设施一样，是为了房主的舒适，和增进他们的健康。

煤，作为蒸汽机和炼铁炉的工业燃料、生产煤气的原料和成千上万家庭炉灶的燃料，其需求量愈来愈大。年产量从1880年的1100万t增长到19世纪中叶的5000万t。煤矿开始给自然风景留下伤痕，采煤的过程使煤矿的规模太大，不能与任何浪漫的自然景观和谐共存。19世纪初期的典型煤矿有着与乡村极不相容的特点。煤矿有大的，自由竖立的悬臂梁，这个发动机上的悬臂梁是为了使矿井口处的齿轮传动装置上的轮子旋转，蜂箱式的锅炉蒸汽滚滚，锅炉旁用砖砌筑的高的烟囱吐着黑烟，页岩的废料，堆积遍布山坡。然而煤矿的视觉污染、矿工及其家庭的工作和生活条件问题，总是被置于煤可以获得最大利益的考虑以外。当煤的产量上升时，也要求铁的产量上升，因为工厂的机械，铁路机车、船舶、工业建筑和构筑物，都要使用铁。1880年铁的年产量大约有25万t，到1850年年产量超过200万t。机器的用途增加，推动了冶金工业的发展，要求金属和合金制造更专业化；还推动了工具制造业的发展，要求工具的制造有更高的精密度。

其结果是工业中心的吸引力，一点点地从棉纺城镇转向采矿地区、钢铁城镇和南威尔士、泰恩河边、克莱德河边的造船城镇。在发狂的投机高潮中，铁路的发展从为矿区服务的地方性交通形式转变为全国性的客运和货运交通网。这种工业格局开始使城市间严重地互相依赖，而良好的交通则对经济扩展极其重要。当载客的火车速度比最快的公共马车还快时；当火车的货运量比最大的驳船还多时，可能用于公路和运河的投资迅速转到铁路上。随着1840年代戏剧性的"铁路狂热"，一种不恰当的投资慢慢发生了，新线路的开发几乎任何一条路线都是基于投资者的意愿，交通并不总是真正投资的实质性的依据，因此失败的几率很高。

新成立的铁路公司任命工程师进行铁路设计，并且负责监督依次选择承包商的工作。工程的规模是巨大的，而最好的承包商像布拉西（Thomas Brassey）或皮托（Samuel Peto）则有管理上的奇妙的灵巧的能力。承包商在每一路段指派一位代理人，他再依次指

煤和铁

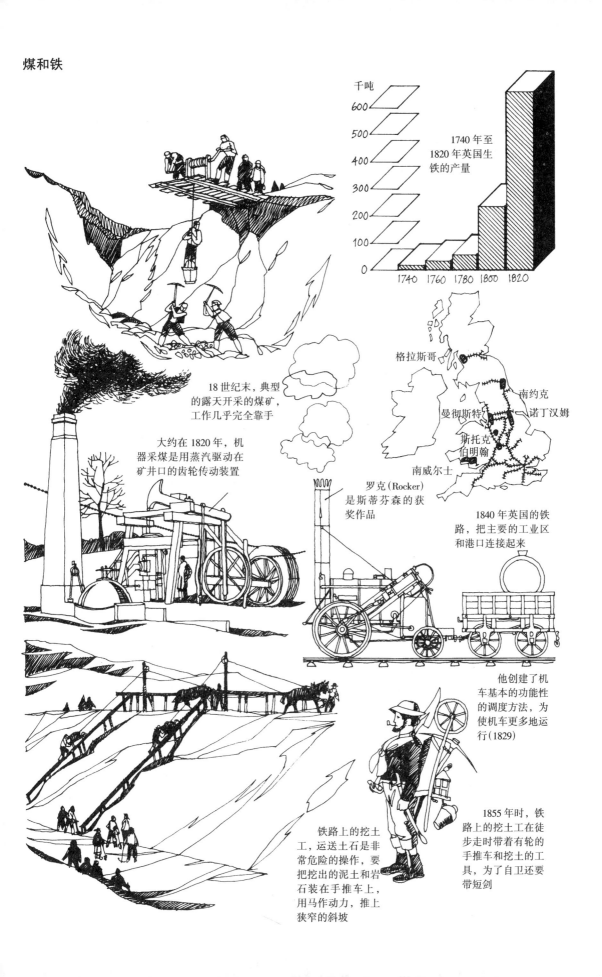

千吨

1740 年至
1820 年英国生
铁的产量

600
500
400
300
200
100
0

1740 1760 1780 1800 1820

18世纪末, 典型
的露天开采的煤矿,
工作几乎完全靠手

大约在 1820 年, 机
器采煤是用蒸汽驱动在
矿井口的齿轮传动装置

格拉斯哥

南约克
曼彻斯特 诺丁汉姆
斯托克
伯明翰

南威尔士

罗克 (Rocker)
是斯蒂芬森的获
奖作品

1840 年英国的铁
路, 把主要的工业区
和港口连接起来

他创建了机
车基本的功能性
的调度方法, 为
使机车更多地运
行(1829)

铁路上的挖土
工, 运送土石是非
常危险的操作, 要
把挖出的泥土和岩
石装在手推车上,
用马作动力, 推上
狭窄的斜坡

1855 年时, 铁
路上的挖土工在徒
步走时带着有轮的
手推车和挖土的工
具, 为了自卫还要
带短剑

派分承包人去实施每一项具体的工程，如一座桥、一段路堑、一段路堤和一条隧道。这项具体的工程常常是作为"计件工作"由工人小组去完成——工作量和酬金都是经双方同意的，他们之中的工作量和酬金都是平均分享的。

"铁路热"形成对体力劳动者的大量需求。竞争的紧迫性，这个时代的简单技术和大规模的建设任务都要求有大量的劳动力，用最简单的工具，如锄头、铲子和独轮手推车，却要高速度地工作。运河工人被认为是"船员"，而"挖土工"成了所有建筑工人适用的名称，这些工人中许多是爱尔兰人，是为摆脱贫穷、失业和在家挨饿而来工作的。铁路班组过着一种单独的和危险的生活，对这些雇佣者来说利益比产业的安全更重要，在经济利益和赶工的情况下，尽可能用最简捷、省钱的办法去做，结果事故经常发生。"挖土工"们爱好工作、喝酒、斗殴成了一种传奇似的事。这些工人带着他们的家人穿越乡村，就像一群抢劫的军队，给他们经过的村庄，带来了暴力和疏远工业资本主义的气氛，以及展示他们的这些成就。

工程师们也处于巨大的压力之下，为了所要求的速度，常常妨碍设计者们充分地考虑技术问题，并且太多的认识来自塌方和灾难的痛苦教训。能干的工程师们能够对设计进行计算，或者预先在大模型中进行试验，与同事共享他们的知识。同事之间也可能有竞争关系。随着在工地取得经验的同时，静力学发展了；随着实践，相应的难以对付的主要部分的理论逐步建立起来，产生了惊人的连续的工程成就。

铁在重工业技术中的用途，已经推广到了更多的惯用的结构上，特别是那些在防火方面有重要要求的工厂和仓库。贝尼昂（Benyon）和马歇尔（Marshall）设计的，在什鲁斯伯里（Shrewsbury）的亚麻工厂（1796），建造时用了铁的柱子和铁梁，正是因为这个原因，才是最早的幸存的例子。从 19 世纪早期，铁还用于更奢华的建筑，如 1811 年霍珀（Thomas Hopper），在伦敦卡尔顿宫的暖房中，为了他的哥特式风格的扇形拱顶使用了铁；由里克曼（Rickman）和克拉格（Cragg）设计的，在利物浦的圣乔治、埃弗顿教堂（1812），为了哥特式风格的屋顶，也使用了铁。在德比郡，查茨沃思宫的暖房（1836），是一个早期的壮观的玻璃建筑的实例，以其巨大的体量——84m 长，和富有想象力的双拱造型而著名。由帕克斯顿（Joseph Paxton）和伯顿（Decimus Burton）设计的建筑，是几个大跨度的玻璃顶建筑的先驱，包括在伦敦附近的皇家植物园（Kew Gardens）中的那些温室（the Palm House 1845），这是伯顿和特纳（Richard Turner）设计的，在伦敦的煤炭交易所（the Coal Exchange 1846）由邦宁（James Bunning）设计，以及斯默克（Sidney Smirke）设计的大英博物馆阅览室（1852）。

铁的最富创造性的用途，是在伟大的公路和铁路工程师们的作品中，1819 年和 1829 年期间，特尔福德（Telford）延伸了霍利黑德公路，跨过了梅奈海峡（the Menai straits），在海峡上建造了现代社会的第一座巨大的悬索桥，跨度 140m，除了使用铸铁以外，他还为悬索较大的抗张强度，使用了锻铁链，同时，他正在建造康维悬索桥（the Conwy suspension bridge 1824—1826），用了类似的设计。特尔福德的职业生涯几乎要结束，这是他最后的两个杰作，但是他与年轻的布鲁内尔（Isambard Brunel 1806—1859）分享了他的建桥经验，当时布鲁内尔正在设计一座公路桥，该桥位于布里斯托尔附近，在克

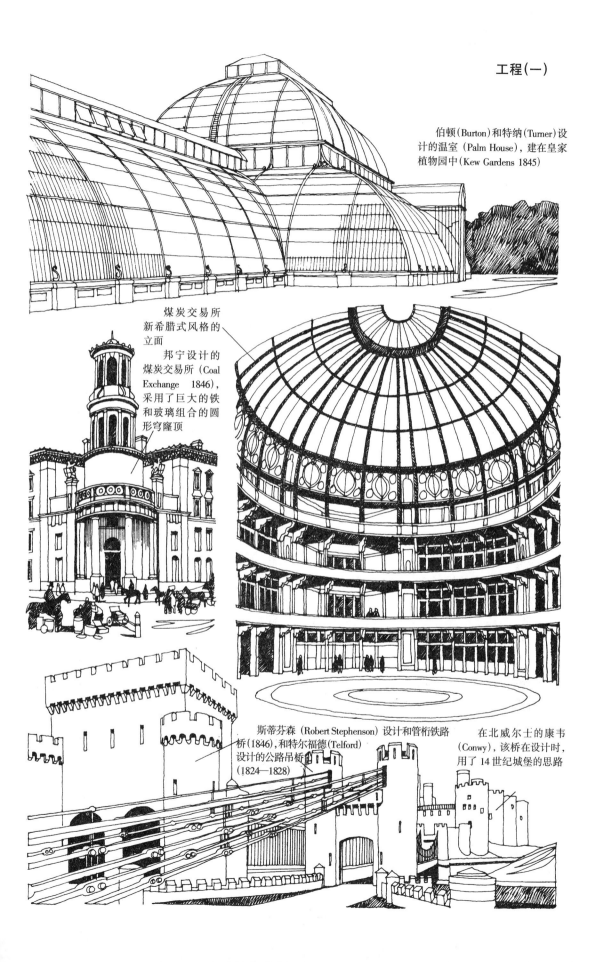

工程(一)

伯顿(Burton)和特纳(Turner)设计的温室（Palm House），建在皇家植物园中(Kew Gardens 1845)

煤炭交易所新希腊式风格的立面

邦宁设计的煤炭交易所（Coal Exchange 1846），采用了巨大的铁和玻璃组合的圆形穹隆顶

斯蒂芬森 (Robert Stephenson) 设计和管桁铁路桥(1846)，和特尔福德(Telford)设计的公路吊桥 (1824—1828)

在北威尔士的康韦 (Conwy)，该桥在设计时，用了14世纪城堡的思路

利夫顿的埃文河上（the river Avon），跨越了 80m 深的峡谷。强烈的大风差不多摧毁了梅奈大桥，特尔福德的劝告是反对在一个无遮挡的位置，冒险去建另一座悬索桥，但是布鲁内尔走在前面，他正在完成一个大胆的成功的设计，利用石砌的桥墩，建造了较大的壮观的像埃及神庙的塔门，撑起桥面吊索上的铁链，通过了 200 多 m 长的跨度。

特尔福德，是 18 世纪运河和公路的设计师，属于较早的年代。布鲁内尔集中体现了新一代工程师的自信和能力，工业化的迅猛发展为他们提供了巨大的机遇，他们在建设铁路和制造轮船方面的成就，就是他们自己对资本主义扩张做出的重要贡献。在 1830 年代和 1840 年代中，一小群工程师在铁路设计方面处于优势地位，如：布鲁内尔、斯蒂芬森（George Stephenson）和他的儿子罗伯特（Robert）、维格诺勒斯（Charles Vignoles）、洛克（Joseph Locke）和丘比特（William Cubitt），他们广泛的多方面的才能和个性反映在他们的设计中。以布鲁内尔为例，他是一位最有才华的技术人员，他认为控制造价是次要的，他的愿望是找出最好的技术答案。他为大英西部铁路（the Great Western Railway）选择的 7 英尺（2.13m）的标准轨距，虽然比通常的 4 英尺 8.5 英寸（1.43m）的标准轨距更安全更舒适，后来布鲁内尔遇到的难题是：隧道，路堤和路堑需要特别宽，为此在巴斯附近的博克斯大隧道，是一个重大的成就。洛克是位最有效率的管理者，具有最好的估算能力。应用现在通称为"成本—效益"技术，他选择了一条短的，越过沙普山（Shap Fell）的陡峭的路线，论证了一种功率更大的火车头的开发和运行所用的成本，比建设一条平而迂回的线路要少。斯蒂芬森（George Slephenson）的主要特点是，他对自己的能力确信不疑，这样也增强了其他人的信心。建设利物浦和曼彻斯特的线路期间，正值他设计的著名的"火箭号"火车头制成，在 1829 年第一次出现，莫斯（Chat Moss）泥煤沼泽成了似乎是不可逾越的障碍，只有斯蒂芬森有能力让火车通过，他把长长的，低低的路堤建在用枝条编的篱笆地毯上，用的办法非常简单。

在某些方面，斯蒂芬森（Robert Stephenson 1803—1859）是在所有土木工程师中最有造诣的，受过良好的教育，有文化教养和魅力，他集布鲁内尔的最好的才能和较强的经济现实主义于一身。他设计了许多火车头；建过几条铁路，包括重要的伦敦与伯明翰之间的线路；建造了大量的宏伟的桥梁，包括在纽卡斯尔的海伊。利维尔大桥（the High Level 1846），是最大的铸铁桥，桥中主梁的弯曲和倾斜的原则，是为了减少铸铁构件的拉力。布里坦尼亚铁路桥跨过梅奈海峡（1850）是他的最大的成就，桥的结构由两个支点的箱形梁组成，箱形梁是用锻铁做的大的方形管子，由高高的石砌的柱墩支撑着，铁轨在管中通过。这种史无前例的设计，是建立在理论计算和实践性的试验基础上的，是对结构学科的重要贡献。

1850 年，英国人口已达到 2000 万左右，中产阶级的数量不足 150 万，然而这种小的集团的最终形成，却是 19 世纪最有意义的社会特征，它正开始去取得这个社会的经济控制权。正是因为中产阶级权利的增长，建设铁路才成为可能和具有必要性；铁路革命集中体现在接着产生的伟大的社会革命。贵族地主们对于铁路通过他们的地产的反抗处于失败的状况，但是他们在所有的前线与入侵的中产阶级进行战斗。挖土工和他们家庭可怕的居住和工作环境，是劳动阶层所在地的鲜明反映，对于这个时代工程上的奇迹，那

作为绅士的工程师斯蒂芬森（Robert Stephenson 1803 – 1859），是议会中托利党成员

布鲁内尔（Brunel））设计的克利夫顿吊桥（Clifton Suspension bridge 1830 – 1863），运用了埃及风格的塔门，与宏伟的概念很相称

布鲁内尔设计的巴思车站（Bath Station）精美的木构架火车棚屋顶，屋顶特别宽，7英尺宽的标准轨距表示得很清楚

7英尺宽的标准轨距，进入了布鲁内尔设计的位于巴思附近巨大的博克斯隧道（Box tunnel）

斯蒂芬森设计的布里坦尼桥（Britannia bridge 1850），用了一个巨大的金属管子，跨过了 Menai 海峡

在康韦和克利夫顿，工作概念的简单化，是用历史的细部来装饰的

工程（二）

些中产阶级经常表现出来的自豪感，正是看到了他们自己的身价。

一方面，中产阶级的作用很难达到，正如马克思写道："就分散的个体要形成一个阶级而言，他们必须共同进行反对另一阶级的战斗；否则，作为竞争者他们彼此处于对立的关系。"作家、艺术家、建筑师和工程师们和谐地工作，他们在制止中产阶级分裂方面起了重要的作用。虽然他们能制定出资产阶级哲学的主要宗旨，如：有组织的社会可获得最大的社会效益；"实用艺术"的重要性；把工作思想提高到一个高的道德水平。他们还进行自由主义的要旨的主要宣传；如为了中产阶级的正义事业，就是为了全社会的正义事业。在这个世纪的初期，曾经帮助辉格党取得权力的工人们也曾相信这种宣传，但是改良法（Reform Act），以及它实施的结果打破了他们的幻想，工人们认识到，如果他们想得到任何一种自由，必须通过他们自己的努力。

一种行动计划是通过劳动的组织。城市无产阶级正在以比中产阶级更快的速度增长，虽然它仅构成总劳动力的一个小比例——也许是十分之一——它来自经济生活的中心，有提出条件的权力，并且它们集中在小的本地区域，使联合具有实践上的可能性。1827年，木工工会和砖工工会成立，随后在1829年，由曼彻斯特的工会联合会组成了一个全国性的砖工协会，1832年由技工建设者工会，组织了一个多种工匠的组织，作为一种建造的手段，试图建立协作，去防止发生契约制的剥削。

由建筑贸易和其它传统的手工工业发起的，这些初级阶段的工会——鞍工、制鞋工、纺织工的工会，这是很有意义的。他们宁愿不是新的重工业的工人，有较长期的组织经验，并且他们的工作最易受到工业化的作用的责难。除了农庄劳力，建筑工人在英国形成了最大的劳动力，在1830年代有40万人左右。他们不满的主要原因是新经济制度带来的剥削，承包商的介入降低了个体工匠有价值的自主权，使他们变为工资的奴隶。

设计过程也从施工过程中分离出来，对于建筑设计的实用性和不再参加设计过程的工匠潜力的发挥，都是不幸的结果。

当把建筑降到日用品的地位时，这种制度对于在社会的较贫困的阶层的打击特别厉害。以利益为目的增长的强烈要求，与因建筑材料涨价和税收引起的、高的建筑造价共同影响下，甚至产生了价高质次的建筑，并以把较穷的家庭逐出房屋市场为代价。在传统的建筑工人中，有一种按工作优劣划分的等级制度——"上流社会"的工匠、"廉价"工匠、学徒、劳动力——渗透出他们之间的许多差别，在1820年代和1830年代期间，他们一致抨击了这种制度。他们之中有许多人与其他手工业工人一起计划共谋反叛，他们成了激进的富有战斗精神的工会主义者，不仅是在他们自己的那方面，并且在总的阶级斗争中，激进派政策的主要焦点是宪章运动，它是在1830年代早期，由欧文和其他人发展起来的，不满意改良主义采取的缓慢的步调，这个运动成了世界上第一个国家的工人阶级运动，对资本主义社会的根本看法进行了严重的挑战。

许多美国工业家对英国城市令人震惊的情况表示极端厌恶。据说，剥削不仅是共和思想反对的，而且很可能带来不满和革命。由于美国和英国城市一样多，但英国却不能去创造良好的工作和生活条件，也由于美国获得了许多成功，这成为美国工业家自豪的事。美国工业城市的原型是麻省的洛厄尔（Lowell），这座棉纺镇是由洛厄尔（Francis

Cabot Lowell)、阿普尔顿（Nathan Appleton）和杰克逊（Patrick Jackson），于1810年到1820年之间开始建设的。与新拉纳克（New Lanark）相似，但是洛厄尔镇在生产效率和业主的家长式统治两方面都取得了进一步的成绩。棉纺厂的设计是根据符合逻辑的生产的连续性：一层是棉花的梳理，上一层是纺纱，上两层则是织布，机器房在地下室。过了几年，棉纺镇和工厂建立在每一条河边：如在马萨诸塞州的沃尔瑟姆和奇科皮、在新罕布什尔州的纳舒厄。建在马萨诸塞州劳伦斯的贝·斯泰特纺织厂是一个有目的的设计，这个工厂综合体最好的例子，包括管理性的办公楼、住宅、宿舍和地方商店。机械设计的快速改进，开始促使新英格兰的生产效率达到与兰开夏郡相同的水平。

与新拉纳克不同，洛厄尔和许多成功的城镇都不是家庭式的城镇。虽然一些蒸汽动力是可用的，大多数早期的工厂不愿建在城市，宁愿建在农村，建在偏僻的河流旁边。当没有城市劳动力时，工业家不得不去创造自己能与当地农村的制度共存（co-existing）的能力，因为农业一直是经济的骨干，并且仍得到许多政治上的支持。新英格兰人农场的女孩们被别人说服，离开了她们还在务农的父兄，到一个工业公社去工作一段时间，也许是5年，一个短时间足以阻碍工会的成立。女孩们住在旅店式的宿舍里，受到女总管疯狂的家长式的监督，过着严格的有纪律的生活，打算用一种强烈的宗教上的偏见去克服她们双亲的疑虑。洛厄尔的过分的基督教道德规范，与欧文的有启发作用的人道主义有着强烈的对比，而事实是掩盖不了的，这些女孩像在曼彻斯特的城市工人一样受剥削，低工资、长时间地工作，过着空虚的生活。

当1820年代和1830年代，为躲避欧洲经济萧条涌入的新移民使人口迅速增加，造成了对货物和服务的迫切要求，这时，美国工业受到了额外的促进。许多外来移民得到的并不比在东部各州时多，在那里他们形成了一批廉价劳动力。他们作为农民在西部定居，成为开发巨大农业的一部分，及时地取代了东部农场的劳力，给东部城市提供了更多的剩余劳动力。当工厂产品增长，国内的产品价格下降时，进口英国的商品经济利益就少了。工厂机械化程度增长，纺织工业扩展了10倍，新泽西和宾夕法尼亚的煤矿和炼铁工业开始成长。在1830年，与英国把投资注入新铁路一样，巴尔的摩和俄亥俄、莫霍克和哈得孙，以及查尔斯顿和汉堡的铁路都被开通了；到1850年，东部的海滨铁路交通顺畅，并且铁路线延伸到最西的密西西比州，和最南的田纳西州。

共和党执政的联邦政府促进了工业的发展，1820和1830年代期间，东部城市开始进入城市改造的新阶段，重建城市中心庆祝他们获得了新的财富和政治上的权力，共和党理想的对建筑的要求是具有希腊复兴式风格，这个时期资产阶级住宅的典范是在纽约的柱廊式联排住宅（Colonnade Row 1835），是戴维斯（A. J. Davis）设计的，一种有两层高的科林斯柱子，用好的褐（色沙）石砌的带凉台的住宅。市政厅、博物馆、美术馆、音乐厅和文化式城市应有的壮丽的陈列物，都在这个时代涌现出来。它们之中，有由帕里斯（Alexander Parris）设计的波士顿昆西商场（Quincy Market 1825），是一座精制的石质建筑，帕里斯把商店与展览厅、接待室结合起来，好像是要强调资产阶级的富裕与资产阶级文化之间的联系。大旅馆，作为一种建筑类型，突然出现在1820年代末，是为了适合大量阔绰的企业家旅游经过东部海港的需要。波士顿建筑师罗杰斯（Isaiah Rogers），

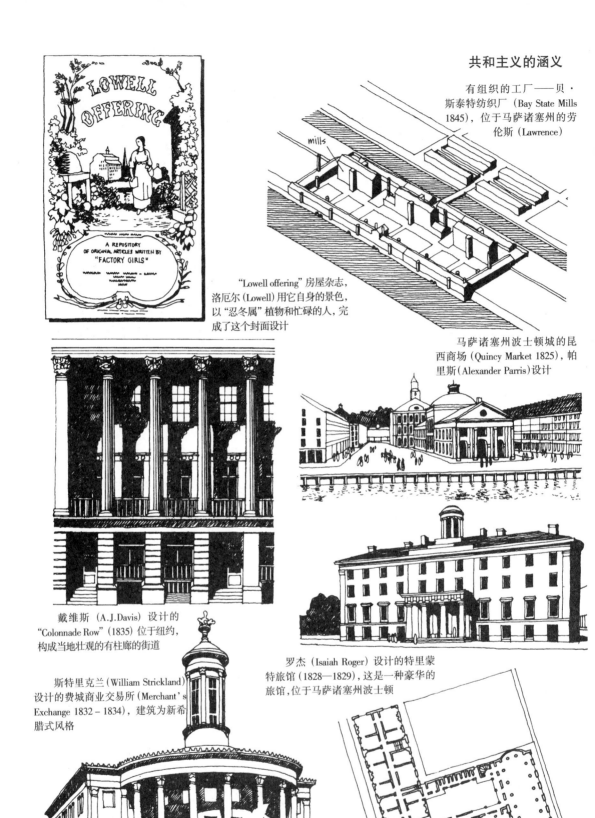

共和主义的涵义

有组织的工厂——贝·斯泰特纺织厂（Bay State Mills 1845），位于马萨诸塞州的劳伦斯（Lawrence）

"Lowell offering" 房屋杂志，洛厄尔（Lowell）用它自身的景色，以"忍冬属"植物和忙碌的人，完成了这个封面设计

马萨诸塞州波士顿城的昆西商场（Quincy Market 1825），帕里斯（Alexander Parris）设计

戴维斯（A.J.Davis）设计的 "Colonnade Row"（1835）位于纽约，构成当地壮观的有柱廊的街道

罗杰（Isaiah Roger）设计的特里蒙特旅馆（1828—1829），这是一种豪华的旅馆，位于马萨诸塞州波士顿

斯特里克兰（William Strickland）设计的费城商业交易所（Merchant's Exchange 1832 – 1834），建筑为新希腊式风格

特里蒙特旅馆的平面

以他设计的波士顿特莫特王朝旅馆（Tremont House hotel 1828），和纽约的阿斯特旅馆（Astor House 1832）的出色设计而闻名于世。

北部的资本家也在西部的发展中获益。铁路是经济扩展的关键，他们已经让城市文化跨越了阿巴拉契亚山脉，那里的城镇在19世纪初曾经是用木头建的边境驿站，仅用一代人的时间，已要求用石头去建造希腊复兴式的市政厅。建筑师汤（Town）和戴维斯在印第安纳波利斯设计的新州议会大厦（the new State Capitol 1831），像一个围柱式的希腊神庙，不协调地把罗马式穹窿装在顶上。新古典主义式的建筑在各大城市中出现，如：在密苏里州圣路易斯的大教堂、俄亥俄州哥伦布的议会大厦、在克利夫兰的法院，以及罗杰斯设计的另一个在辛辛那提的豪华旅馆。新古典主义的风格扩展到西面的伊利诺伊州，缓慢地向南，扩展到肯塔基州和田纳西州。

西部社会起初是流动的，非个体和自给自足的，与东部极少联系，拥有原材料或产品确实没有使它富起来，但是当铁路给他们带来银行、工厂、商店和一切中产阶级资本主义为当地服务的诡计时，则从他们之中榨取利益。那些获益最多的是东部的金融家，和经营所获得的土地以及开发铁路线的英国资方，那些损失最多的是印第安人。到19世纪中叶，密西西比东部和西部海岸的部落已经被"征服"，印第安人只有在平原地区是相对自由的，而这里现在已经处于殖民主义的压力之下了。苏人❶的头领霍斯（Crazy Horse）说："一个人不能卖人民行走的土地。"但是在1834年，印第安事务局的成立就是迈向全面控制印第安人的土地的一个重要步骤。

北部增长的繁荣还影响到棉花生长的南部，在18世纪期间，南部曾支配着经济生活，但是现在落后了。它依靠北部不仅是作为一个出口的口岸，还是进口食品和日用货物的口岸，所有的货物价格都因用海运关税和其它税而几乎增加一倍。南部白人中的不满情绪开始上升，领导南部人保卫他们的文化和制度，并且雄心勃勃地扩展到他们需要的地方。

在南部制度方面建立自信心的意图中，南部的白人和其他人群，这些富有的种植园主们采取一种有文化的上流社会和骑士气概的生活方式。新古典主义在北方代表联邦制、共和制和自由，在南方却产生了新的意义，辩护士注意到柏拉图式的雅典是依靠奴隶制：因此希腊建筑的风格的用处，就是现在和令人赞美的过去联系的一种方式，暗示奴隶制是任何伟大的民主制度的基本部分。罗伯特·E·李（Robert E. Lee）自己的住宅，在弗吉尼亚州的阿灵顿（1802—1826），用的是希腊复兴式风格，而直到1830年代以前，这种风格的其他住宅还寥寥无几。随后出现了几个重要的例子，都有独特的、巨大的、带圆柱的门廊，用的是陶立克或科林斯风格，如在纳什维尔的赫米塔奇住宅（the Hermitage 1835）；在佐治亚州梅肯的拉尔夫小住宅（the Ralph Small house 1835）；在亚拉巴马州迪莫帕里斯的盖恩斯伍德住宅（Gaineswood 1842），以及在田纳西州拉托（Rattle）和斯纳普（Snap）的波尔克府邸（Polk mansion 1845）。

工业化北部的工人虽然技术上自由，和采棉工一样是一种制度的奴隶，即使在洛厄

---

❶ 苏人：说印第安语、郡苏语、组诸语言的印第安人。

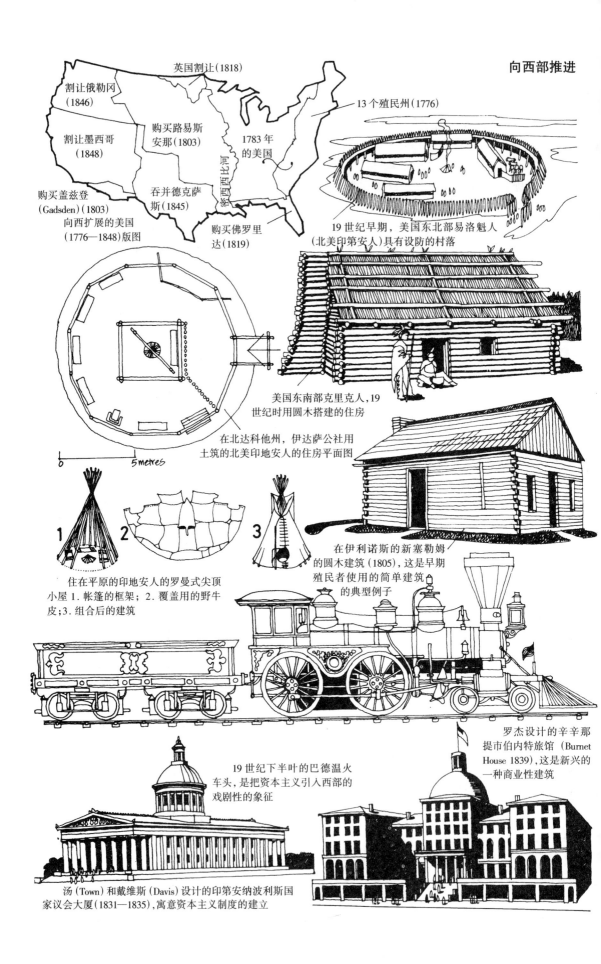

向西部推进

英国割让(1818)

割让俄勒冈
(1846)

13个殖民州(1776)

割让墨西哥
(1848)

购买路易斯
安那(1803)

1783年
的美国

购买盖兹登
(Gadsden)(1803)

吞并德克萨
斯(1845)

向西扩展的美国
(1776—1848)版图

购买佛罗里
达(1819)

19世纪早期，美国东北部易洛魁人
(北美印第安人)具有设防的村落

美国东南部克里克人，19
世纪时用圆木搭建的住房

在北达科他州，伊达萨公社用
土筑的北美印地安人的住房平面图

0   5metres

住在平原的印地安人的罗曼式尖顶
小屋 1.帐篷的框架；2.覆盖用的野牛
皮；3.组合后的建筑

在伊利诺斯的新塞勒姆
的圆木建筑(1805)，这是早期
殖民者使用的简单建筑
的典型例子

罗杰设计的辛辛那
提市伯内特旅馆（Burnet
House 1839），这是新兴的
一种商业性建筑

19世纪下半叶的巴德温火
车头，是把资本主义引入西部的
戏剧性的象征

汤（Town）和戴维斯（Davis）设计的印第安纳波利斯国
家议会大厦(1831—1835)，寓意资本主义制度的建立尔制度内，生活仍是艰苦的；在洛厄尔制度之外，工作条件更坏，住房短缺。劳动者运动首次在新泽西州和宾夕法尼亚州的重工业中的男工人中成长起来，就像在英国衰退的手工工业工人的情况一样。发生在美国的社会变革是由家具工业反映出来的。19世纪开始时，强大的手工艺基础还存留着，它们生产像"温莎"扇骨式的靠背。农庄住宅用的椅子是可靠的。把当代背部有梯格式横档的椅子，与震颤派宗教团体用的一种椅子结合起来，设计成一种类似简洁和纯正的风格，与那种浮夸的复兴主义风格形成了强烈的对比，随后在欧美两地的富裕人家中流行。当这种工厂的产品开始影响工业时，技术上进行了革新——如层压结构、蒸汽动力弯曲和机器雕刻，由制造商贝尔特尔（John Henry Belter）制作——结果设计技术精良而独创性不大。为了机器生产，采用了装饰华丽的洛可可复兴式风格。

1837年经济开始萧条，工业化资本主义的发展，有着繁荣和萧条时期独特的连续性，这种周期性的模式是典型的。在有进一步获益的方面，进行持续的扩大生产和再投资，这导致资金和劳力不足，引起成本和借贷率的上升、利润的下降。低利润导致投资者从商品工业中抽走资金，造成不断下降的较低的生产水平，增加了失业和恐慌。新兴的工薪阶层是无助的，住房和食品完全依赖外面的来源，没有福利制度支持保护他们，他们陷入了贫困、饥饿和疾病的恶性循环之中。不卫生、拥挤的内部区域问题，以及更严重的木造棚屋不断地引发火灾的危险，这些问题第一次摆在市政当局面前。

这次的经济萧条是世界范围的经济危机的一部分，一直延续到1841年，使许多金融业破产，工人及其家庭成员失业和挨饿。在美国直接受到的影响，是欧洲的资金从工业和铁路方面抽走；它有必要去建立新的工业和财政制度，少依靠外援，和增加抵制经济危机的能力。当铁路为了采矿、农垦和伐木，而在这个大陆开通时，其它的机器发明随之而来，如抽水机、钻机、风力发动机、收割机、打谷机和机锯。买机器是昂贵的，但是，为了在繁荣期和萧条期都能保持较多的客户，去赚回它们的成本代价，使用这些机器是必要的。为了调整市场和保持产品平稳地流通，制造商之间通常采用合并或企业联合的方式。引进垄断代替竞争是在资本主义制度中的第一个重大的调整。

第二是股份有限公司的发展，这是在1840到1850年代出现的。没有哪一位美国金融家独自有足够的资金去建铁路，但一个股份有限公司，由于向大的或小的投资者出卖股份，能把其他人的钱变成资金。当时在英格兰，向铁路的过分投资，和许多项目都失败了，投资者拥有虚幻的权利，真正的收益是很少的。还是在英格兰，铁路促进了结构工程的发展。在特尔福德设计的梅奈大桥开始建造以前，美国工程师芬利（James Finley）已经建造了8座悬索桥，在结构上组合了巨大的加固板，抵销了风力引起的振动。1844年，工程师罗伯林（John Roebling）采用了高拉力钢缆，虽然它内在的结构挠性使它的适应性对于公路比铁路更好，但是用它去建设悬索桥已作为一种普通的形式。另一种选择是桁架桥，是用有规则的长度的直杆件组成的一种简单的格架。开始很少用铁，最早的这种格架是用木头做的，简单地钉在连接点上，并能很快和便捷地把它们组装在偏僻的基地上。后来这种格架用木头做受压构件，用铁作拉杆。1844年，普拉特（Thomas Pratt）首创了全铁格架，在20世纪成为中等跨度的铁路桥的标准设计。

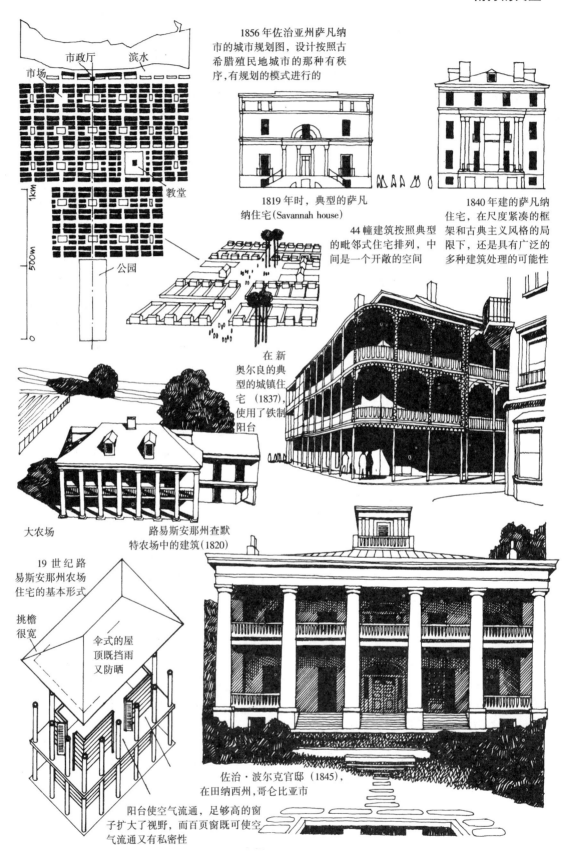

市政厅　　滨水

市场

教堂

公园

1856 年佐治亚州萨凡纳市的城市规划图，设计按照古希腊殖民地城市的那种有秩序，有规划的模式进行的

1819 年时，典型的萨凡纳住宅(Savannah house)

1840 年建的萨凡纳住宅，在尺度紧凑的框架和古典主义风格的局限下，还是具有广泛的多种建筑处理的可能性

44 幢建筑按照典型的毗邻式住宅排列，中间是一个开敞的空间

在新奥尔良的典型的城镇住宅（1837），使用了铁制阳台

大农场

路易斯安那州查默特农场中的建筑(1820)

19 世纪路易斯安那州农场住宅的基本形式

挑檐很宽

伞式的屋顶既挡雨又防晒

佐治·波尔克官邸（1845），在田纳西州，哥仑比亚市

阳台使空气流通，足够高的窗子扩大了视野，而百叶窗既可使空气流通又有私密性

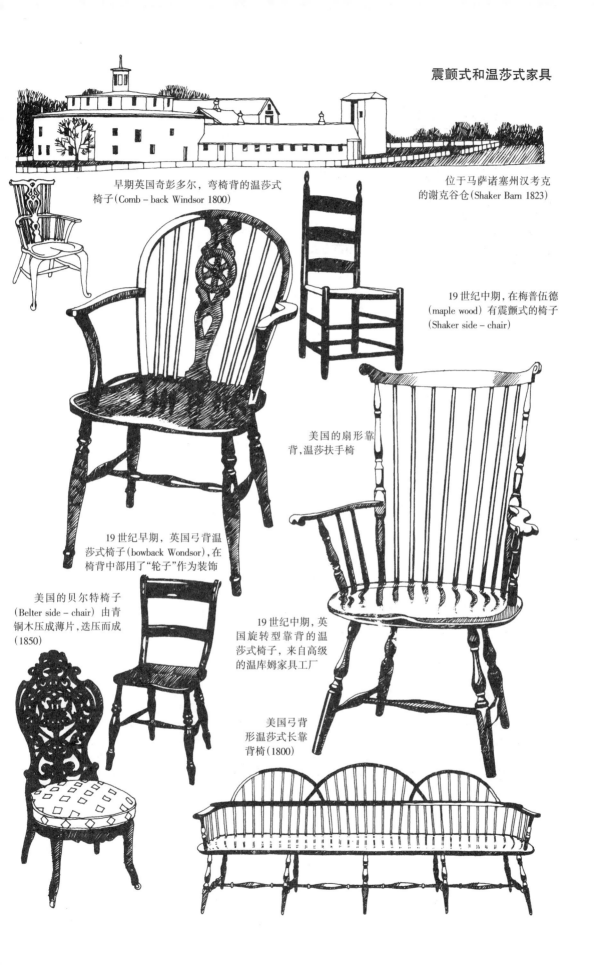

震颤式和温莎式家具

早期英国奇彭多尔，弯椅背的温莎式椅子（Comb – back Windsor 1800）

位于马萨诸塞州汉考克的谢克谷仓（Shaker Barn 1823）

19世纪中期，在梅普伍德（maple wood）有震颤式的椅子（Shaker side – chair）

美国的扇形靠背，温莎扶手椅

19世纪早期，英国弓背温莎式椅子（bowback Wondsor），在椅背中部用了"轮子"作为装饰

美国的贝尔特椅子（Belter side – chair）由青铜木压成薄片，选压而成（1850）

19世纪中期，英国旋转型靠背的温莎式椅子，来自高级的温库姆家具工厂

美国弓背形温莎式长靠背椅（1800）

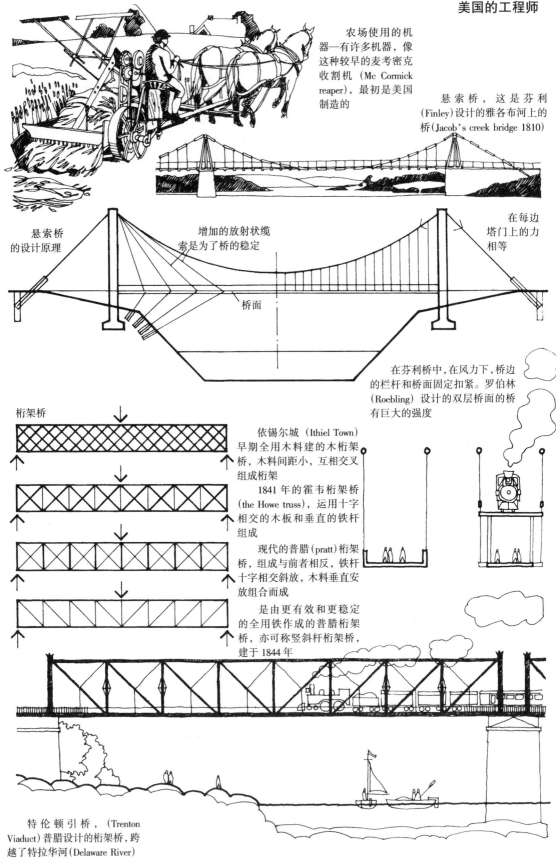

农场使用的机器——有许多机器，像这种较早的麦考密克收割机（Mc Cormick reaper），最初是美国制造的

悬索桥，这是芬利（Finley）设计的雅各布河上的桥（Jacob's creek bridge 1810）

悬索桥的设计原理

增加的放射状缆索是为了桥的稳定

在每边塔门上的力相等

桥面

在芬利桥中，在风力下，桥边的栏杆和桥面固定扣紧。罗伯林（Roebling）设计的双层桥面的桥有巨大的强度

桁架桥

依锡尔城（Ithiel Town）早期全用木料建的木桁架桥，木料间距小，互相交叉组成桁架

1841年的霍韦桁架桥（the Howe truss），运用十字相交的木板和垂直的铁杆组成

现代的普腊(pratt)桁架桥，组成与前者相反，铁杆十字相交斜放，木料垂直安放组合而成

是由更有效和更稳定的全用铁作成的普腊桁架桥，亦可称竖斜杆桁架桥，建于1844年

特伦顿引桥，（Trenton Viaduct）普腊设计的桁架桥，跨越了特拉华河(Delaware River)

美国正在发展为一个从欧洲分离出来的文化统一体，它允许技术向所需要的不同方向发展。同时，持续的经济联系，促进了大西洋两岸，为资本主义的利益，而进行的思想上的互相交流。

三、权利的哲学——19 世纪早期的欧洲大陆

　　1825 年路德维格一世（Ludwig 1 1786—1868）登上了巴伐利亚的王位，并要解决作为欧洲文化中心之一的巴伐利亚还处于不繁荣的经济倒退状态的问题。20 年里，由于受到拿破仑的法国的新古典主义思想的影响，和不久前在卡尔斯鲁厄建成的风格雅致的商场的启发，商场是弗雷德里克·温伯里尼尔（Freidrich Weinbrenner 1824）设计的，德国的建筑师们也改造了慕尼黑这个老城的中心。用布置得很整齐的广场、道路、教堂、宫殿及其回廊，还有博物馆等，形成了一个可以认为基本上是文化性的建筑体系。在那些建筑师中，主要的是克伦兹（Leo von Klenze 1784—1864），他曾在巴黎学习，并自认为是一位新古典主义者，设计了一个雕塑陈列馆（Glypothek 1816—1830），并以其设计的阿尔特美术馆（Alte Pinakothek 1826—1830），更大胆地成为一位新文艺复兴派。他为路德维格设计了国王广场（Königsplatz），在一个礼仪性的希腊神殿的入口处，设计了一个合乎礼仪的广场，具有文化的特征。他发挥了他的新文艺复兴的思想，在王室建筑的皇宫设计中（1826），像在英格兰的建筑师巴里（Barry）那样，他以佛罗伦萨（Florentine）宫殿为模式，克伦兹甚至冒险在国王的坚持下，在阿勒海利根（Allerheiligen）王室教堂的设计中"采用拜占庭风格。他设计的最好作品可能是为民族英雄设计的纪念堂，建在巴伐利亚林山的累根斯堡，著名的瓦尔哈拉山（Walhala）上：一个四周围着柱子的希腊式的神庙似的建筑，建在一个山坡上，人为地扩展了在构图中的弯曲的坡道、楼梯和墙面，使人不仅可以回顾吉利（Gilly）设计的弗雷德里克大帝纪念馆，还可回顾在弗吉尼亚州里士满由杰斐逊设计的山顶上的国会大厦（Capitol）。

　　克伦兹的主要竞争者是加特纳（Freidrich von Gärtner 1792—1847），受到路德维格一世的重视，他也曾在法国学习过。加特纳的设计风格不是法国的新古典主义，而是圆拱风格，是一种与罗马式的圆顶拱结合的风格，在路德维格命令他设计的建筑中再一次运用。随着路德维格大街的发展，排列着路德维格斯教堂（Ludwigskirch 1829—1840）、国家图书馆（1831—1840）和大学（1835—1840），都是他的主要作品。1829 年希腊对土耳其的独立战争结束，当北欧政权要安排一个傀儡国王在希腊的王位上时，因为寻找候选人有一些困难，路德维格轻易地把他的儿子安排在王位上，成了希腊（欧洲）的奥托一世（Otto 1），另一个主要设计的机会来到，加特纳承担了在雅典建皇宫的任务（1837—1841），在设计中他又恢复了古典风格的原貌。

　　路德维格的兴趣不仅限于建筑，1835 年他在德国建造了第一条铁路，促使他这样做的动机是兴趣和热情，这比铁路在任何意义上占的有效经济成分更多，但是其他人能看到铁路发展是解决德国分裂的、在政治和经济上不统一的决定性因素。工业家利斯特

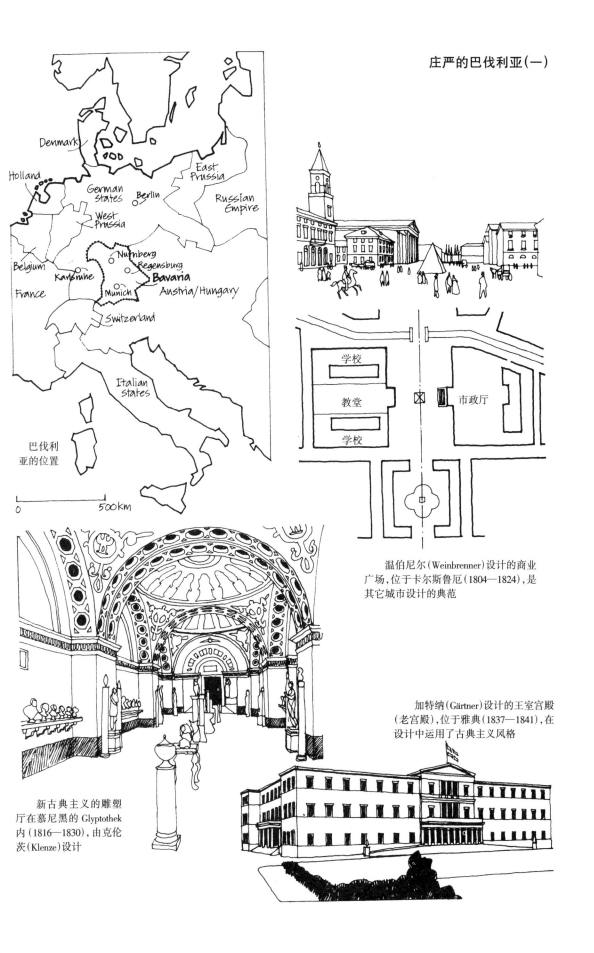

巴伐利
亚的位置

0　　　　　500km

温伯尼尔(Weinbrenner)设计的商业
广场,位于卡尔斯鲁厄(1804—1824),是
其它城市设计的典范

加特纳(Gärtner)设计的王室宫殿
(老宫殿),位于雅典(1837—1841),在
设计中运用了古典主义风格

新古典主义的雕塑
厅在慕尼黑的 Glyptothek
内 (1816—1830),由克伦
茨(Klenze)设计

克伦兹设计的军事办公楼（War Office 1824—1826），受到罗马风格的影响，位于慕尼黑的路德维格斯大街（Ludwigstrasse）

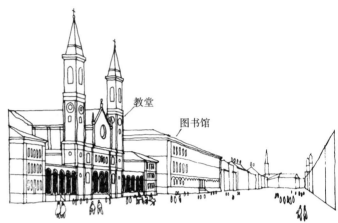

教堂

图书馆

在慕尼黑的路德维格斯大街和6"drther"的路德维格斯教堂（Ludwigskirthe 1829—1840）和国家图书馆（Staatsbibliothek 1831—1840）

山顶上的庙是克伦兹设计的瓦尔哈拉（Walhalla）厅（1831—1842），靠近累根斯堡和另外两个老的建筑

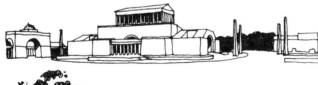

吉利设计的弗雷德里克大帝（Frederick the Great）纪念馆（1797）

由杰斐逊（Jefferson）和拉特罗伯（Latrobe）设计的国会大厦（Capitol），位于弗吉尼亚州的里士满（1789）

（Friedrich liszt）写道：“我不能看着铁路在英国和北美发挥的令人惊讶的作用，而不希望我的祖国——德国分享到同样的利益。”到 1860 年，5500km 的轨道已经铺好，穿过了州的分界线，并且连接了难于接近的多瑙河源头带有运河系统的南方和低地的北方波罗的海港口，使德国能很好地走向欧洲大陆上最大的工业国道路，并且成为英国和美国在世界上仅有的重要对手，并使得以下两个问题的进一步发展成为可能，即在 1834 年建立关税同盟或者统一关税，取消国内贸易障碍，保护地方工业，鼓励国外的企业进入德国；在政治上正在成长强大的普鲁士，以其经济上发展的较大潜力，最终在 1866 年的战争中压倒了奥地利。

这些惹人注目地发展带来了经济增长，但是与英国相比，德国在政治结构上没有多大的改变，还被政治上的旧统治者牢牢地控制着。改革终被引进，包括农民的解放和某种商业上的自由——不是英国或法国的自由意志论者的那种改革，虽然所有的公民都有平等地享有国家法律规定的权利。在这个过程中，中产阶级扮演的是不革命的角色。经济增长的十分重要的基础是人口统计：从 1815 年到 1850 年人口从 2500 万激增到 3500万，主要集中在萨克森和普鲁士地区，人口大量地增长要求促进生产和运用新的劳动力。这里特别要指出，技术学校为工业提供了合格的人才；贷款和津贴支持了机器的进口。国家的工业刚开始发展，以及铁路建设，沉重的支付要用国家的钱，要大力去推动。一个建筑师的工作，要与这个时期国家经济力量的增长相一致。

欣克尔（Karl Friedrich Schinkel 1781—1841）是普鲁士人，他的大多数的作品是在柏林和柏林周围建造的。他受教育于意大利和法国巴黎，是在新古典主义的建筑传统培养之下。尽管他开始进入建筑界是曲折的，但通过绘图和阶段性的设计，环境使他能充分地掌握他所能感受到的十分重要的浪漫古典主义的作用。通过受命为路易斯皇后的陵墓作的设计，他引起了洪保（Humboldt）的注意，洪保是主要负责人。1810 年他参加了公共建筑方面的一个新的设计事务所。到 1830 年，他设计的主要作品有：Neue Wache 警卫室（1816）在下林登（Unter den Linder）；剧院（Schauspielhaus 1812—1821）；特格尔（Tegel）和洪保的乡间住宅（1822—1824）；阿尔特（Altes）博物馆（1823—1830）。他的表现意图是严谨的和新古典主义的，尽管在室内设计中运用了戏剧性的光线，变化的标高及空间流动的手法，还是取得了庄重的效果，表明了他在作品中的最初的思想。阿尔特（Altes）博物馆也证明了他的设计是好的，馆的外部是严肃的和学院派的新古典主义，内部的空间效果是精心杰作：两层高的入口空间在门廊内，结合了一个很好的双梯楼梯间；一个光彩夺目的穹窿顶的雕塑厅；精心设计的画廊，在窗子的右角用了一个挂着的屏幕，为了取得最好的采光效果。

欣克尔广泛地旅行，去了法国、意大利和英国，调查研究建筑设计和建筑中的工业化产品，是他旅行的任务之一。1830 年他成了这个设计事务所的所长，在这段时期内，他的建筑风格变得更自由，更增加了浪漫性。Charlottenhof 宫是为在波茨坦的王储而建造的（1826），还有宫庭园艺师的住宅（1829）和茶室（与在罗马建的是同样的等级），这些如画的建筑和不规则的体形，使人能熟悉地联想到 P、J、莱内（Lenn'e）的自然主义的景观。

辉煌的普鲁士（一）

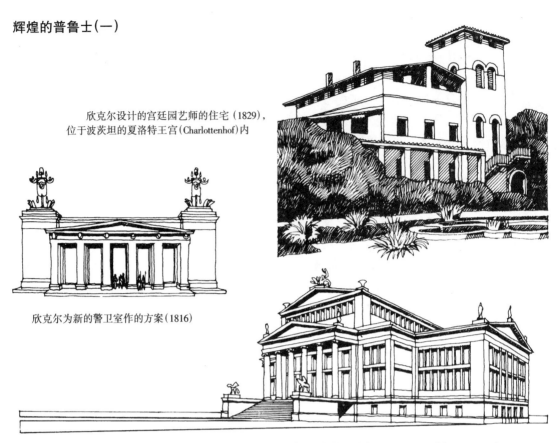

欣克尔设计的宫廷园艺师的住宅（1829），
位于波茨坦的夏洛特王宫（Charlottenhof）内

欣克尔为新的警卫室作的方案（1816）

欣克尔设计的在柏林的剧院（Schauspielhaus）（1823—1830）

欣克尔设计的在柏林的阿尔特
博物馆（Altes Museum 1823—1830）

入口立面

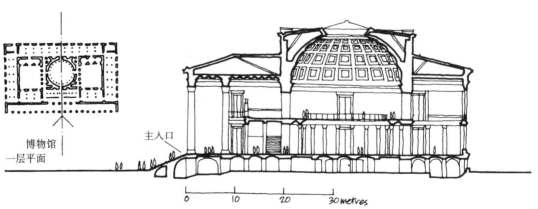

博物馆
一层平面

主入口

0   10   20   30 metres

博物馆纵剖面

珀修斯(Persius)设计的弗雷德教堂(Friedam Skirche 1845—1848),在波茨坦,随着宫廷园艺师住宅的建成,引起对早期基督教建筑所表现的气质的喜爱。

德累斯顿歌剧院(Dresden opera 1838—1841),这是森珀(Semper)设计的平面,歌剧《鬼船与汤豪泽》在这里首场演出(The Flying Dutchman and Tannhauser)

吉尔伯特·斯科特(Gilqort Scott)为了这幢汉堡的尼古莱教堂,集中了德国中世纪的高耸的建筑风格用于此教堂的设计中

与乌尔姆和科隆大教堂作一比较

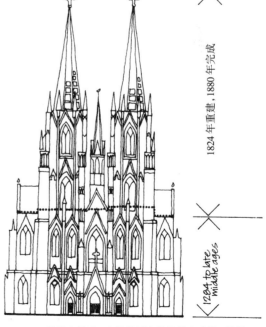

1824 年重建,1880 年完成

1284 to late middle ages

科隆大教堂,它是按原来的设计完成的,但是在时间上拖后了 400 年

欣克尔的弟子们和继任者倾向去追随他的不拘一格的晚期作品，而不是严谨的新古典主义风格。在波茨坦的弗雷德教堂（Friedenskirche 1845—1848）是珀修斯（Ludwig Persius 1803—1845）设计的，这是一个改变了的早期长方形的基督教堂的浪漫式作品，建筑的细部设计得精巧、优美。19世纪40年代出现了不断地令人吃惊的情况，即设计向圆顶式和早期盛行的基督教堂的风格靠近，去追随中世纪甚至是伊斯兰的建筑风格。森珀（Gottfried Semper 1803—1879）的设计作品看上去很特别，他集意大利文艺复兴、拜占庭、伊斯兰和罗马风格的设计思想用于建在德累斯顿的一些成功的建筑中，如：歌剧院（1838—1841）、犹太教堂（1839—1840）、玫瑰别墅（1839）、奥彭海姆（Oppenheim）宫（1845）、美术馆（1847—1854）和阿尔布雷茨伯格（Albrechtsburg）别墅（1850—1855）。新哥特式已经得到一批有兴趣的学院派的追随者的欣赏，包括那位欣克尔，他试着把新哥特式用在他设计的两幢建筑中，这给他在1825年进行未完成的13世纪的科隆大教堂的续建工程中增加了动力，也用于在汉堡的尼古莱教堂（Nikolaikirche 1845—1863）建设中，获得了斯科特（Gilbert Scott）设计竞赛的胜利。由于德国工业革命的进步，才使得斯科特的新哥特式，能够从英国来到德国。虽然工业化不能通过纺织工业，因英国控制了世界的市场，但德国可以从英国吸取有用的先进技术。此外，德国可以挤入第二位，发展重工业和化学工业方面，不会被那过了时的、早期的资本投资而阻止，在英国这种投资事实上变成了前进的障碍。

在法国，发展模式是不同的：经常缺少煤和铁矿石，为了重工业的发展，使得法国必须去与英国在纺织产品上竞争，以求得某些方面的成功。如提花织物的发明，使得纺织工人可以织出复杂的花型，并且去把注意力集中在竞争激烈的欧洲市场，去取代被英国统治的领域。同样，法国较大的优势在漂白和印染方面，实际上法国把发展化学的成果应用到工业上，给几个领域都带来了进展，如木浆制造厂为造纸提供原料；煤气用于照明；甜菜糖的机械加工。煤的不足促使冶金学产生了某种独特的见解：创造用于大规模燃烧木头的熔炉；通过再循环而获得热气；发展涡轮机的制造。第一条铁路，从圣艾蒂安到卢瓦尔于1827年开始运行，有助于疏通具有运河运输系统的产煤地区与巴黎的联系。第一条从巴黎到圣日耳曼（法国）的客运线亦在1837年开通。

然而除了这些活动以外，经济的发展是缓慢的，造成以上情况是由于分散，法国工业的存在有零碎的特点，没有像匹兹堡、克莱德河边、鲁尔山谷那种大的集中的工业。拿破仑一世之后的时期，投资缺乏。投资者对土地和财产的安全方面的兴趣，比对工业方面的思考要多。主要的农村生活方式还保留着：工业作为主要的家事，在规模上受限制，并且没有可能吸收大规模的投资。

与欧洲的许多国家一样，法国的政治权力在几年中已被移到滑铁卢，查里十世（Charles X）在1824年即位，企图恢复革命以前的政权具有的许多特点——教堂和贵族的特权，沉重的税和检查制度。1829年由于受到世界经济衰退影响，国内矛盾一触即发。自由主义者和劳苦的工人忍无可忍，1830年7月，法国再一次处于革命状态。查里逃离了，大臣塔莱朗（Talleyrand）和拉斐特（Lafayette）拥路易·菲利浦（Louis Philippe）即位，成功地避免了南北战争。自封的自由主义者得意地被称为"资产阶级分子"，他的

七月君主立宪

在巴黎 Rivoli 大街上的佩西尔（Percier）
和方丹(Fontaine)商店和公寓(1811—1835)

君主制时的
法国领域

伯利奥兹，他的交响曲
(Symphonie Funèbre)，庆祝了在巴
士底举行的朱利·科鲁姆的典
礼，以及在 1830 年革命中的夭亡

设计来自杜兰德的
建筑(简明课程)(1802)

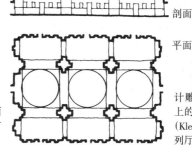

剖面

平面

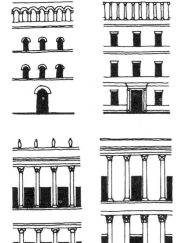

竖向的结合给立面
提供了一个较宽泛的有
变化的重复处理方法

平面(杜兰德设
计雕塑走廊的理论
上的思想，被克雷兹
(Klenze)用于雕塑陈
列厅(Glytothek)

拉布朗斯特(Labronste)设计的圣热内维也芙 Ste Geneviève 图
书馆(1843—1850)运用了像杜兰德那种"重复"处理手法的立面

"7月君主立宪"实行了大量的改革，去满足资产阶级分子的要求，尽管他们之中没有一个去帮助处于困境的城市无产者，分散的暴力的反抗来自工人，现在被残酷地镇压了。这时有资产阶级的支持，法国进入了二十年相对和谐发展期，中产阶级有可能在经济活动方面得到扩展。

被控制的国家的商业比其它首都城市更完整，大多数都集中在巴黎。中产阶级集中投资的建筑业和服务业方面，开始转入官僚和商业的领域，如它的公共建筑、车站、商业街、资产阶级的住宅。这个时期的典型是大量商业的发展：街道连着有规则的各种台子组成建在地面层上的商店，公寓在商店上面，最顶层一般处理成一个复折式的屋顶，用屋顶窗，和地面层一起像一个精美的连拱廊。佩西尔（Percier）和方丹（Fontaine）设计的 Rivoli 大街（Rue de Rivoli）是最著名的例子，其他的还有，包括 Pellechet 广场的那个交易所(Pellechet's Place de la Bourse 1834)。由方丹设计的奥尔良艺术商店（Galérie d′ Orléans 1829—1831）是带玻璃屋顶的商业拱廊，是个早期的实例，在欧洲其它地方受其影响有相似的方案。

在巴黎所看到的许多新建筑大多是被杜兰德（J.-N.-L. Durand 1760—1834）的著作所左右，他是一位理论家，从 1795 年到 1830 年他是国立职业中心学校的建筑学教授，他的建筑作品很少，但是他的两本书：《不同风格的结构形式对比及汇编》(Receuil et parallele des édifices en tout genre）(1800) 和《建筑纲要课程》(《Précis et Leçon d′ archtecture》(1802)，影响了在校学习的整个一代建筑师，还对欣克尔、加特纳、克伦兹、珀修斯和森珀的作品有一定的影响。杜兰德的理论是要在建筑的格调上完全跟上时代，他的思想是建筑物能够用重复的标准构件来组合，它们的基本框架可以根据建筑的功能和建筑师的爱好，表达不同的风格，丰富的装饰并不能对建筑起主要作用，一个完美的建筑准则能使大量的城市迅速、有效和经济地发展起来，在最不利的情况下，如果是无个性特征的标准方案，也保证是可行的；在有利的情况下，通过欣克尔之手，取得了建筑界的崇高声誉。

在巴黎最好的"后杜兰德"建筑之一的是 Ste Genevieve 图书馆（1843—1850），由 Henri Labrouste（1801—1875）设计，是一个长的以垂直线构成的建筑，有着雅致的新文艺复兴式的立面，外面看似两层，内部实为一层，是一个很好的铁结构的早期实物：双排半圆形的铁拱插在铁柱上。法国建筑师更多的是愿意使用铸铁，这种技术传统是由国立职业中心学校传授的，可以追溯到 18 世纪，传统使得他们通晓这门工程技术。而在英国，建筑师和工程师专业之间几乎完全分离。在这个时期的大多数法国建筑中，建筑风格和结构常常是高度结合在一起的，在英国却是少有的。Ste Genevieve 图书馆是一个典型的例子，还有由 F.—A. Duquesney（1800—1849）设计的东部火车站（Gare de l′Est 1842—1852)，和由 Jakob Ignaz Hittorf（1792—1867）设计的北部火车站（Gare du Nord 1862—1863)，在这两幢建筑中，曲线的铁屋顶的火车棚，在有入口的立面上取得了视觉上的效果，这也藉助于挺拔的石头柱廊。在巴黎还有 Labrouste 的另外主要设计实例，巴黎国家图书馆（the Bibliothèque Nationale in Paris 1862—1868)，主要阅览室的屋顶是一串 9 个圆拱窗对着陶制的嵌板，为了室内采光而循环地开启，这个设计巧妙的铸铁屋顶

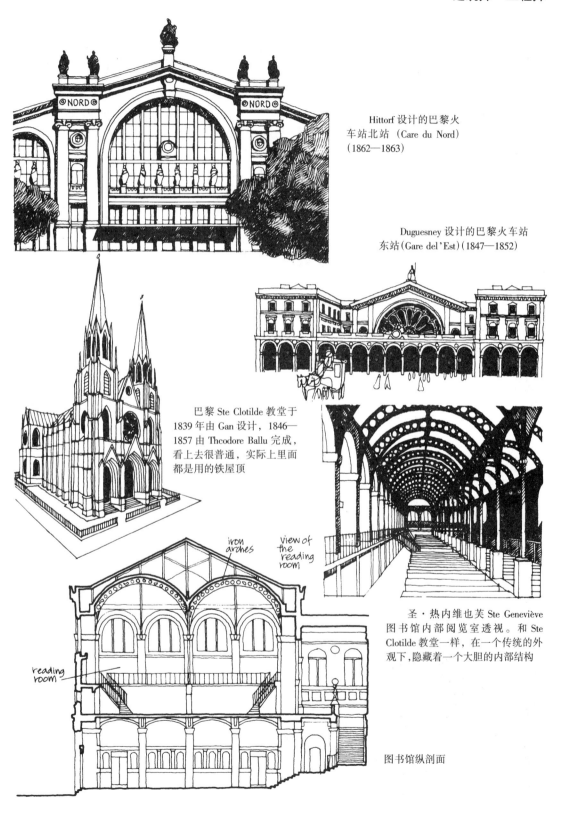

Hittorf 设计的巴黎火
车站北站（Care du Nord）
（1862—1863）

Duguesney 设计的巴黎火车站
东站（Gare del'Est）（1847—1852）

巴黎 Ste Clotilde 教堂于
1839 年由 Gan 设计，1846—
1857 由 Theodore Ballu 完成，
看上去很普通，实际上里面
都是用的铁屋顶

iron
arches

view of
the
reading
room

圣·热内维也芙 Ste Geneviève
图书馆内部阅览室透视。和 Ste
Clotilde 教堂一样，在一个传统的外
观下，隐藏着一个大胆的内部结构

reading
room

图书馆纵剖面

维奥莱—勒—杜克

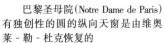

巴黎圣母院(Notre Dame de Paris) 有独创性的圆的纵向天窗是由维奥莱 - 勒 - 杜克恢复的

维奥莱 - 勒 - 杜克发现被毁坏的 Pierrefouds 城堡，恢复了它的曲折复杂的天际线

维克多·雨果是有助于维奥莱 - 勒 - 杜克采用中世纪建筑风格的人

这座中世纪的石雕作品基本上是具有世俗性格的，也能被维奥莱 - 勒 - 杜克理解

这是《谈话录》Entretiens 一书的图解。维奥莱 - 勒 - 杜克创造了中世纪和现代之间方法上的哲学联系

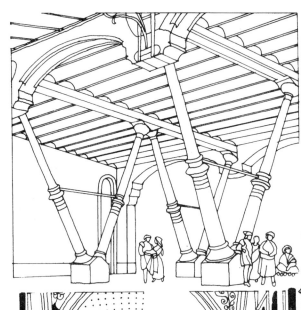

在中世纪的教堂中，建筑表现的基本区别在于解决结构问题的方法

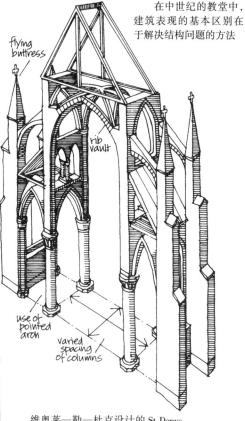

flying buttress

rib vault

use of pointed arch

varied spacing of columns

维奥莱—勒—杜克设计的 St Denys de l'Estrée 的内景(1864—1867)，此教堂靠近巴黎

结构，与环绕周围的砖石墙产生对比。

杜兰德对建筑风格的宽容态度，无疑地有助于宣传了他，同时，反映了在建筑师中正在增长的折衷主义倾向，并且他们的业主对建筑风格的追求也更加广泛，可选择适合地区性的、历史性的以及二者之间的建筑风格。在英国，当普金（Pugin）和斯科特对哥特式风格的兴趣增加时，在法国还在考虑哥特式是否适宜用于教堂建筑。作家梅里米（Prosper Mérimée）是一位热情的中世纪艺术的鉴赏者，他被选派参加在 1834 年审批国家纪念堂的工作，这时也开始恢复法国的大教堂和城堡，在这些举世无双的遗产时期，新建筑在设计上受到这些风格的影响。典型的是这个时期的法国新哥特式教堂，在柱子或拱顶，或二者都使用了铸铁。在许多这样的例子中，最好的可能是巴黎圣克洛蒂尔德（Ste Clotilde）教堂（1846—1857），由弗朗兹·克里斯琴·高（Franz Christian Gau 1790—1854）设计的，还有巴黎圣·尤金（Ste Eugène）教堂（1854—1855）由路易斯·奥古斯特·布瓦洛（Louis Auguste Boileau 1812—1896）设计。

在法国新哥特式运动中最重要的人物是维奥莱—勒—杜克（Eugène-Emanuel Viol-let-le-Duc'1814—1879），像普金一样，杜克（Duc）做了许多去唤醒对中世纪建筑正确评价的工作。他出生在一个有地位的家庭，被梅里米（Mérimée）和雨果（Victor Hugo）介绍去研究中世纪那些年代的建筑，大约从 1840 年开始成为一个学者和大教堂和城堡的恢复者，从韦兹莱（Vézelay）的马德兰（Ste Madeleine）教堂开始，包括在拉昂（Laon）的小教堂（Sainte Chapelle）和巴黎圣母院，他发表了大量的有洞察力的关于哥特式风格的论述，他的两本有影响的书是：《11—16 世纪法国建筑辞典》（Diclionnaire raisonné de l'architecture francaise 1854—1868）和《谈话录》（Entretiens 1863—1872）。

1830 年，当一个自由主义者和有活力的革命者，在他与各种反对派斗争时；当正在成长的世俗社会的风格试图摆脱早期中世纪教堂的控制时，他看到的首先是哥特式的社会意义，其次，他赞赏它的结构的整体性：把应力集中在拱顶的拱肋上，拱肋又被放在扶壁的支柱上，这样，空间中充满了不承重的梁、石头或玻璃的嵌板，所有的都让观察者看得清清楚楚。另一方面，他喜欢通过解决结构问题，直接把建筑的表现力也展示出来。第三，他在哥特式建筑的结构，和他自己设计的铁和玻璃的建筑上画了一个等号，他是哥特式建筑的坚定的辩护者。同时，当历史性的建筑被人们研究，其建筑风格，让建筑师去模仿时，维奥莱-勒-杜克为了这个原因要去研究这些建筑的过去，给哀泣着唱挽歌的社会成员一个正确的评价，也就是给这些建筑以再生。同时，以联系过去和现在的方法，以充满生命力的研究历史的方法，作为走向未来的跳板。除了恢复古建工作以外，某些研究是有想像力的和引人注目的，所进行的工作有时属纯粹学术性的，他建造了少量的新建筑，没有理论价值，其中最著名的是在巴黎附近的 St Deny-de-l'Estrée 教堂（1864—1867）。

德国和法国就是这样使经济通过工业化前进的，剩下的那些经济发展最慢的欧洲部分，要从小农经济开始，如斯堪的纳维亚、欧洲的东部、巴尔干和地中海地区的国家。例如在意大利，工业化几乎是不可能的，拿破仑占领意大利的时期，有一个短暂的统一，但是维也纳会议以后，这个国家分裂为 8 个小的专制国家，一些被奥地利控制，其它的被

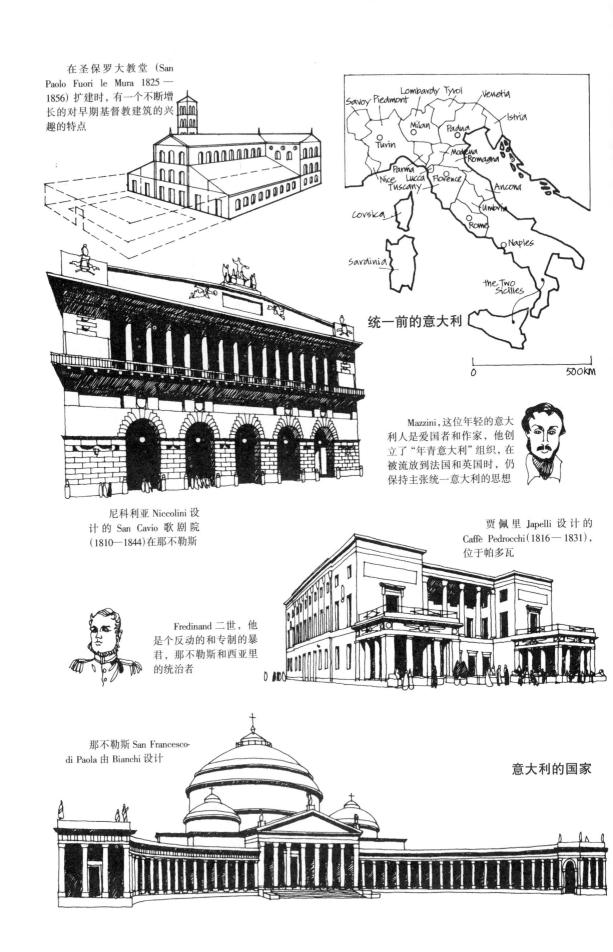

在圣保罗大教堂（San Paolo Fuori le Mura 1825—1856）扩建时，有一个不断增长的对早期基督教建筑的兴趣的特点

统一前的意大利

Mazzini，这位年轻的意大利人是爱国者和作家，他创立了"年青意大利"组织，在被流放到法国和英国时，仍保持主张统一意大利的思想

尼科利亚 Niccolini 设计的 San Cavio 歌剧院（1810—1844）在那不勒斯

贾佩里 Japelli 设计的 Caffè Pedrocchi（1816—1831），位于帕多瓦

Fredinand 二世，他是个反动的和专制的暴君，那不勒斯和西亚里的统治者

那不勒斯 San Francesco di Paola 由 Bianchi 设计

意大利的国家

梵蒂冈控制。在这些小国之间，❶ 梅特涅（Metternich）和教皇（the Pope）阻碍所有资产阶级自由的发展。意大利的主要产品是高质量的生丝和绢丝，产在皮埃蒙特和伦巴第区，作为纺织原料出口到北欧。意大利没有发展它们自己的纺织工业，在这个阶段也没有任何比纺织更可供选择的工业。铁路也是这样，较晚才发展，几条不长的铁路建于19世纪30年代，建在伦巴第、皮埃蒙特和威尼托（Venelo），连接法国和瑞士，但是南方仍然是空白。

随着每一次微小的持续状态，从建筑上看它是一个发展期，意大利城市的建筑传统声望一直是高的，尽管辉煌期已成过去，庄严的文化中心已经移到了巴黎和柏林。在罗马城，教皇让斯特恩（Raffaelle Stern 1774—1820）设计，在梵帝冈博物馆（the Vatican Museum 1817—1822）建设了一个新的雕塑陈列厅，以及重建由许多建筑师们设计的，San Paolo fuori le Mura 早期的基督教堂（1825—1856）。两个西西里的独立王国落后、封建和残忍，产生了两个较小的建筑上的杰作，两个都在那不勒斯：圣卡罗歌剧院（the San Carlo Opera House 1810—1844）由尼科利尼（Antonio Niccolini 1772—1850）设计；圣·弗朗西斯柯教堂(San Francesco di Paola 1816—1824)由比安奇（Pietro Bianchi 1787—1849）设计。两个建筑都给人以雄伟的概念，构成一个纪念性建筑，有一排柱廊的正面升起在高的粗琢的基础上，后面是像万神殿似的建筑，带一个大的薄的圆顶和一个有山墙的门廊位于侧面，由柱廊把它和在前面的公共广场连接起来。

在都灵的皮耶迪蒙特（Piedmontese）城，Vittorio Veneto 广场（1818—1830）和 Carlo Felice 广场（1823—以后）是由弗里泽（Giuseppe Frizzi 1797—1831）设计的，像一个庞大的城市改造规划的一部分，它们是用重复的有拱顶的巴黎式的建筑排列而成的，这些建筑是由弗里泽和普罗米斯（Carlo Promis 1808—1873）设计的，并且总的概念——包含各种空间的作用，是源于意大利传统城市设计之中的。在创造力和魅力方面经得起推敲的意大利建筑，是由贾佩利（Giuseppe Japelli 1783—1852）设计的，在帕多瓦（Padua）的 Caffe Pedrocchi（1816—1831），是个有目的建造的饭店，位于一个重要的街角，用了新古典主义风格，它没有一点欣克尔建筑设计的庄严和雄伟，它用了不完整的形式、各种各样的平面和考虑周到的装饰，它是存在的、最轻松愉快的新古典主义的建筑。

奥地利王国在这时，从政治上完全控制住意大利，其工业化困难重重。从1815年到1848年，这期间是被梅特涅（Metternich）控制的，他的镇压性的政治，包括考虑降低维也纳的工业化，去避免形成危险的无产阶级，并且拒绝把铁路建到北部边境。一个为了奥地利去加入关税同盟的无条理的计划遭到极力反对，直到奥地利和普鲁士之间的关系更恶劣，使得这样一个联合怎么也不可能实现。某些工业体现在布尔诺和利贝雷茨的羊毛和棉花的加工；体现在波希米亚、摩拉维亚、西里西亚的煤矿。在哈布斯堡（Habsburg）政权衰落的这些年里，维也纳维护了一个富裕的有文化的帝国的首都，不断地进行改善，Josef Kornhäusel 设计的 Schottenhof 宫（1826—1832）是维也纳发展的典型。一个大的集合式的5层公寓大楼建在商店的上面，其周围是一系列的广场、庭院。人

---

❶ 梅特涅为奥地利帝国外交大臣（1809—1848）和首相（1821—1848）、公爵。一贯敌视自由主义和革命运动。

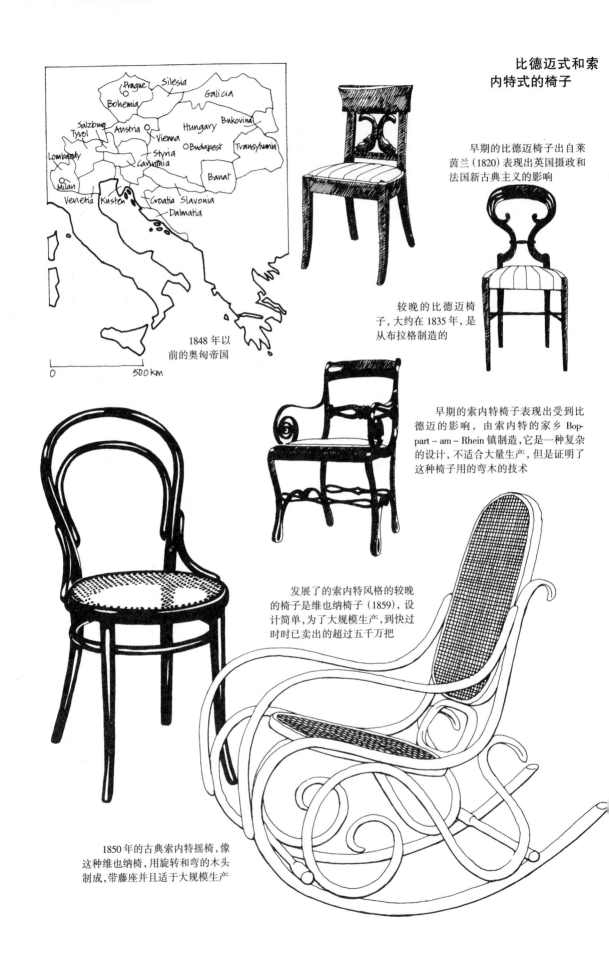

比德迈式和索内特式的椅子

早期的比德迈椅子出自莱茵兰（1820）表现出英国摄政和法国新古典主义的影响

较晚的比德迈椅子，大约在 1835 年，是从布拉格制造的

1848 年以前的奥匈帝国

早期的索内特椅子表现出受到比德迈的影响，由索内特的家乡 Boppart – am – Rhein 镇制造，它是一种复杂的设计，不适合大量生产，但是证明了这种椅子用的弯木的技术

发展了的索内特风格的较晚的椅子是维也纳椅子（1859），设计简单，为了大规模生产，到快过时时已卖出的超过五千万把

1850 年的古典索内特摇椅，像这种维也纳椅，用旋转和弯的木头制成，带藤座并且适于大规模生产

们可以想象这大楼适合摆放简洁的、纪念性的比德迈式（Biedermeier）1820年的家具，或可能是弯木制成的家具，后者是在19世纪30年代索内特（Micheal Thonet）已经开始去生产的。索内特设计的维也纳式的椅子（Viennese Chair）的制作，从山毛榉木的榫钉到木头在工厂加压成形，是奥地利对19世纪设计的主要贡献之一。在有限的材料之中进行漂亮地构思，快速和廉价地去生产，这样的生产方法，全欧洲的资产阶级和富裕的工人阶级家里都在使用，获得了推广，并保留到今天。

在北欧，另一个大帝国丹麦在衰落，从中世纪起它就企图去统治整个斯堪的那维亚地区，最后失去了挪威到瑞典这些地方。同时，当瑞典被合并作为公爵领地纳入俄罗斯帝国时芬兰断绝了与瑞典的联系。这种新的分割持续了整个19世纪，带来了重要的经济上的重新调整。今天，所有北欧国家已实现了高度的工业化，在19世纪开始时，它们都是农业占优势，除了丹麦，它们都是欧洲最穷的国家。挪威和芬兰大宗生产是木材，其它产品很少。瑞典已有一个小的纲铁工业，建在储藏量丰富的铁矿基地，18世纪时它已像俄罗斯一样，是一个铁的主要生产者，但是现在已表明，欧洲的市场由英国占据了。丹麦的原材料和工业很少，但是连续几个世纪，都与在经济上和政治上领导这个区域的瑞典合作。

北欧国家的社会结构是旧体制的典型的社会：本地的农业经济，被封建贵族统治，还有一个正在成长的资产阶级，这是经济大规模发展所依靠的，但是它们还没有得到任何政治地位。哥本哈根和斯德哥尔摩是两个大城市，尽管哥德堡、奥斯陆和图尔库（奥布）有经济上和社会上的重要性。斯堪的那维亚是世界上最富庶的，有最复杂的传统木构架的地区之一，所有的农村建筑和大多数城镇建筑中都使用传统的木构架，但是这种传统被国际上的贵族和中上等阶级的古典主义文化所淹没。主要的城市和它们的郊区是富有的，有皇宫、教堂和一些公共建筑，但是都用石头砌筑。

1814年北欧国家在政治上分裂了，其中直接影响建筑与规划的是奥斯陆的新生活，它过去是长期被哥本哈根统治。由建筑师格罗沙（Christian Heinrich Grosch）设计的大量公共建筑的建成，证明了这个城市新的经济独立性，这些建筑有新古典主义式的交易所大楼（1826），是格罗沙和欣克尔合作设计的；奥斯陆大学（1840）和更令人吃惊及浪漫的商业大厅（Market Hall 1840）。另一个重要的作用是在赫尔辛基建立新的芬兰首都，因为一个有雄心的重建规划曾被古斯塔夫国王的朋友——Albert Ehrenström 否定掉。在图尔库这个古代的首都，巴锡（Carlo Bassi）成功地设计了Gjörwell，建在新的高等专科学校内（New Academy 1823）。1827年这个城市被斯堪的那维亚历史上的一次火灾烧毁，损失了2500幢木构架建筑。后来首都由图尔库移至赫尔辛基，在那里由巴锡的继任者直接指导，在主要的建筑上表现出文艺复兴时的风格，他就是建筑师恩格尔（Carl Ludwig Engael 1778—1840）。

恩格尔出生在德国，他受到欣克尔和在圣彼得堡教育的影响。他在赫尔辛基的设计作品从1815年开始，影响他的两种建筑思想互相交融。他的风格，首先是丰富的和在帝国传统上的装饰性，进而转向自由和纯朴。在与 Ehrenström 合作时，他设计了有纪念性的参议院广场（Senate Square）和一些围绕广场的公共建筑，包括参议院（the Senate

斯堪的那维亚国家分布图

0   500km

Norway

Oslo

Sweden

Stockholm

Finland
Helsinki
Turku Helsingfors

Denmark

Copenhagen

Grosch 设计的奥斯陆交易所（1826），
新古典主义在那时是最高雅的

Bassi 设计的新高等
学校（1823），在图尔库

恩格尔设计的
圣尼古拉大教堂

恩格尔设计的
参议院大厦

赫尔辛基的参议院广场

恩格尔 Engel 设计的
大学图书馆（1836），位于
赫尔辛基

斯堪的那维亚的新古典主义建筑

1818）、大学建筑（1828）、大学图书馆（1836）和最引人注意的所有建筑，大教堂（1830）以它高高的圆顶和巨大的奔放的台阶而引人注目。恩格尔设计的建筑在外观上的风格，看上去像德国的住宅和教堂。住宅设计包括建在 Karelia 的早期木构架建筑 Ala－Urpala（1815），和一些巨大的石头建筑 Vuojoki 大厦（1836）和 Viurila 大厦（1840），二者都靠近图尔库。教堂设计包括在 Hollola 的中世纪教堂，在赫尔辛基附近。这个中世纪的教堂加上了恩格尔设计的圆顶是在他死后加上的。在赫尔辛基吸引人的"老"教堂（1826），它有一个有中心的平面，运用了在北欧长期存在的传统风格。

在斯堪的那维亚的中世纪教堂曾经受到许多影响。上千个教区的教堂，特别是在远离中心区域的教堂，展现了各种平面形式，包括不仅是在西部地区的基督教堂的长方形平面，还有中心式的希腊十字形平面的拜占庭教堂。最早的挪威教堂后面的木板中间开了一个洞，以取得最大的空间感和装饰的丰富性，此教堂在 Sogne 区，靠近卑尔根，是12世纪建的。这种乡土的传统在农村地区已保留了好多代，一些家传的木构架设计者继续建造教区的教堂，遍及整个斯堪的那维亚，并进入19世纪。可看到的实例在 Keuruu（18世纪），由建筑工匠 Anli Ha-Kola 设计。18世纪末和19世纪早期的作品，在奥斯特罗波茨尼亚，由 Matti Honka 和 Jacob Rijf 设计，以上都是早期19世纪用了20条边的"双十字"形平面的教堂。在 Karelia 由 Salonen 家庭的建设者建造，典型的有 Kivennapa 教堂（1804）和 Kirvu 教堂（1815—1816）。

斯堪的那维亚社会的特点决定于它的农业经济，明显的区别于现代的英国和美国。社会制度发展很慢的情况超过了10个世纪，早期中世纪和19世纪仅仅在生活方式上有一点儿不同，甚至到19世纪中叶，城市化的程度还是最小的：丹麦这个最工业化的国家城市化水平不足20%；最差的芬兰小于5%。国民收入同样是低的，但是北欧国家，在某些方面并不落后，比资本主义已经创造了高度工业化的国家，所遭受的激烈的矛盾要少。

深厚的木构架建筑传统，是由发展较慢的农村的生活方式形成的，最明显的是在挪威，在那里中世纪的社会是封建的，有大量农民，受占主导的丹麦教会和贵族的保护与剥削。在高度发展的中世纪期间，一次严重的灾害破坏了社会生活，毁坏了超负荷的收入的来源，才允许去调整在封建主义方面的关系。组织起来为了去维护"grannelag"的农庄公社，农民们为自己创造了经济上和文化上的前进的条件，外部的影响很难进入。总的来说，到17和18世纪，就剩下了教会和贵族的所有制。在丹麦和瑞典的战争期间，当遭受的大量欠债强加于这片辽阔的土地上时，开始产生的不仅是占有土地的农场主，也有无地的劳动阶级向工业化前进的必然性。1810年到1825年之间，人口的急剧增加与不断增长的农业产量相一致，刺激了需求和增加了经济的发展。挪威和其它斯堪的那维亚地区的国家一样，以一种相对人道的和逐步的方式进行了工业革命，公共卫生标准是高的，教育水平显著进步，所有四个国家在18世纪末已有了义务教育，比英国早100多年。

农村的木构架建筑，有名的像这种"吊角屋"（laftehus），是挪威对当地乡土传统的特殊贡献，不像有"洞"的教堂，是用轻的不装镶板的框架结构，这种"吊角屋"是支撑承重梁的构件，用熟悉的凹槽连接在角上，这种形式的连接仅只能是直角的连接，要

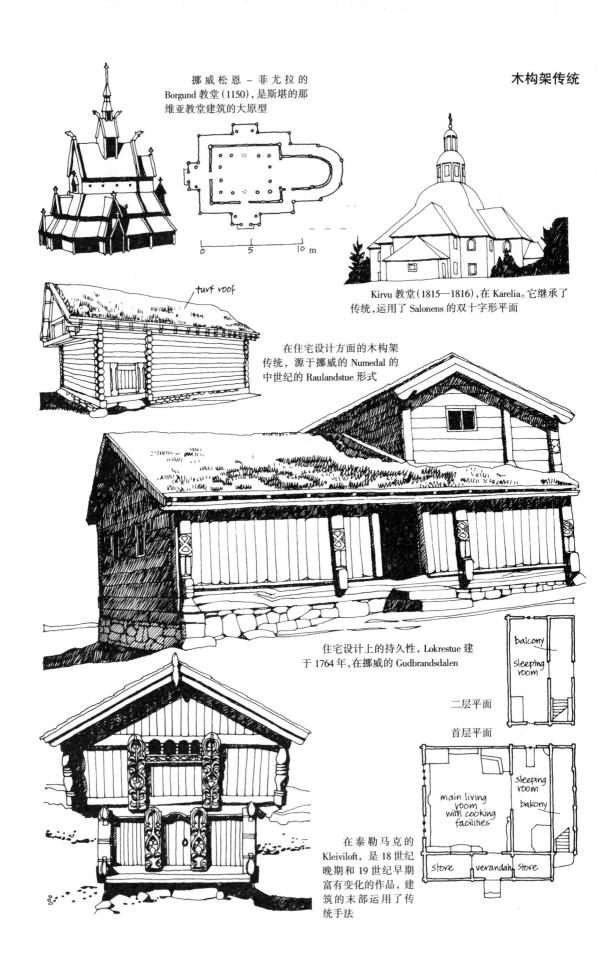

挪威松恩－菲尤拉的
Borgund 教堂（1150），是斯堪的那
维亚教堂建筑的大原型

0   5   10 m

turf roof

Kirvu 教堂（1815—1816），在 Karelia。它继承了
传统，运用了 Salonens 的双十字形平面

在住宅设计方面的木构架
传统，源于挪威的 Numedal 的
中世纪的 Raulandstue 形式

住宅设计上的持久性，Lokrestue 建
于 1764 年，在挪威的 Gudbrandsdalen

balcony

sleeping
room

二层平面

首层平面

sleeping
room

balcony

main living
room
with cooking
facilities

store   verandah   store

在泰勒马克的
Kleiviloft，是 18 世纪
晚期和 19 世纪早期
富有变化的作品，建
筑的末部运用了传
统手法

求用薄的大小一样的木料,固定在粗的等长的梁的边上,所以平面形式几乎经常是方的。一个农庄组团由大量靠近的相同的建筑组成——住宅、谷仓、牛棚、储藏室——围着一个中心庭院安排,围栏或墙是为了安全,曲线型的装饰虽然常常显得非常华美,使用上是有限制的,在有特殊意义的地方才用它去发挥重要的作用,像主要房间的门框可用那些装饰。

过了几个世纪,那种最初的单个小房子,单层的平面形式,随着面积的扩大和层数的增加逐渐在改变。在18世纪,一种对称式的平面形式,明显地是源自佐治亚的城镇住宅,成了主要的形式。18世纪和19世纪早期,土地改革改善了农业的耕作方法,建立了农业和兽医学院,也都有"吊角屋"建筑传统的作用。新的建筑和不断增长的各种复杂的建设要求有新的方法,这是农村的工匠们不可能去提供的。因为人们向往专门设计的复杂建筑,"吊角屋"的建设寿终正寝。"吊角屋"这种乡土的建筑传统还部分的存在,遍及西方世界,从西地中海地区用百页窗、板瓦屋顶、石砌的农庄房屋,到英国用栎木制作的裸露的箱形框架的"黑白"建筑,以及美国用护墙板覆盖的轻捷木骨架建筑。所有的这些乡土建筑的形式都被工业化进一步改变了:某些采用了新的技术,另一些限制于仅在较偏僻的边缘地区使用,或者完全消失了。已经产生的乡土技能的集中的丧失,是工业化引起的许多社会弊端之一。除非去想象前工业社会低质的自我满足和简法的建筑的优越性,是不合理的,这些建筑绝不代表低下的社会等级。18世纪和19世纪总的农业改革,扩大了农村社会阶级之间的差距,造成一方面是农场主和与其相联系的富裕的承租人,另一方面是被剥夺得只有一点或什么都没有的劳动阶级,被掠夺的无家可归者和雇工。大多数农村人口所住的房屋是如此的残破,条件是如此的差,以致于任何提及建筑上的简法和朴实都是一种嘲笑。农场主可以住在建得好的有乡土传统的房屋里,承租人的农舍,在设计中发挥了绘画风格的重要性,但是无地者常常住在用桦木杆和破木头搭的陋室中,在晚上到路边去拾一些可供蹲伏的东西,急速而匆匆地支起来。

执行维也纳条约30年,由于统治者可怕的1789年的反复,欧洲出现了政治上的危机。保守主义者和自由主义者都认为革命很可能加强——工业化60年,已经造成了不仅有被掠夺的农村人口,而且还有城市工人阶级,他们的痛苦很容易使他们转向革命。遍及欧洲的城市都有严重的消极因素,和肮脏的贫民窟。曼彻斯特,人们抛弃的臭名昭著的典型,现在恰好是许多城市中的一个,即通过工业化已经扩展到超出了所有能认识到的情况。曼彻斯特在19世纪中期与乔治时代的商城已无任何相似性。

恩格斯在评论"英国工人阶级的状况"中(1844)有生动的描述,曼彻斯特已经清楚地变成了一个现代化的城市,展现了我们现在大城市所有基本的建筑上的和空间上的特点,存在由工业化引起的所有的社会问题,甚至今天还在保留着的不能解决的问题。老的乔治中心已被改造成新的商业中心,扩大了$1km^2$,几乎完全由办公和仓库组成,"靠近被居民放弃的整个区,在晚上是荒凉的无人居住的,仅有看守和巡逻的警察带着他们的提灯在那狭窄的路上通过。这个区由于巨大的交通矛盾,在一定程度上被主要道路切断了,在地面层排列着珠宝商店。"围绕这个中心安排了这个城市的经济创始者:工厂、制造厂、煤气站和铁路货场;它们之间乱挤着住宅和工人们的棚屋,中产阶级现住在西部

贫困的农村

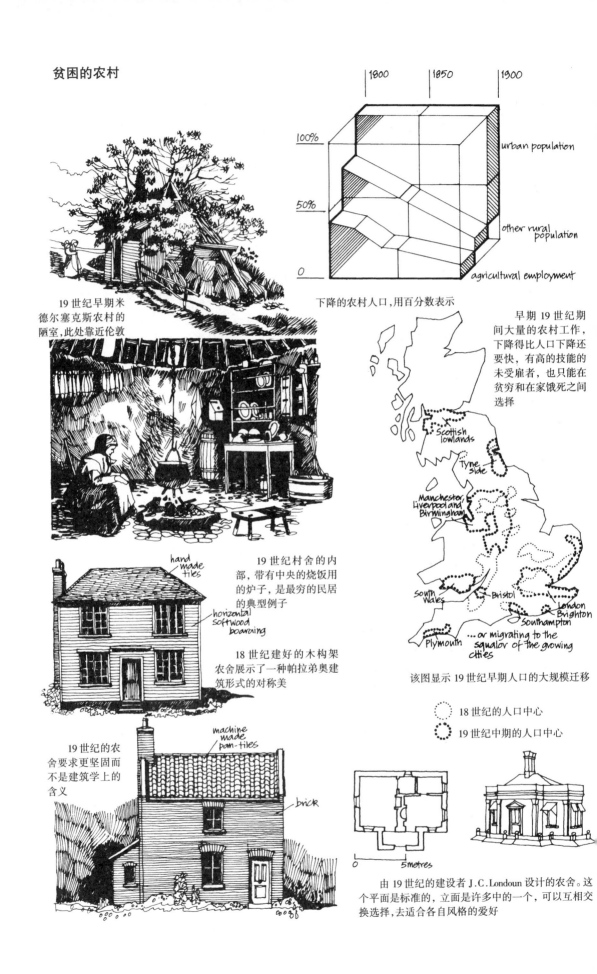

1800　1850　1900

100%

50%

0

urban population

other rural population

agricultural employment

19 世纪早期米德尔塞克斯农村的陋室,此处靠近伦敦

下降的农村人口,用百分数表示

早期 19 世纪期间大量的农村工作,下降得比人口下降还要快,有高的技能的未受雇者,也只能在贫穷和在家饿死之间选择

Scottish lowlands

Tyne side

Manchester Liverpool and Birmingham

South Wales

Bristol

London Brighton

Southampton

Plymouth

...or migrating to the squalor of the growing cities

hand made tiles

horizontal softwood boarding

19 世纪村舍的内部,带有中央的烧饭用的炉子,是最穷的民居的典型例子

18 世纪建好的木构架农舍展示了一种帕拉弟奥建筑形式的对称美

该图显示 19 世纪早期人口的大规模迁移

18 世纪的人口中心

19 世纪中期的人口中心

machine made pan-tiles

brick

19 世纪的农舍要求更坚固而不是建筑学上的含义

0　　5 metres

由 19 世纪的建设者 J.C.Londoun 设计的农舍。这个平面是标准的,立面是许多中的一个,可以互相交换选择,去适合各自风格的爱好

工业化的曼彻斯特

"英国工人阶级的状况"一文的作者

恩格斯所描述的曼彻斯特是现代化工业城市的原型

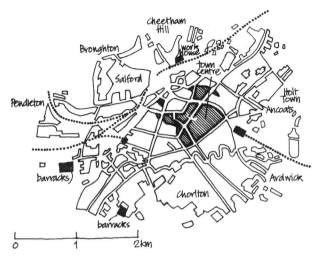

在 19 世纪中叶的伦敦这种工人阶级的住房是大多数大工业城市的典型

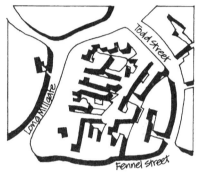

1844 年在曼彻斯特的住房——a. 老城中弯弯曲曲的道路和庭院；b. 新区的住宅组团

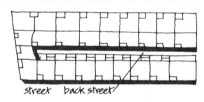

1848 年为改善工人阶级的居住条件而设计的现代住宅
a. 立面；
b. 一层平面

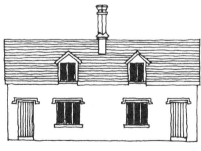

埃德温·查德威克——在环境卫生的改革方面，代表少数的执法者和起作用的竞选者

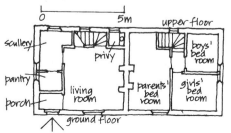

以外，主要在高的奇特姆（Cheetham）山上，布劳顿（Broughton）和彭德尔顿（Pendleton），离开了这个讨厌的城市。主要的放射状的道路连着这些郊区和中心，沿街排列着商店，商店靠前布置，藏在商店后面的是工人阶级居住的贫民区，缺乏直接的接触可能使中产阶级不顾这种令人吃惊的事实。虽然，社会思想评论作家如❶ 盖斯凯尔（Elizabeth Gaskell），在她的早期的小说《玛丽·巴登》（〈Mary Barlon〉1848）中，从两方面试着去告诉他们这个事实："房子里很黑，许多窗扇被打破，用破布去堵塞，原因是为了让暗淡的光线，甚至在中午能照到足够的地方，……他们开始打破这深深的黑暗……看见了三、四个小孩在潮湿的地方打滚，不仅如此潮湿，还是砖铺的地，通过萧条的冒出污秽的脏水的街道，壁炉是空与黑的，妻子坐在丈夫的椅子上，在阴湿荒凉中哭泣。"

恩格斯在曼彻斯特调查工人阶级的住宅，证明了在建筑等级上的许多区别。在老城区——恰在这个中心的北部，这个城市过去的商业区，遗留下二、三百幢房子，现在里面挤满了穷苦的家庭，6 人、8 人或 10 人一间，混乱的小院子和庭院里也挤满了棚屋和单坡的小屋。除了一些小巷，到处都挤得满满的，"透过猪饲料让人联想到'摇摇摆摆长得很肥的猪从何而来，四边受到限制，完全被腐化物占据，空气会怎样'"。附近的新城是有目的建造的，由一些投机的建设者为了迅速汇集的人口。恩格斯发现这里设计得很规整，但是居住条件也差。住宅群周围很小，临方形庭院的哪一个窗子也不能开，哪一个人也不能进入庭院。另一些建筑按长向，直线排列，背对背或边对边，通风不好。某些砖墙 10cm 厚，雨能渗进来，许多房子建有地窖，污水不能向街道排。

19 世纪中叶的英国，除工业化那无情的效率和它创造的巨大利益外，所宣传的空虚的城市生活也被看成是一个失败。如果工人阶级的住房是坏的，工作室、孤儿院和神经错乱者收容所也拥挤，不充足的粗糙简单的医院和公共浴室，通过教区有等级的和偶尔发放的施舍。公共健康的水平是令人吃惊地低，不充分的排水系统和污染水的供应，以及在 1832 年广泛地流行霍乱。1848 年在其它住宅区比工人阶级的住宅区较早地进行了对公共卫生的改进。在 1848 年一个主要的公共卫生法是改善主要的排水系统，和在所有城镇防止污染，维护水的供应。

这个法规没有得到社会上层阶层的一致赞同，有许多问题，不仅在于要增加税收，对于原则也有质疑。全欧洲，保守主义者对改革基本上抱着怀疑的看法，他们害怕工人力量强大会去推翻社会，甚至他们感到对改革在社会舆论方面作出的让步，要比对可能发生的革命作出的让步少。不管动机是出于调和还是慈善不清楚，但是可以肯定在英国，众多的慈善事业的发展，其目的是为了给工人们提供较好的住房。1848 年改善劳动阶层生活条件的协会，以艾伯特亲王（Prince Albert）为主席，为了样子好看，做了规划模型，建好的民居即住宅，例如六口之家有 45m²，模型是朴实的，但建得极少。

在同一年，当经济危机笼罩时，欧洲处于危机的高峰，"共产主义宣言"（Communist

---

❶ 盖斯凯尔，英国女作家，主要作品有长篇小说《玛丽·巴登》，它反映 19 世纪 40 年代曼彻斯特工人的悲惨生活和他们反对资本家的斗争。

Manifesto）发表了，它是一个信号，一个反抗在法国开始了，路易·菲利浦失去了王位。奥地利人被赶出了意大利的北部，几个意大利国家获得了体制上的自由；奥地利本国的梅特涅被罢黜了；匈牙利人起义，获得了独立；波兰起来反对普鲁士，波希米亚反对奥地利；国王暂时失去了对普鲁士的控制，奥地利皇帝逃离了国家。到这年的年末，只有弗里德里克·威廉姆（Frederick William）使奥地利恢复了帝制。各处的资产阶级采取了措施逐步地去控制经济。当马克思受到怀疑时，工人们和他们的领导者在他们习惯于这种自由思想以前，曾经受到严格的审查：为了失业者，由 Le Blanc 建立了政府专题讨论会之事，几乎从他们开始以前就不坚持了。随着路易·拿破仑·波拿巴（Louis Napoleon Bonaparte）当了总统，成立"第二共和国"去维护资产阶级的自由，社会主义者的领导人联合起来，以流放的形式废黜了国王。

令人啼笑皆非的是英国工人阶级虽然强大，团结和组织得最好，却完全失败于去夺取革命的精神。1839 年一个在威尔士的纽波特起义的宪章派被军队消灭了，此后没有进一步的革命行动。1849 年在伦敦举行示威的活动中，20 万宪章派成员出示了他们为了改革宪章写的巨大的请愿书，场面是激烈的，也是和平的。1842 年，英国已经受到了它国内的经济风暴的袭击，当 1848 年欧洲的危机给这个大陆带来革命时，英国已经正在经历经济的复兴，即促进铁路迅速发展和提供就业。马克思和恩格斯期望资本主义问题最严重的英格兰走在革命的前头，但是在回顾中认识到，不论怎样，至少一些工人得到了工业化的边际效益，而给他们的还是若要少斗争就是多失去的教训。一个世纪的奋斗，鼓舞和教育了人们去树立自主的互相帮助和信任的态度，在某种程度上创立了一个比给他们工作的资产阶级商人更有文化的阶级。雪莱（Shelley）和拜伦（Byron）、普劳德昂（Proudhon）和迪德诺特（Diderot）、本瑟姆（Bentham）和戈德温（Godwin）相对于中产阶级来说，在工人阶级中更被知晓。除了宪章主义这一个例子，就像恩格斯说的，英国工人走在欧洲工人阶级的前头，有一种宁可通过团结运用阶级自己的力量，也不去通过政治行动的强烈倾向。英国工人主要的武器是罢工而不是暴动；主要的敌人是雇主而不是国家。

1848 年以后，英国的工业化能够为国家有关的社会调和方面提供资本。在下一个 25 年中，稳定的经济增长和在劳动关系模式上的改变，巩固了资产阶级的地位。象征这个时期开始的是 1851 年的大英博览会，是精神饱满的艾伯特亲王脑力劳动的产物，他看出任何一个统治者，其荣誉得益于对工业化的支持。它将成为一个国际性的"机器、科学和审美"的展览会，英国的展品种类世界第一，证明了英国不仅有超级的机器制造技术，还有它在多难世界中的和平与繁荣。

博览会的占地面积是巨大的，只有在伦敦的海德公园（Hyde Park）能够举行。因此，这次设计竞赛规定了这个建筑在会后是要能够被拆下来的。参赛的方案有上百个，许多是有丰富想象力的，包括几个使用了铁和玻璃的设计方案，但是评审委员会的建筑师和工程师们，包括巴里和布鲁内尔（Brunel），把那些方案都否定了，巴里和布鲁内尔他们自己设计的采用砖、石头、铸铁的混合物，因为要拆毁它和建造它所花费的代价是一样多，也被否定了。几乎在最后一分钟，帕克斯顿（Joseph Paxton）——查柯斯沃斯温室

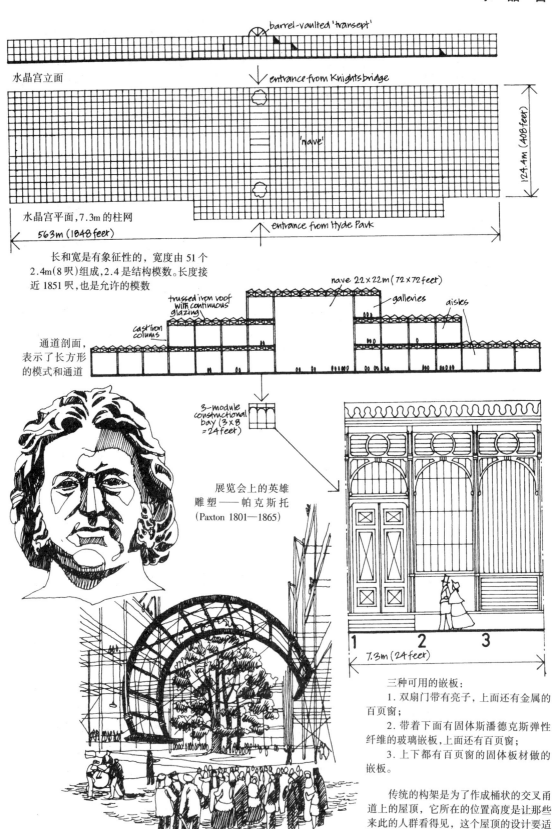

barrel-vaulted 'transept'

水晶宫立面

entrance from Knightsbridge

124.4m (408 feet)

'nave'

水晶宫平面,7.3m的柱网

563m (1848 feet)

entrance from Hyde Park

长和宽是有象征性的, 宽度由 51 个 2.4m(8 呎)组成,2.4 是结构模数。长度接近 1851 呎,也是允许的模数

nave 22×22m (72×72 feet)

trussed iron roof with continuous glazing

galleries

aisles

cast iron columns

通道剖面, 表示了长方形 的模式和通道

3-module constructional bay (3×8 =24 feet)

展览会上的英雄 雕塑——帕克斯托 (Paxton 1801—1865)

1 2 3

7.3m (24 feet)

三种可用的嵌板:

1. 双扇门带有亮子, 上面还有金属的 百页窗;

2. 带着下面有固体斯潘德克斯弹性 纤维的玻璃嵌板,上面还有百页窗;

3. 上下都有百页窗的固体板材做的 嵌板。

传统的构架是为了作成桶状的交叉甬 道上的屋顶,它所在的位置高度是让那些 来此的人群看得见,这个屋顶的设计要适 应现有的树丛高度

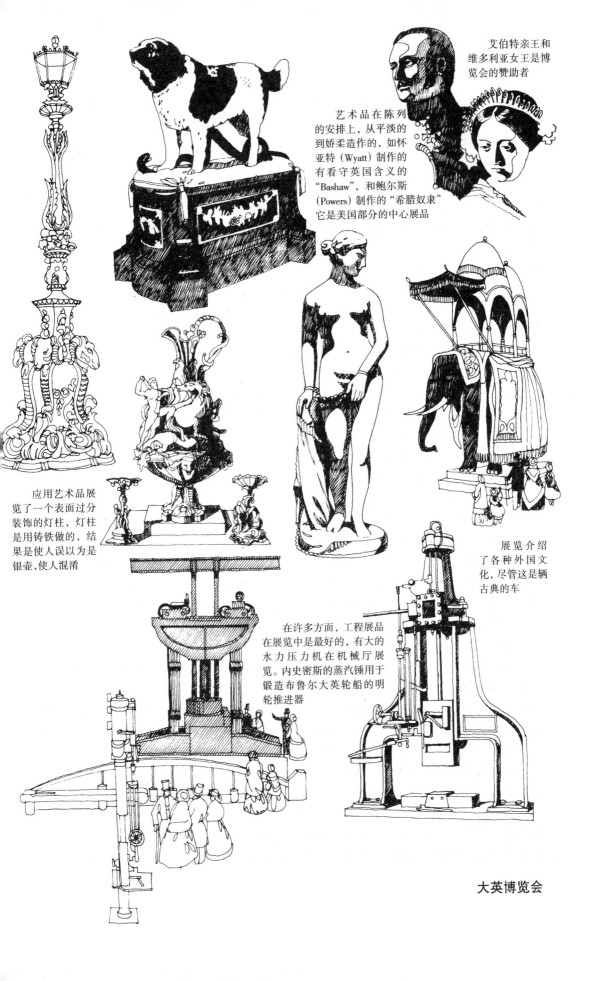

艾伯特亲王和维多利亚女王是博览会的赞助者

艺术品在陈列的安排上，从平淡的到娇柔造作的，如怀亚特（Wyatt）制作的有看守英国含义的"Bashaw"，和鲍尔斯（Powers）制作的"希腊奴隶"它是美国部分的中心展品

应用艺术品展览了一个表面过分装饰的灯柱，灯柱是用铸铁做的，结果是使人误以为是银壶，使人混淆

展览介绍了各种外国文化，尽管这是辆古典的车

在许多方面，工程展品在展览中是最好的，有大的水力压力机在机械厅展览。内史密斯的蒸汽锤用于锻造布鲁尔大英轮船的明轮推进器

大英博览会

的设计者，与工程师福克斯（Fox）和亨德尔森（Henderson）一起，提供了一个便宜、迅速可建、拆的时候和建的时候一样容易的设计想法，在艾伯特的坚持下，帕克斯顿被指定在9日内完成设计图。在8个月内，帕克斯顿第一次设计的一个500m长的建筑，完成并且移交了。

博览会的展品是由非凡的、集中了人工制造的产品组成的，从重型的工业机器到设备、家庭用具、绘画、雕刻和其它的艺术作品。与18世纪无可挑剔的艺术作品对比，一般的缺少艺术情趣的作品是很容易被取消的，但是对于维多利亚的中产阶级，情趣不是重要的，为了他们占有，设计的理论标准才有明显的意义。技术方面的展品的选择，是因为他们的技术上的卓越性，从大型车床和用1851个设菲尔德钢片挤压出来的离奇古怪的铅笔刀。同样地，有主要作用的艺术品是杰出的艺术品，即有教育意义的、改善的、正确地通过寓言和引喻，去创造中产阶级的精神气质。怀特（Wyatt）设计的奇特的大理石雕塑——两只纽芬兰的狗站在一条蛇上，——Bashaw，人的忠实朋友，压碎脚下最狡诈的敌人——能够作为警世寓言中任何一个维多利亚资产阶级害怕的东西：犯罪、贫穷、疾病、社会动乱、工人阶级。

这个博览会的特点是国际性的，展品来自很远的地方如俄罗斯和中国。鲍尔（Power）雕的伤感的"希腊奴隶"，站在一块作背景的红色天鹅绒上，是放在美国展厅中央的作品，也是展品中最让人们喜爱的作品之一。

水晶宫不是博览会展出的内容，但它是大英博览会真正的成就，并且证明了工业主义就是一切，是"卓越"的同义词。水晶宫是一个庞大的建筑，总宽度为125m，长563m，接近于象征1851英尺，这个数也适合8英尺这个模数。作为一个简单的，不被分开的体量，是没有前例的，与最宽最长的欧洲哥特式大教堂相比，在建筑的宽度和长度上都超过它的两倍。但是和哥特式大教堂不一样，使用了戏剧性的自动固定结构系统，水晶宫在结构上无个性特征，仅有功能是灵活的、重复的铁的网格支撑着外面的"膜状物"，一格9至10块玻璃，用于自然采光，无其它重要作用。用如此多的玻璃有一个实际的理由，即一个如此巨大的建筑，不可能用人工制作的灯，展览依靠日光，到晚上是关闭的，可以说是最大的无灯的一幢建筑，内部的效果看上去几乎是个无边界的无限空间。

这幢建筑的迅速建造关键是预制，上千种结构构件是被分别预制的，到工地后立即组装，这种源自传统实践的创举，使得帕克斯顿、福克斯和亨德尔森在建筑设计的历史上发挥了革命的作用。这样就把建设的责任从在工地上的工匠那里脱开，首先给了在绘图板旁的设计者；其次给了不在工地的制造厂。在工地上预制构件的组装成了非技术性的工作，与旧时的建房过程相比，有了很多的改变。

展览结束以后，这幢建筑被拆除，并在南伦敦以另一种使用形式重新组装起来，一直保留到1936年被烧毁。在历史上，水晶宫代表了达到顶点的铸铁建筑的技术水平，从中世纪向前发展，随着不坚固的盒式建筑的发展，铸铁不断地被有较高张拉强度的锻铁所代替。它是大量的大跨度建筑的先锋，包括19世纪50年代到60年代大的铁路车站。这次展览本身是第一次国际间在各个方面的展示，从巴黎到费城，为的是促进贸易和经济的增长。过了几年，这种引人注意的展览，包含了更多的金钱支出和专门知识，要求创造更多的结构上的杰作。资本主义的成长要求有忠诚于这个年代的最大能力的技术智能，当时和现在一样。

四、我们如何生活和能如何生活——19 世纪中期的欧洲

    托尔斯泰（Tolstoy）于 19 世纪 50 年代在《一个高加索村庄里的哥萨克人》中，描述了一个自早期中世纪年代以来在西欧陌生的一种封建生活的画面："村庄是被用泥土堆砌的防御墙和荆棘的树篱环绕着，从每一端进入都要通过高高的门……宅基填高，它们有装饰性的山墙和用麦秸细心盖的茅屋顶"。托尔斯泰继续描写这些村民们是如何在用围墙围起来的建筑外面去度过他们的日子：耕作、打鱼、打猎和搜捕，晚上他们回来都挤在摆着他们捕获的动物的土道上，点着火，关上大门，以抵御抢劫者和野兽的袭击。这种生活方式构成了俄罗斯多民族的中世纪经济的基础，是沙皇尼古拉一世企图去动员以武装部队攻击工业化的欧洲的基础。俄罗斯在 1854—1856 年的克里米亚战争中，被法国和英国有限的兵力迅速地战胜了，新的沙皇亚历山大二世重新检验了他的国家往后的制度，并且从特权贵族和官僚的反面事实汲取教训，开始进行巨大的改革项目。从经济上看，封建制度的主要问题是它的停滞，虽然进步的社会批判家像赫泽（Herzen）和巴库尼（Bakunin）——常提出必须把贵族、官僚流放——还触及到社会不公正的问题。对千万农民而言去承受中央和当地共同的剥削和僵化的中央的官僚主义机构是沉重的负担。

    一揽子的改革，目的在于解决经济问题，并附带地解决减轻社会成员的负担问题，在1861 年作出了努力。取消了封建制度，建立了新的税制和银行体制，给予教育机构以及各个区域的地方议会以较多的自由，有名的像地方自治机构（Zemstvos），是为了满足当地的需要而建立的。虽然现代工业经济的基础形成了，在实践期间，有希望的社会改革是长期进行的。解放了 2300 万农奴，出现了两个农民的阶层：富农，能去积聚大面积的土地；被剥夺的劳动阶级，空有对村庄集体或称村社组织的忠诚，不能去增加生产率或者改善生活条件，只能继续去作不满意的牺牲品。

    从理智上看，它是一个反省的时代，伟大的小说家像果戈理（Gogol）、屠格涅夫（Turgenev）、托尔斯泰和陀斯妥耶夫斯基（Dosloievsky）都在深刻地探查人们的心理。在同时，一种在增强的民族自我意识鼓励人们去发现一种基本上属于俄罗斯的特色，在文学上，在格林卡（Glinka）和柴科夫斯基的音乐中，和在城市建筑中都能找到。由索恩（Konstantin Thon）设计的，在莫斯科的耶稣基督大教堂（The Cathedral of the Redeemer 1839—1883）是新拜占庭风格运用于建筑的第一个重要的例子，抵制了古典主义，回到了当地的传统。

    所有工业国都企图进行殖民地式的扩张。政治家张伯伦（Joseph Chamberlain），用维多利亚工业家权威的口气说道："弱小民族的日子已经过去，帝国的日子已经来临。"到了 19 世纪中叶，欧洲的工业国家对本国的产品不再能满足它们自己的需要，这不仅包括

常用的食品，如来自澳大利亚、阿根廷、印度、加拿大和美国的谷物和肉类，并且还要有大量新的和外国来的粮食，去满足不断增加的所期望的生活要求。工业需要进口原材料：棉花来自美国、印度和埃及；生丝来自远东；羊毛来自澳大利亚和南美；木材和铁矿来自北欧。反过来再把加工过的产品出口到更广泛的国家，来满足经济增长的强烈要求。新的工业化的国家是第一个靶子，英国的铁和钢需要去供建造全西欧的机械厂和铁路。然后把纺织品出口到不发达国家，通过惯用的军事占领的殖民过程，对殖民地进行一系列社会的和经济的破坏和重建。帝国的世界被少数主要的有权者控制着，互相为霸权而竞争，研究如何去夺得市场，开辟贸易航线和建立海军，以保卫帝国的利益。

在 19 世纪 50 和 60 年代，英国的资本家们忧虑地看到法国资产阶级分子的出现，它好像最可能是他们的竞争者。1852 年新总统波拿巴（Bonaparte）企图重新夺回失去的权力。他放弃宪法并自称拿破仑三世皇帝。但是他和资产阶级没有被蒙蔽，都看到了决定帝国权力是否消失的力量是资产阶级而不是皇帝本人。波拿巴是机灵的，对所有主要的有力量的集团作出了充分的让步——军事上的荣誉给了官员阶层；较高的薪水给了官僚主义者；为了经济增长给资产阶级制定了必要的法律和秩序。对待少数集团、大学和新闻界，他是压制的和不公正的，但是经过 10 年，他在军事上成功地抵御了普鲁士和奥地利的侵犯，把殖民地扩展到塞内加尔。在国内，他制订了社会发展纲要，鼓励建设铁路和通讯；发展银行、信用贷款设施；发展工业和农业；进行有助于贸易的谈判和条约的签订，随着这一些工作的开展，他的威信提高了。

新的国王需要一个帝国的首都，通过他的高级官员豪斯曼（Engène Geoges Hauss-mann 1809—1891）的努力，和富有的新的工业国家，他创建了一个比拿破仑一世更大的城市。1853 年到 1868 年之间，巴黎这个中心是庄严的，以其设计宏伟的空间和道路，作为它的新面貌。凡尔赛和华盛顿再一次运用巴洛克式的规划，不仅是为了它的宏大的机构，而且还是为了更实际地对不安分的工人阶级进行控制的目的。在放射状道路网中心的一个圆点，有一支小的炮兵队能够从这里控制全区；军队和警察能迅速地活动在城市里，在环绕外部的林荫大道上；新的礼仪性的空间为公共建筑提供了一个庄重的环境，还可以在遇到突然打击时保护那些参加庆典活动的人们。今日的巴黎，其中每一个排成长列庆祝的景象都铭刻着豪斯曼的影响的印记。使人很难去想象这座中世纪的城市，在 1848 年革命发生时那些工人阶级居住的破旧的小房，在那里能够策划造反和掩蔽逃亡者。这些新的林荫大道不仅可以消除不同等级区域间产生的麻烦，还可以和那些留下来的不好的旧区分隔开。

改建这个城市是改善城市这个大项目中的一部分，其中豪斯曼详细检查了当地的市政系统，把它改造成新的给水和排水设施，设置了一些公园——包括布伦（Boulogne）林园和万塞讷（Vincennes）林园——并建造了一些新的桥梁、喷泉和公共建筑。这些中的一个是由杜邦（J. F. Duban）设计的美术学校（the Ecole des Beaux－Arts 1860—1862），它的大窗子表示里面是教室和走廊，外部的细部严谨又雅致像那个圣热内维也芙图书馆。新政府还推荐了一种新的建筑表现方式和有名的风格——第二帝国（Deuxième Empire）风格，最初采用于卢浮宫的扩建部分（the Palais du Louvre），是为了改善新政

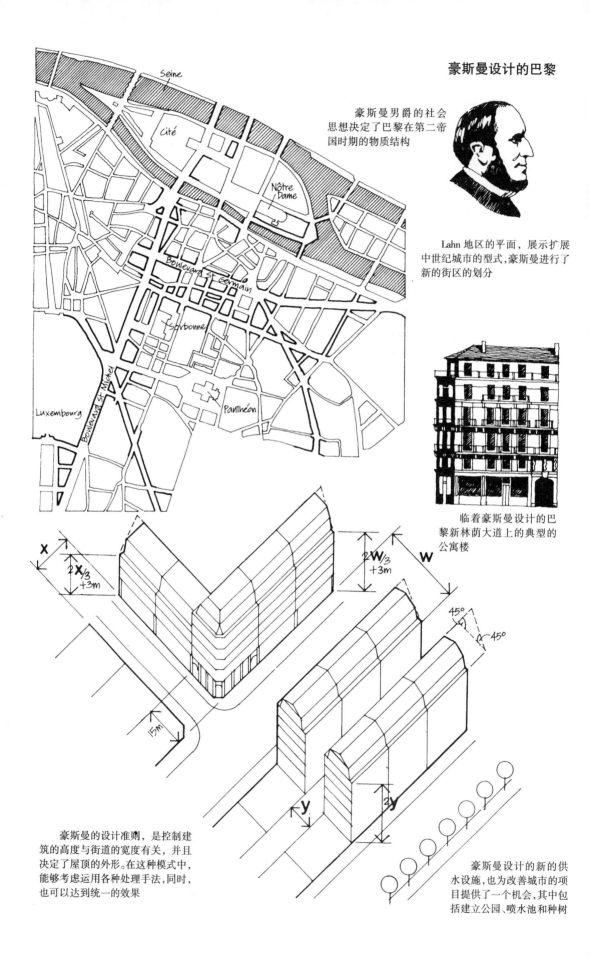

豪斯曼设计的巴黎

豪斯曼男爵的社会思想决定了巴黎在第二帝国时期的物质结构

Lahn 地区的平面，展示扩展中世纪城市的型式，豪斯曼进行了新的街区的划分

临着豪斯曼设计的巴黎新林荫大道上的典型的公寓楼

豪斯曼的设计准则，是控制建筑的高度与街道的宽度有关，并且决定了屋顶的外形。在这种模式中，能够考虑运用各种处理手法，同时，也可以达到统一的效果

豪斯曼设计的新的供水设施，也为改善城市的项目提供了一个机会，其中包括建立公园、喷水池和种树

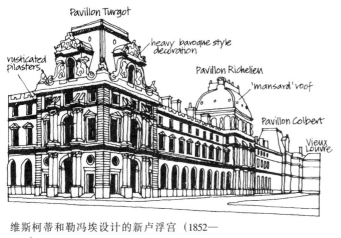

维斯柯蒂和勒冯埃设计的新卢浮宫（1852—1857）

在 17 世纪由勒梅西耶（Jacques Lemercier）设计的钟楼，为第二帝国又增加了一种建筑形式

卢浮宫平面，说明维斯柯蒂和勒冯埃设计的新楼，和老的卢浮宫之间的联系是用以前的制瓦厂（Tuileries）

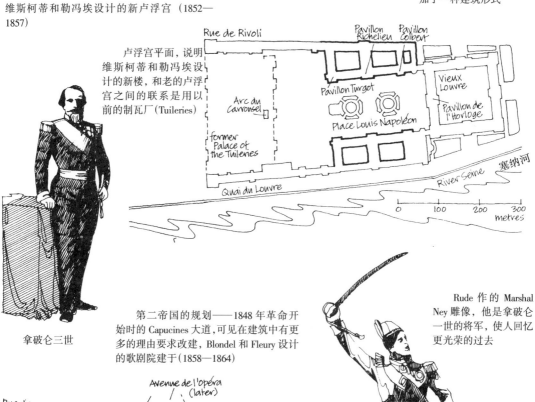

拿破仑三世

第二帝国的规划——1848 年革命开始时的 Capucines 大道，可见在建筑中有更多的理由要求改建，Blondel 和 Fleury 设计的歌剧院建于（1858—1864）

Rude 作的 Marshal Ney 雕像，他是拿破仑一世的将军，使人回忆更光荣的过去

府的办公楼，由建筑师维斯柯蒂（Visconti）和勒冯埃（Lefuel）设计。这个新的卢浮宫的设计灵感来自老的建筑，实际上，这种灵感来自勒梅西耶（Lemercier）设计的 17 世纪华美的钟楼，他创造了一种在建筑的内部和外部都是法国流行的巴洛克风格。建筑使用了粗琢的壁柱，有复杂雕刻的装饰和高的复折式屋顶。豪斯曼制订了严格的设计尺度，为了建筑及建筑所临近的街道，建筑高度的决定，与街道的宽度、檐口的标高、阳台的位置及屋顶的形式都有联系。但是在这种遍及各处的形式中，建筑师在细部的设计上是自由的，其结果是街景既规整又生动。这种在建筑上奏效的处理是那个新卢浮宫简单化和通俗化的变体。由弗勒里（de Fleury）和布隆代尔（Blondel）设计的歌剧院（Place de l' Opéra 1858—1864）、塞巴斯托帕尔的林荫大道（the Boulevard de Sébastopol 1860），和 Mortier 设计的米兰街（Rue de Milan 1860），都是在标准尺寸的框架内能够获得的各种形式的典型。

当加尼尔（Charles Garnier）在新巴黎歌剧院的设计竞赛中获胜时，在 1861 年最引人注意的第二帝国的纪念建筑被构想出来。歌剧明显地打算用明白表示的喜剧方式去招待 18 世纪的贵族们，大约在 19 世纪开始时，歌剧表现出了较广泛的需求，与中产阶级的联系更多，并且在思想上有为自由而战斗的内容。带有政治色彩的歌剧脚本有贝多芬（德）（Beethoven）著的《菲岱里奥》（Fidelio 1805）和斯波蒂尼（Spontini）著的 "La Vestale"（1807），随之还有奥柏（法）（Auber）著的 Masaniello（1828）、罗西尼（意）（Rossini）著的《威廉·退尔》（Guillaume Tell 1829）和梅伊尔比尔（Meyerbeer）著的 "Les Huguenots"（1836）。流行古代的或中世纪时代，如何躲避检查官，营救在监狱里的人的故事，和受压迫的人民摆脱外国的统治，这些故事是不会被误解的，受到当代肯定的。在同时，新的和较多的观众要求更美妙的和更吸引人的剧本，这样就需要高的吊塔，以改变许多的场景，并且舞台的面积也要足以能表现庆祝凯旋回来的狂欢过程、战斗和芭蕾舞。加尼尔（1825—1898）对委托给他的重要事项都作出了很好的回答。建造地点是显要的，距卢浮宫不远，在与巨大的城市广场交汇的新道路网的焦点处。加尼尔继续采用新卢浮宫的巴洛克风格的基调，甚至在剧院装饰的精心设计方面要超越它。这幢建筑本身是庞大的，舞台和后台的面积几乎和前面的房子一样大。从内部看，有最强烈特征的是入口大厅，形成剧场壮观的印象的是因为有：体面的楼梯（escalier dhonneur）、室内的气派、装饰华丽的灯具和有彩绘的顶篷，为这些高贵的观众们，创造了一个最具诱惑力的适于他们的场面（mise en scène）。

当中产阶级的财产和文化声誉增长时，出现了反对的意见。从浪漫主义运动中产生的现实主义学派的作者，宣告要揭露资产阶级生活中的矛盾。巴尔扎克（Balzac）著的《人间喜剧》（Comédie Humaine）和小说家斯丹达尔（Slendhal），特别是路温（Lucien Leuwen）批评了 7 月君主立宪（the July of Monarchy）的实利主义问题，还有福楼拜（Flaubert）发表的长篇小说《包法利夫人》（Madame Bovary）和龚古尔（Goncourt）写的小说《第二帝国的昌盛》（the opulence of the Second Empire）。现实主义者描写的生活是真实的，是辩证的去阐述它，尽管到目前为止有少数评论，说他们有潜在的经济上或政治上的原因，但是他们没有任何资产阶级的那种故弄玄虚。

巴黎歌剧院

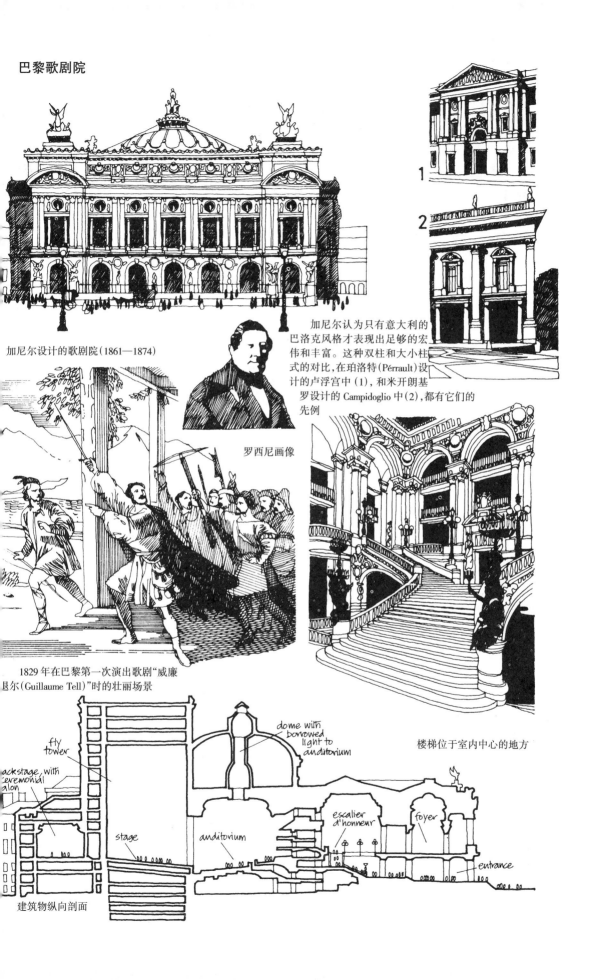

加尼尔设计的歌剧院(1861—1874)

罗西尼画像

加尼尔认为只有意大利的巴洛克风格才表现出足够的宏伟和丰富。这种双柱和大小柱式的对比,在珀洛特(Pérrault)设计的卢浮宫中(1),和米开朗基罗设计的 Campidoglio 中(2),都有它们的先例

1829 年在巴黎第一次演出歌剧"威廉退尔(Guillaume Tell)"时的壮丽场景

楼梯位于室内中心的地方

fly tower

ackstage, with ceremonial alon

dome with borrowed light to auditorium

escalier d'honneur

foyer

stage

auditorium

entrance

建筑物纵向剖面

所有这种繁荣的基础是工业的稳定增长。铁路的延伸,扩大并统一了国内市场。纺织和冶金工业,除了缺少原材料的问题外,通过引进技术和刺激外国的竞争,正在变得更先进。1855年以后,随着采用了贝塞麦炼钢法,钢的产量上升。国家在工业方面的投资,从革命前开始,持续到拿破仑三世执政时,并且工业的资方人员开始聚集在一起形成集团——煤矿、高炉、工厂结成伙伴像那个"弗朗奇伯爵的制造公司"(the Compagnie des Forges de Franche-Comté)。这样在同一集团中可以考虑多种经营:冶炼、钢板、钢梁、钢轨、全部车辆制造、发动机和机械。

工业化的一个结果是铁和钢在建筑中的用处迅速扩大。在整个19世纪中,通过国立职业中心学校在技术方面的教育,使得悠久的优秀的法国传统得以继承,培养出了大量的杰出的建筑——工程师。巴尔泰德(Victor Baltard 1805—1874)受豪斯曼的委托去设计在巴黎的一个新的规模很大的食品商场,建在原来的基地,靠近圣埃斯特卡(St. Eu-stache)。巴尔泰德设计的第一个作品是一幢用石头砌的建筑,不久当它不适用时就拆掉了,然后在1854年和1866年之间,他就改用10个互相连接的铁和玻璃的穹形物,提供了巨大的地下室和内部的街道,这个商场(Les Halles)占地50000m²,并且直到1971年拆毁为止,都维持着好像是巴黎的"肠胃"(le venlre de paris)的作用。巴黎以外,在努瓦西勒(Noisiel)、塞纳—马恩(Seine—et—Marne),建筑师索尔尼尔(Jules Saulnier)为梅尼尔巧克力公司设计了一座汽轮机房(1871—1872)。把笨重的石头架在河上,它是用铁作主干框架完成的砖石建筑,是法国第一个实例。它的华美的装饰、显露的色彩的特点,博得了维奥莱-勒-杜克(Viollet-le-Duc)的赞同,以他的理性主义者的看法,这是结构和装饰巧妙结合的作品。

1860年以后,拿破仑的政权衰落,较大的自由和更自由的劳动法律(包括在1864年取得罢工权),一系列代价高昂的军事暴动在摩洛哥、叙利亚和墨西哥发生,苏伊士运河地区的巨大工程,削弱了皇帝在国内的独裁和在国际的地位。进入1870年不久,受到法—普战争残酷的围攻,国王被废黜并签署了巴黎投降条约。对于人民来说,普法战争失败只是轻微的损失。随后他们驱逐了资产阶级政府,在1871年成立了巴黎公社。这是第一次,由无产阶级和它的社会主义领导者所进行的反对他们新的阶级敌人的活动,由于他们的鲁莽,在残酷的斗争中被政府的军队镇压了,留下了永久的仇恨的种子。资产阶级能够得到保护,更愿意帮助它的是德国,而不是他们自己的工人阶级。事实上,资产阶级和他们的制度幸免于战争和巴黎公社的攻击,未受到伤害,甚至更强大了。在19世纪70年代期间,法国的工业得到改造,取得了资金集中,合作生产和工业化的成绩,把法国带入了现代化的年代。

两位伟大的工程师的工作可以作为经济增长时的例证。第一位是德·莱塞普斯(Fre-denand de Lesseps 1805—1894),这位法国领事,与埃及的总督谈判同意了苏伊士运河的建设,这是一项数世纪的期望工程,但是只有在19世纪才能实现。英国一定获益最多,因为到达印度的航线缩短8000km。但是他们的资本家们对此不感兴趣。苏伊士运河公司成立于1858年,主要用的是埃及和法国的钱。埃及执政者赫迪夫(Khédive)为这项工程提供了强劳力,德·莱塞普斯应用了最现代化的机械。德·莱塞普斯很好地选择了航线,

法国的工程师们

德·莱塞普斯设计的苏伊士运河,1869年开工,十年后完成,花费了1600万英磅

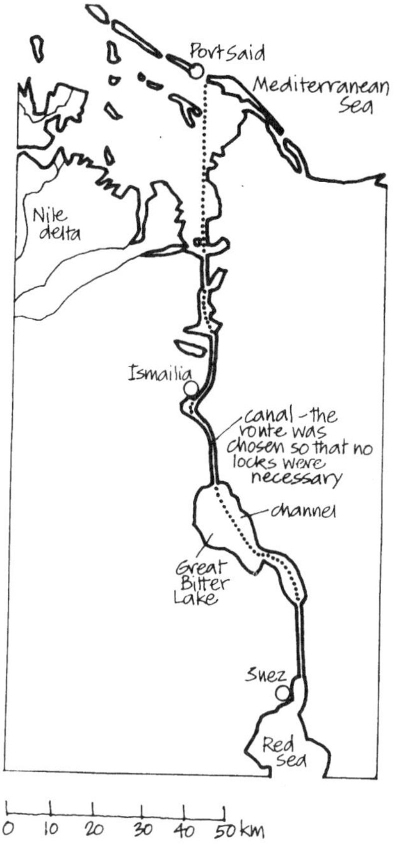

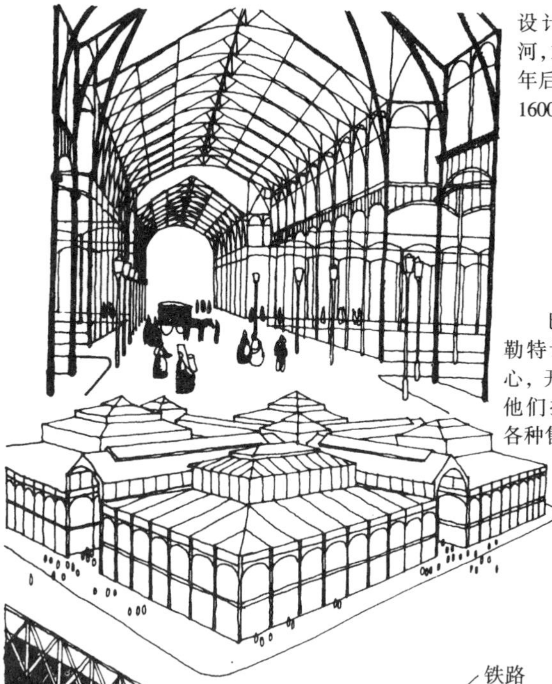

巴午泰德和加勒特设计的商业中心,开始于1853年,他们提供了宽敞的各种售货摊位

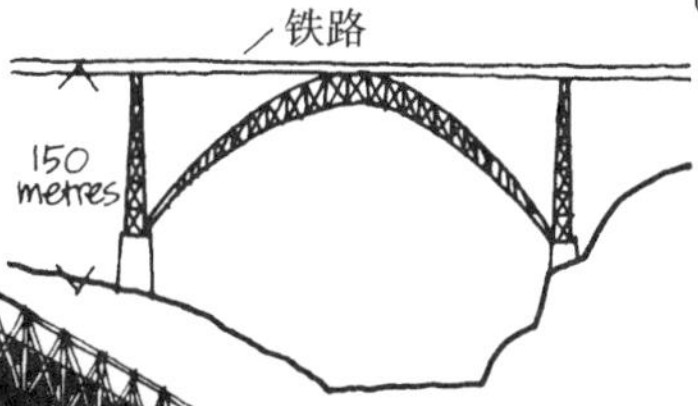

Port Said

Mediterranean Sea

Nile delta

Ismailia

canal - the route was chosen so that no locks were necessary

channel

Great Bitter Lake

Suez

Red Sea

0 10 20 30 40 50 km

铁路

150 metres

Garabit 高架桥,完成于1884年

railway track set low within truss, to lessen risk of a catastrophe following derailment

the piers and arches grew wider at the base to resist the strong winds blowing down the valley

cross-bracing provided additional lateral stability

arch gets deeper at apex, where bending-moment is greatest

索尔尼尔为梅尼尔公司设计的汽轮机房,在努瓦西勒,靠近巴黎,是早期使用铸铁框架的建筑(1871—1872)

埃菲尔设计的 Garabit 高架桥,是运用精美的结构和冶金学解析的产物

包括和许多现存的湖泊和流域联合起来，这样可达到所要求的不会堵塞的水平。运河建成用了 10 年。

如果德·莱塞普斯代表了 19 世纪工程师的创业者的技能的话，没有一个人能在技术能力方面能比埃菲尔（Gustave Eiffel 1832—1923）更好。他早期的创作包括在 Busseau（1864）和 Douro（1876）的铁路高架桥，和在巴黎的廉价商场（Bon Marché 1876），结构设计用了铁和玻璃，建筑师是布瓦洛（Boileau），是圣欧仁（Ste Eugène）建筑的设计者。他的早期在专业上的主要业绩是 Garabit 铁路高架桥（1880），在工程中他用了一个巨大的格式拱去支撑格式结构水平的桥面。埃菲尔继续把桥梁设计的技术推向前，从用锻铁到改用钢材的技术设计，到工地外装配和安装技术，获得了经验，给他坚定了信心，以后可以去建设这个世纪工程上的杰作。

与在英国类似，当商会里的人看到应用铁的可能性时，就开始把它用于货仓、商店和商店前面。在 18 世纪中，小的玻璃顶的连拱廊商店在法国已很普遍；现在，运用铁的期望在增加，已能把铁用在较大的连拱廊和百货商店的建设上。方丹（Fontaine）设计的巴黎奥尔良廊（Galérie d'- Orléan 1829）已是一个早期的实例，随着由利隆（Lelong）设计的工业化生产的装配式商场（the Bazaar de l'Industrie 1830），由格里塞特（Grisart）和弗罗利舍（Froelicher）设计的装配式商业廊（the Galéries du Commerce et de l'Industrie 1838），以及由布朗（Buron）和加瑟林（Durand-Gasselin）设计的 Pomeraye 通道，在南特（Nantes 1843）。一种法兰西风格的连拱廊——克里斯托弗伊斯拱廊（the Galleria de Cristoforis）在伦巴第首府米兰于 1831 年建成，设计人是皮札拉（Andrea Pizzala），它是整个 19 世纪的连拱廊中最好的一个，也是它在当地的较小的连拱廊的先驱。由曼戈尼（Giuseppe Mengoni 1829—1877）设计的爱麦虞限拱廊（the Galleria Vittorio Emanuele）建于 1865 年至 1877 年之间。用英国的钱，在设计上有英国建筑的坚固又有意大利建筑的华丽。它的平面是十字形的，由两个交叉的铁拱组成，用一个圆顶连接，墙面用石头砌成，建筑共四层高，具有丰富的新文艺复兴风格。它与 del Duomo 广场（The Piazza del Duomo）相连，广场上宏伟的中世纪的大教堂，带有许多其它的城市空间，包括 della Scala 广场（the Piazza della Scala），广场中还有一座 18 世纪建的歌剧院屹立在那里，装饰的格调是精美丰富，从屋顶的装饰华美的铁件到入口处墙面设计得像罗马凯旋门式的拱门。这个整体令人信服地证明了市政建设的庄重、文化性和富有。

在建设克里斯托弗伊斯拱廊和爱麦虞限拱廊期间，意大利发生了重大的变化。1852年当加富尔（Cavour）成为皮蒙特（Piedmont）公国首相时，他看到意大利的经济不发达是由于不统一；外国的霸权；教皇促成的，还有本国统治者愚蠢的长期统治的作用。他把皮埃蒙特区推进到一种自由的状态，发挥资产阶级的作用，进行贸易谈判，建设铁路，并鼓励和法国连线。由于国际上的声誉，在克里米亚战争和战争以后，他使皮埃蒙特与法国和英国建立了联盟，随着拿破仑的回来又挑起了一场与奥地利的战争，其结局是伦巴第的统一。当中央的省份还在造反，对抗奥地利以及赞成加入新的联盟时，自由主义者统一意大利复兴运动（Risorgimento）迅速扩展；当加里波第（Garibaldi）的"千人义勇军"征战西西里和那不勒斯的时候，给了皮蒙特军队一个机会去占据了罗马教皇国

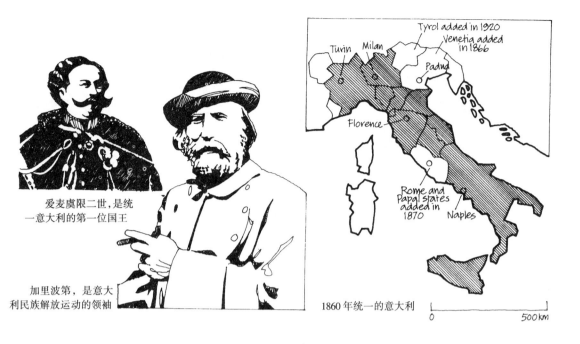

爱麦虞限二世,是统
一意大利的第一位国王

加里波第,是意大
利民族解放运动的领袖

1860 年统一的意大利

Ceppi 和 Mazzuchetti 设计的都灵 Porta Nuova 火车
站(1866—1868)

Verdi 的名字像一个政治口号,包含了一
个隐藏的预言——爱麦虞限,红色意大利

Manzoni 是伟大的现代小说 "I' Promessi
Sposi" 的作者,小说象征意大利资产阶级潜在
的成就

Gaetanokoch 设计的 Esedra(1880)位于
罗马,是许多礼仪式建筑之一,意大利统一
后,它成了国会大厦

复兴运动

piazza

这座 14 世纪的米兰大教堂最后完成于拿破仑时期。它前面的 del Duomo 广场是在复兴运动以后建成，由门古尼（Mengoni）设计。他设计的室内步行街（1865～1877）是这个商业中心、会议厅不可缺少的组成部分，一条步行街与带有 La Scala 的大教堂联接，但主要是为庆祝在意大利新的资产阶级获得了自由

这个入口设计得像一个凯旋门，这个新的门廊是世俗的教堂式的，用以玄耀繁荣和商业目的

建筑内部在建筑与工程方面高度统一，十字形平面和用圆顶来联接，调整了宗教性的意象

室内步行街

(the Papal States) 的一部分。在 1861 年，皮蒙特的维多里奥·爱麦虞限已宣布他自己是新意大利的国王，成立了一个政府，并把首都设在佛罗伦萨。作曲家维迪 (Verdi) 在他的《革命者》中表演了西西里起义 (I Vespri Siciliani)，证明了这个时期的强烈追求。Simone Boccanegra、Un Ballo 的 Maschera 和 La Forza del Destino，作于 1855—1862 年期间，它们都表现了活跃的资产阶级的理想主义。

在复兴运动 (Risorgimento) 时期，城市的建筑活动主要是在皮蒙特和伦巴第：都灵和米兰。在都灵建筑师安托尼里 (Alessandro Antonelli 1798—1888) 建造了高的 Mole Antonelliana (1863)，和穹窿尖顶的 San Gaudenzio 教堂 (1875)。扩大了城市中心，都用新的道路和广场使其有了新貌，如波拉蒂 (Giuseppe Bollati) 设计的 del Statuto 广场 (1864)。新铁路车站在都灵的 Porta Nuova (1866—1868)，由 (Mazzuchetti 和 Ceppi 设计，在米兰的 Centrale 车站，由他们之中的法国建筑师鲍恰特 (Bouchot) 设计，是以北意大利的建筑为典型，并与其它工业化欧洲的建筑有联系。战争继续扩大，当 1866 年普鲁士要消灭奥地利时，意大利能够去占领威尼斯。同样，当 1870 年普鲁士战胜拿破仑三世时，拿破仑不能再保护教皇，意大利可以去并吞教皇国，结束他们那个世纪的旧政权，并使罗马成为一个统一了的国家的首都。

几年内，佛罗伦萨城市中心的北部得到了改造，有整齐的街道和广场，有一个设计是波吉 (Giuseppe Poggi 1811—1901) 做的。在 19 世纪 70 年代至 80 年代初的期间内，为了庆祝罗马成为新的首都，对它进行了较大规模的改造。这个在思想意识上具有重要意义的古城，再一次以它的伟大使命使人难忘，增加的新建筑，是具有一定规模的纪念性建筑，在风格上是传统的，如 Venti Settembre 大道和 Nazionale 大道（二者都始建于 1871年），the delle Belle Arti 府邸 (1878—1882) 由派森蒂尼 (Pio Piacentini 1846—1928) 设计，还有 the Esedra (1880)、the Boncampagni 府邸 (1886—1890) 和意大利银行 (1889—1892)，由科克 (Gaetano Koch 1849—1910) 设计。作为经济的和政治的力量的表现，所有建筑活动肯定都有虚张声势的情况：这个国家在政治和财政两方面虽然统一了，终于打开了发展经济的大门，但仍一直处于衰败的境况。1870 年国内的生产总值不足英国 1％。19 世纪 50 年代和 60 年代，英国经历了其资本主义发展的黄金年代。

英国虽然在棉纺方面的生产率不如早期高，可是它一直处于世界的领先位置，产量继续上升。英国在世界市场中的份额正在下降，钢铁工业方面已失去了优势，然而，在工程和造船方面，不仅增长得较快，而且还开始去控制国外市场。在曼彻斯特用了一系列辉煌的城市建筑来抬高它的价值——沃尔特斯 (Edward Walters) 设计的府邸式风格的自由贸易大厅 (Free Trade Hall 1853—1854)，新哥特式的阿西兹法院 (Assize Courts 1859—1864) 和新的市政厅 (Town Hall 1868—1877)，后两幢建筑的设计人是沃特豪斯 (Alfred Waterhouse 1830—1905) ——然而，庆祝这个城市在工业方面的霸权地位已经过时了。现在它与伯明翰、格拉斯哥、设菲尔德、利兹和许多其他北部和中部城市一样，在 19 世纪 50 年代和 60 年代通过自由党政府长期的努力，分担在英国的政治生活中产生的影响。布罗德里克 (Cuthbert Brodrick) 设计的新古典主义的，在利兹的市政厅 (1868—1877)，和托马森 (Alexander "Greek" Thomson) 设计的在格拉斯哥的卡利多尼亚道弗

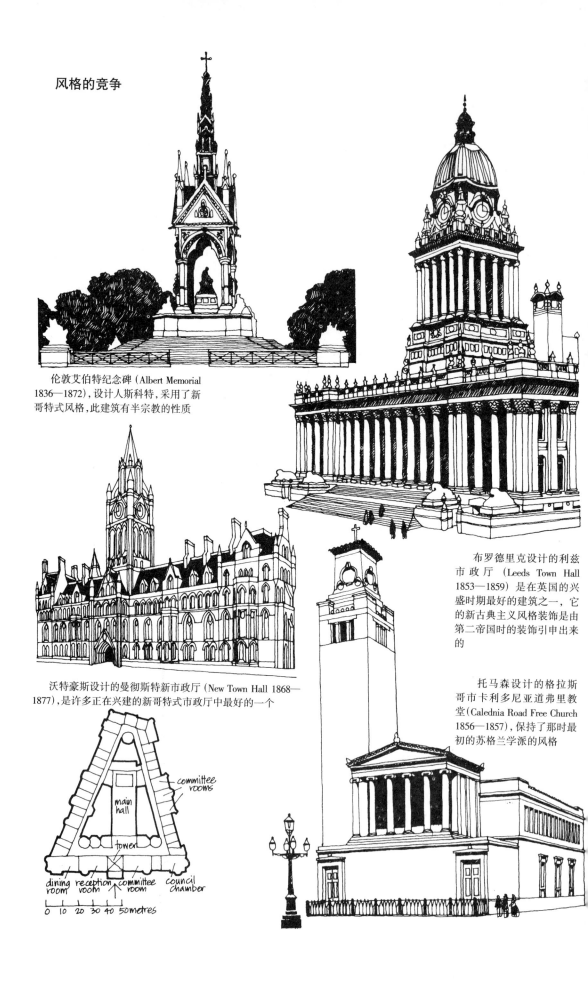

风格的竞争

伦敦艾伯特纪念碑（Albert Memorial 1836—1872），设计人斯科特，采用了新哥特式风格，此建筑有半宗教的性质

布罗德里克设计的利兹市政厅（Leeds Town Hall 1853—1859）是在英国的兴盛时期最好的建筑之一，它的新古典主义风格装饰是由第二帝国时的装饰引申出来的

沃特豪斯设计的曼彻斯特新市政厅（New Town Hall 1868—1877），是许多正在兴建的新哥特式市政厅中最好的一个

托马森设计的格拉斯哥市卡利多尼亚道弗里教堂(Calednia Road Free Church 1856—1857)，保持了那时最初的苏格兰学派的风格

committee rooms

main hall

tower

dining room

reception room

committee room

council chamber

0 10 20 30 40 50 metres

里教堂（Caledonia Road Free Church 1856—1857），是在这个兴盛时期公共建筑中最好的。一方面，棉纺工业是英国自己成功的牺牲品。竞争和扩大市场要求在技术上经常改进，而英国的资产，在建筑和机械两方面不久就过时了，要去改建和在机械上作出改进以适应新产品的生产，去支持长期衰退的工业，这是人们不太愿意干的事。铁路像这样情况不多，技术可持续超过一个世纪，没有什么根本性的变化，不要继续和大量地投资。不像德国和美国，英国没有通过建设铁路去开发未经探查过的地区，英国面积小，而且运河和公路已经很好地覆盖到这些面积。因此，铁路建设比方便的航运所需的特殊投资对财政上的要求少。建设的线路太多，许多资金回收无望。对投资的平均回报率，每一公里的轨道，仅仅只有美国回报率的1/50。

要成功，铁路不得不去吸引旅行者。速度和廉价是营业的焦点，但是公众对不舒服、危险的疑虑，和对铁路旅行十分的陌生，这些都必须克服。莫尔斯（Samuel Morse）创造的电报通讯的发展，改善了铁路的信号装置和安全，较好的客车很快地发展到能维护旅客的健康，抵御不良天气，不受烟熏。此外，车站建筑给旅客提供了一个解除疑虑的形象，其中维多利亚人导游的热情和表现也起了好作用。最好的早期实例是哈德威克（Philip Hardwick）设计的伦敦尤斯顿车站（Eustion Station），那里的入口屏幕（1835—1837）和车站大厅（1846—1849），邀请旅客去体验一下荷马式旅行（Homeric journey）的刺激，抚慰懦怯的心，或者去评说一个熟悉的文化传统故事。在金斯·克罗斯车站（Kings Cross station 1850—1852），主要的火车棚是由两个30m宽的铸铁筒形拱组成，主要的拱门是用木料压成薄片叠合制成，入口立面是用大量砖做的幕墙，以两个巨大的拱对称地凹进去，设在拱门的后面，设计者是工程师丘比特（Lewis Cubitt）。他还设计了与车站毗邻的大英北方旅馆（Great Northern Hotel），运用了简洁的意大利风格。大英西部旅馆在帕丁顿（Paddington 1852—1854），设计者是怀亚特（M. D. Wyatt）在火车棚的前面，形成了庄重的气氛。火车棚是布鲁内尔（Brunel）最好的作品之一，它是三个平行的铁拱，与辅助拱垂直交叉，设计得几乎像个教堂的样子。

在1850到1880年之间，以铁作骨架的建筑变得十分普遍，成为工业的一种扩展。其中著名的是在格拉斯哥的贾马卡街货栈（Jamaica Street warehouse 1855—1856），设计人贝尔德（John Baird）；希尔尼斯（Sheerness）航运船舶商店（the naval boatstore 1858—1860），由格林设计（G. T. Greene）；还有在利物浦由埃利斯（Peter Ellis）设计的奥里尔会议厅（Oriel Chambers 1864—1865）。对于这些完全是最现代的结构铸铁是合适的，但是，在1847年，斯蒂芬森设计的迪伊桥（Dee Bridge）的倒坍，已经突出表现了在高压力结构方面铸铁存在的缺陷。斯蒂芬森设计的自己的不列颠桥（Britannia bridge），和贝尔德设计的艾伯特皇家大桥（great Royal Albert bridge 完成于1859）在萨尔塔什（Saltash）跨越了塔曼河（Tamar），它依靠巨大的锻铁的空心管子，创造了先进结构科学方面可供考虑的主体。在帕丁顿由多布森（John Dobson）设计的大的弯曲的屋顶，用在了纽卡斯尔中心（Newcastle Central 1850），并且由巴洛（W. H. Barlow）为伦敦的圣潘科瑞斯车站（St Pancras station 1863—1867）设计的壮丽的屋顶上，其锻铁承受了较大的拉力。巴洛设计的屋顶是一种旋转力的结构，高30m的巨大抛物线拱顶，跨距为

91

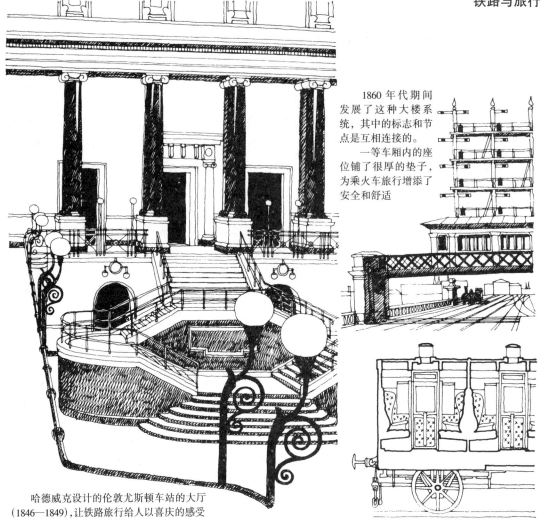

1860 年代期间
发展了这种大楼系
统，其中的标志和节
点是互相连接的。
　　一等车厢内的座
位铺了很厚的垫子，
为乘火车旅行增添了
安全和舒适

哈德威克设计的伦敦尤斯顿车站的大厅
（1846—1849），让铁路旅行给人以喜庆的感受

这个火车棚有大的曲线屋顶，太
像多布森设计的纽卡斯尔中心

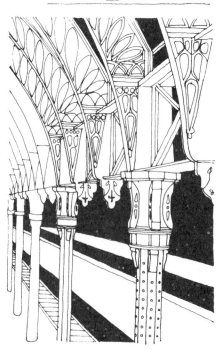

布鲁内尔设计的伦敦帕丁顿车站火车棚，是
个设计雅致的结构综合体，是建筑师和工程师的
一种有价值的方法——维奥莱—勒—杜克的方法

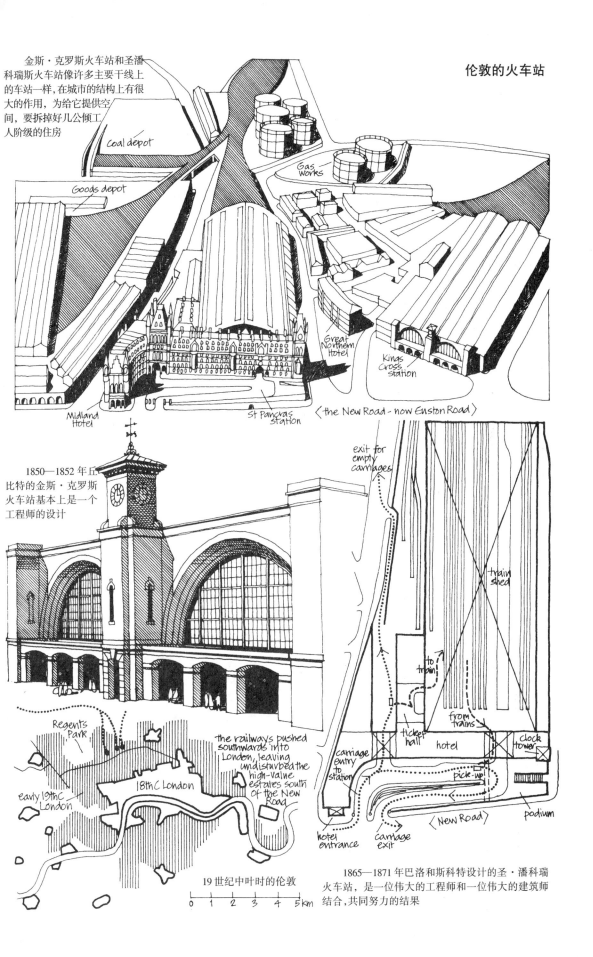

伦敦的火车站

金斯·克罗斯火车站和圣潘科瑞斯火车站像许多主要干线上的车站一样，在城市的结构上有很大的作用，为给它提供空间，要拆掉好几公倾工人阶级的住房

Coal depot

Goods depot

Gas Works

Great Northern Hotel

Kings Cross Station

Midland Hotel

St Pancras Station

〈the New Road - now Euston Road〉

1850—1852 年丘比特的金斯·克罗斯火车站基本上是一个工程师的设计

exit for empty carriages

train shed

to train

from trains

ticket hall

hotel

clock tower

carriage entry to station

pick-up

podium

hotel entrance

carriage exit

〈New Road〉

Regents Park

the railways pushed southwards into London, leaving undisturbed the high-value estates south of the New Road

18th C London

early 19th C London

19 世纪中叶时的伦敦

0 1 2 3 4 5 km

1865—1871 年巴洛和斯科特设计的圣·潘科瑞火车站，是一位伟大的工程师和一位伟大的建筑师结合，共同努力的结果

75m，在那个时代，在世界上是最大的。然而，设计米德兰旅馆（The Midland Hotel 1865—1871）的建筑师斯科特（George Gilbert Scott），在设计旅馆立面时，看到那种屋顶带有不屑一顾的神情。1860 年至 1875 年之间，斯科特建造了一幢在伦敦的外交办公楼，设计时很不得已地运用了文艺复兴式的风格；后来在米德兰旅馆中，他运用了一个装饰华美的英国、意大利和荷兰式混合的哥特式，带有一个大的中心塔楼，完成了这个设计。他清楚地感觉到旅馆对于火车站是太好了，而巴洛设计的大楼对他自己设计的旅馆来说是个穷邻居。然而，在工程师和建筑师的哲学之间，这幅图所表示的作为两个部分是无关系的，这个建筑作为一个整体留下了一个突出的杰作，即规模大、浪漫主义的表现、结构力学和十分卓越的典型平面，每一点在维多利亚时代的设计中都是最好的。

斯科特用新哥特式建筑覆盖了英国，他的实践是这个时期最大和最多的建筑活动；据说，有一次，他看见一座教堂正在建设，去问这位建筑师的名字，他被告诉是"乔治·吉尔伯特·斯科特"。比任何一位设计者更多的是，他代表了一种商业上的改变，这个改变是被帕金（Pugin）的神圣的改革运动抓住的，富有创造力和能力，他是成功的现代的建筑师的典范，其职业作风是认真地回答任何一个委托他去办的事项，不论是神圣的或是世俗的，商业上的或是思想意识上的。在他设计伦敦的艾伯特王子（Prince Albert）纪念碑中（1863—1872），为了表现一种半宗教的作用，他在一个用花岗岩、大理石、马赛克和青铜建成的特大的龛室内，安放了一尊王子的雕像。几组象征性的图案围绕在基座上，代表英国统治伸展到各个大陆，还有一个引人注意的雕带，上面刻的是从苏格拉底到门德尔松，代表 2000 年以前君主制的文化传统。

哥特式复兴的较后阶段是被艺术评论家拉斯金（John Ruskin 1819—1900）支配的。像许多其他年轻的浪漫主义者一样，他重新去崇尚自然，轻视虚伪和自命不凡，并且终身从事对艺术的真理的研究。他的五卷本《现代画家》（1836—1853）是著名的，是为画家透纳（Turner）辩护的，在透纳的作品中，拉斯金发现"自然的真实性"，这也真的成了他自己的思想。1849 年他发表了他的著作《建筑七灯》（The Seven Lamps of Architecture），向设计者提出了七条根本的原则，这个"贡品"包括：为优秀而奋斗；真实性在于忠实地使用材料；简单的"力量"；庄重的形式；作为一种精神的源泉，"美丽"来自于自然；"生活"要用手去雕琢；要用为子孙后代建造出艺术的作品，给未来几代人留下"记忆"；还有"服从"纪律，每一位建筑师自己就只能采用过去最好的风格——以拉斯金的观点，最好的风格是意大利的罗马风格、意大利的哥特式；正如普金和斯科特也认为的那样，包括 13 世纪后期和 14 世纪早期的英国哥特式。

在《威尼斯之石》（The Stone of Venice 1851—1853）一书中，拉斯金调查了威尼斯哥特式用了更多的细部，并且还发展了他在工艺方面的思想，阐述了在中世纪中叶工匠们在本质方面取得的艺术成就，包括在建造过程中，与此相反的现代社会的丑陋，现代工匠拒绝在要完成的工作中去发挥自己的创造性。拉斯金发展了在 19 世纪 50 年代期间，他与拉斐尔前派画家合作的概念，并且这个概念变成了他自己喜爱的工作的基础，《直到最后》（1862）一书，明显地"抄近路"通过了已创立的资本主义社会的伦理学。他的观点是特权比富有更重要，一个人对其伙伴不要求他去进行创造性的工作是不道德的。

拉斯金

拉斯金（1819—1900）

拉斯金的画

1

2

拉斯金著的《建筑七灯》(The Seven Lamps of Architecture)与《威尼斯之石》，其风格是礼仪式的意大利罗马式与哥特式工艺的结合

12世纪的圣米歇尔教堂(Church of San Michele)在卢卡，14世纪的哥特式总督府在威尼斯，展示了所采用的多彩的砖石建筑，简单的几何窗花格和自然的形式的装饰

迪恩和伍德沃德设计的牛津大学博物馆（1855—1859），拉斯金和他合作了一段时间

斯特里特（1824—1881）

在牛津的圣菲利浦和圣詹姆斯教堂，斯特里特设计，是富有变化的拉斯金式的多彩的砖石建筑

19世纪末期典型的北方牛津别墅，表现了拉斯金的影响

托依朗设计的圣斯蒂芬教堂，
位于伦敦罗斯林山坡(1869—1876)

维多利亚女王时代
优秀的哥特式建筑

皮尔逊设计的圣奥古斯丁教堂,位于伦敦
基尔伯恩区

巴特菲尔德设计的奥尔·圣茨教堂, 位于伦敦的
玛格丽特大街(1849—1859)

巴特菲尔德设计的基布尔学院
小教堂,位于牛津市(1867—1883)

巴特菲尔德
(1814—1900)

在他自己的那个时代，好像今天一样，拉斯金被认为是一位品德突出的偶像，是一位有深远洞察力的好作家。尽管在表面上他直接影响了许多现代的建筑师和建设者，而关于他重新发现威尼斯和伦巴第的建筑风格，对有些人来说如同小说和兴奋剂一样。后拉斯金时期，是以采用意大利的细部为标志，特别是总督府（Doges Palace）里的板制窗格，以自然植物为模式的曲线装饰，以及用混合材料去达到有色彩的效果。他住在牛津并在牛津大学教书，他的思想以不同形式影响了整个一代建筑，如迪恩（Deane）和伍德沃德（Woodward）设计的大学博物馆（University museum 1855—1859）、斯特里特（George Edmund Street）设计的圣·菲利浦（St Philip）和圣·詹姆斯（st James 1860—1862）教堂，和巴特菲尔德（William Butterfield）设计的基布尔学院小教堂（Keble College Chapel 1867—1883）。斯特里特（1824—1881）和巴特菲尔德（1814—1900），与托依朗（Samuel Sanders Teulon 1812—1873）和皮尔逊（John Pearson 1817—1897）一起把哥特式风格重新作为新的设计方向，即少一点学院派，多一点新颖的，有关戏剧性的，甚至是野蛮的建筑效果。斯特里特设计了大量的教堂，最著名的是在伦敦的最高法院（the Royal Courts of Justice 1871—1882）。巴特菲尔德设计的最好的奥尔·圣茨教堂（Church of All Saints）、位于伦敦玛格丽特大街（Margaret Street 1849—1859），和为阿诺德博士（Dr Arnold）的拉格比学校（Rugby School 1858—1884），设计的一些新建筑，这所学校是资产阶级教育制度的基石。托依朗和皮尔逊都是因设计了伦敦教堂而著名的，较早设计的是在罗斯林山坡上的圣斯蒂芬教堂（St Stephen's on Rosslyn Hill 1869—1876），后来设计了在基尔伯恩（Kilburn）的圣奥古斯丁教堂（St Augustine 1870—1880）。

虽然他的建筑界伙伴倾向于优秀的英国风格，拉斯金自己的哥特式观点是反天主教义的，他发展了帕金的相对狭隘的宗教的建筑真实性观点，吸收了较广泛的世俗的思想，这在长时期中对设计者和理论家，都有重要的影响。在《建筑七灯》一书中，关于建筑真实性的概念和表现的能力，变成了现代建筑理论发展的基本部分。他的渊博的社会思想的许多方面，特别是他那深邃的洞察力，虽然他自己没有把他的重要的思想去提升为逻辑性的结论，但是有许多已流传至今。他对资本主义的批判是激烈的，更多的是透彻的分析，而较少去否定他所存在的时代，他与卡莱尔（1795—1881）一样，最终都不能冲破本身资产阶级的观念，为资本主义社会提出真正的选择。

新哥特式，在留下的所有中产阶级的建筑形式中，可见到突出的工业革命的标记，现在都已变成规范化的和永久性的了。卡莱尔和麦考利（Macaulay）的工作，目的是增加民族的历史的意识，帮助中产阶级去看清自己不要作为一个暂时的现象，而是要作为人类发展的一个组成部分，和19世纪阶级构成中的真正的核心。在文化上和精神上，甚至在制度上已经变成资产阶级的了。由于给工人阶级留下来的令人吃惊的生活条件和工资收入，都不能得到根本的改善。然而，通过大量的改革，如限制工作时间，发放刺激性的额外津贴，加强工厂检查员的职责，慢慢地改善工作条件。当工程和造船业的工业化程度增长时，精通高技术的工人开始变为工人贵族，与作为一个工人阶级的整体相比，工人贵族有较高的收入和较好的住房。在早些时，人们还抱有希望，以为工业资本主义还寿命不长，现在，对比之下，至少工人阶级中的一部分人，还愿意去维持这个制度，并

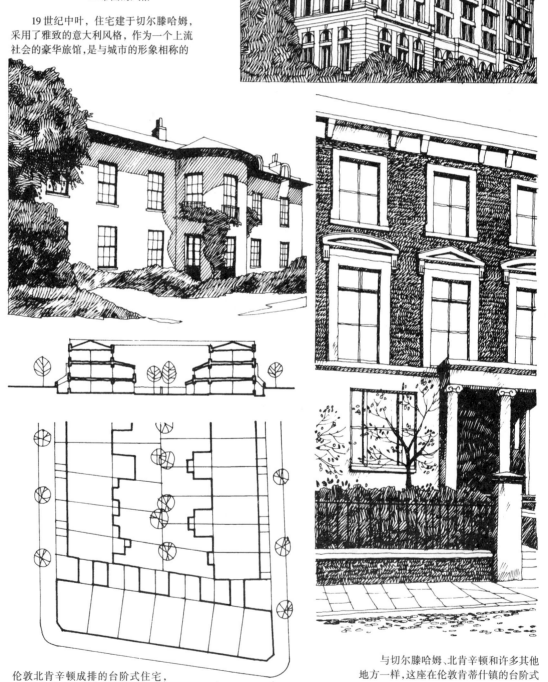

伦敦塞西尔旅馆（1890, the
Hotel Cecil），是许多豪华旅馆中
的一个，设计运用了纪念性的第
二帝国的风格

19世纪中叶，住宅建于切尔滕哈姆，
采用了雅致的意大利风格，作为一个上流
社会的豪华旅馆，是与城市的形象相称的

伦敦北肯辛顿成排的台阶式住宅，
建于1860年代,供中低阶层的房主居住

0   10 metres

与切尔滕哈姆、北肯辛顿和许多其他
地方一样,这座在伦敦肯蒂什镇的台阶式
住宅,也用意大利风格

且认为可全面减缓阶级之间的压力。各种团体集中发展自助、合作和友谊，宪章派和革命者则进入地下状态或消失。

股份公司和有限公司的发展可以用钱去进行更多的冒险性的投机，因为到目前为止公司投资失利的情况比个人自己投资失利的情况少，况且其中的资金还不是个人财产的全部。银行和证券交易可以使资金在世界任何一个地方较容易地流动，金钱还使一些人宁可为了生活去投资而不愿去工作，这样在铁路年代有剩余利润的基础上，产生了靠投资生活的人的阶层。住在利明顿（Leamington）和切尔滕哈姆（Cheltenham）水泥拉毛的台阶式住宅，大的旅馆像在斯卡伯勒（Scarborough）的格兰德（Grand）旅馆、在布赖顿的米特波尔（Metropole）旅馆和在伦敦的塞西尔旅馆，并且库克（Thomas Cook）到意大利、埃及和阿尔卑斯山脉去旅行，代表了这个休闲集团富裕的和轻松铺张的生活作风。当投机商们为中产阶级的雇主们建造各种富丽的建筑时，使许多有吸引力的每一个大城市边缘的郊区都在发展。在 19 世纪 60 年代期间，某些建筑要求用新哥特风格，较好的是传统的紧靠在一起的，进入 19 世纪 70 年代则要求采用意大利文艺复兴式。随着在伍德斯托克（Woodstock）道和班伯里（Banbury）道上，为牛津大学的教师建造具有哥特风格的住宅的时代，通过第二手和第三手的信息渠道从拉斯金的思想中又获得启示，即为证券经纪人和银行职员们，在伦敦建的贝尔赛兹公园的大的水泥拉毛的别墅中，或是在北肯辛顿大量的台阶式住宅中，用了不正规的意大利式的细部进行了装饰，反映出受到了格兰德旅馆建筑上的一些影响。通过铁路运输从英国各地，甚至从欧洲运来了材料，代替本地的砖和木料。当本地的砖厂和采石场关闭的时候，外来的材料代替了本地的木头；南英格兰来的釉面红色砖、黄绿色砖和釉面绿色瓦，以及普遍存在的威尔士（Welsh）屋面板代替了当地手工制作的瓦。

许多新建的区域永远也不会让中产阶级的业主们去居住，这些区域是他们投资的，但是从一开始就变成了工人们的寄宿房屋的昏暗的区域，这就是有代表性的投机过程。马克思的家庭住在新伦敦郊区肯蒂什镇（Kentish Town）的格拉夫顿台地的一幢房子里，其中的街道没有铺砌和路灯，每年房租要付 70 镑，若是不当掉大多数的家具，就不能维持中低阶层的生活水平。而当工人的却不能渴望有如此高的生活。在 1861 年，一位伦敦的建筑工匠一周只能获得 32 先令，不能去交付一年 10 镑那样多的租金。为此，只能选择仅仅能供躺下睡觉的房间，出于博爱，有了现代的民居，一周租金 3 先令，有的仍住在路旁自己用废料搭建的陋室内。

1859 年生活在贫困中的马克思，完成了正在写的《Grundrisse》，一幢大的舒适的中产阶级住宅在伦敦郊外的贝克斯利希思（Bexleyheath）建成。这位设计者既不用意大利风格的装饰，也不用拉斯金的模仿者们所设计的肤浅的哥特式的装饰，而是企图代之以重新发现的，被工业化几乎全部毁灭了的古老年代的工艺传统。这幢建筑从学院派的意义上说几乎没有风格。衰落的中世纪建筑的外观，它的形式直接来自于所用材料的特点，和细心地设计，以及简单的工艺技术去艺术地组合出来的作品，它的朴素的砖墙，和搭得很陡的粘土瓦屋顶，给它起了个"红屋"的名称。建筑师韦布（Philip Webb 1831—1915）曾经在牛津的斯特里特事务所工作，在那里他了解了拉斯金的理论——理论的本

菲利浦·韦布

韦布画像
（1831—1915）

韦布设计的在贝克思利希思的"红屋"（1859—1860），是19世纪企图去恢复乡土的最重要建筑

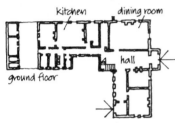

kitchen dining room

hall

ground floor

bedrooms drawing room

upper floor

0 5 10 metres

study

韦布设计的在林肯大街19号的菲尔兹旅馆，他的典型的处理手法是运用了建筑元素的混合，在方法上是抵制风格上的一致性

巴特菲尔兹设计的科尔皮西思教区牧师住宅（1844—1845），是一幢较早企图在设计中采用当地传统的建筑

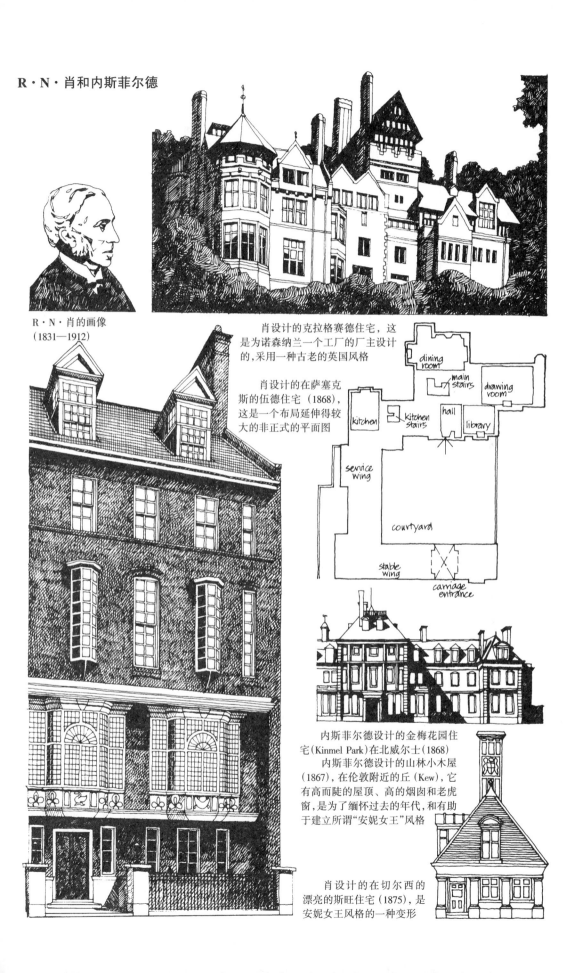

R·N·肖和内斯菲尔德

R·N·肖的画像
（1831—1912）

肖设计的克拉格赛德住宅，这
是为诺森纳兰一个工厂的厂主设计
的，采用一种古老的英国风格

肖设计的在萨塞克
斯的伍德住宅（1868），
这是一个布局延伸得较
大的非正式的平面图

dining
room

main
stairs

drawing
room

kitchen

kitchen
stairs

hall

library

service
wing

courtyard

stable
wing

carriage
entrance

内斯菲尔德设计的金梅花园住
宅（Kinmel Park）在北威尔士（1868）

内斯菲尔德设计的山林小木屋
（1867），在伦敦附近的丘（Kew），它
有高而陡的屋顶、高的烟囱和老虎
窗，是为了缅怀过去的年代，和有助
于建立所谓"安妮女王"风格

肖设计的在切尔西的
漂亮的斯旺住宅（1875），是
安妮女王风格的一种变形

质，而不是环绕它的表面的东西——希望进一步去运用。韦布是一位不妥协的甚至是粗野的设计者，没有学院派的清规戒律，准备采用任何一种风格，或者是混合的风格，不过多地去考虑它们上下前后的关系，而仅仅考虑它们所包含的主题的功能上的要求。限制他自己几乎完全去设计在城市或乡村的住宅，他设计的建筑有：在伦敦的格林宫1号住宅（1 Palace Green），和林肯大街19号的菲尔兹旅馆（19 Lincoln's Inn Fields）、（二者皆建于1868年）萨里郡乔德温斯住宅（Surrey Joldwyns 1873）、威尔特郡克劳兹住宅（Clouds，Wiltshire 1876）、约克郡斯米顿住宅（Smeaton，Yorkshire 1878），和在萨里的科尼赫斯特住宅（Conyhurst in Surrey 1885）。

韦布的继任者，作为斯特里斯的主要制图者是肖（Richard Norman Shaw 1831—1912）。他在工艺和忠实运用材料方面也产生了类似的兴趣，但在关于一种风格具有明显的优点和吸引力这一点更有兴趣，这给他带来了更宽的成功之路，和更大更多的各种建筑作品。他的许多作品都是与他的合伙人内斯菲尔德（Eden Nesfield 1835—1888）合作设计的，包括农村住宅如在萨塞克斯（Sussex）的伍德住宅（Leys Wood），和安德烈德住宅（Glen Andred），这两栋住宅都建于1868年，还有在诺森伯兰的克拉格赛德住宅（Cragside in Northumberland 1870），和在伦敦的住宅，如：洛奇（Lowther Lodge）住宅、肯辛顿（1873）住宅，他自己的住宅在汉普斯塔德的埃勒达路（Ellerdale Rood in Hampstead 1875），和在切尔西的斯旺住宅（Swan House in Chelsea 1876）。他还在伦敦设计过商业建筑，其中有新泽兰会议厅（New Zealand Chambers 1872）和新苏格兰庭园（New Scotland Yard 1886）；并且在19世纪20年代这个世界上第一郊区花园建设时期，又发展了在伦敦西部的贝德福德花园（Bedford Park）。

从中世纪过了60年和更长的时间，进步的建筑师，首先在伦敦然后在欧洲和美洲，发现了一些非正式的风格的效果，有组织的设计，和有想象力的重新采用工业化以前的传统形式。"红屋"就是这个运动发展的标志，虽然没有给它单独的建筑上的荣誉。在建筑上它不完全是没有先例的，如普金（Pugin）在拉姆斯盖特（Ramsgate）的自己的住宅（1841—1843）就是例子，还有巴特菲尔德设计的在科尔皮西思（Coalpitheath）的教区牧师住宅，试图在建筑中去实现忠于工匠技术的精神。更重要和更有影响的是哲学上的背景，即它的出现，所有的创造和发展基本上是一个人的工作；而"红屋"的所有者；韦布的朋友；肖（Shaw）的工作上的同事和许多其他的建筑师们；以及艺术上最重要的理论家和19世纪的建筑，都对它的产生有影响。

莫里斯（William Morris 1834—1896）出身于一个舒适的中产阶级家庭，受教育于莫尔伯勒公立学校，在那里学习，有了对郊区和古老教堂的爱好；在牛津大学他知道了拉斯金和卡莱尔，并且和画家琼斯（Barne—Jones）交了朋友，琼斯和他共同具有对19世纪50年代伦理学价值的反感。由于琼斯，由于拉斐尔前派兄弟般的画家们，有助于他去发现——真的是年轻的莫里斯发现，对采取带有中世纪的有魅力的形式的这种反感，并且不久莫里斯就看到了伪造的中世纪精神的空虚与不足。普金是何人，是新哥特派的建筑师，是拉斐尔前派画家坚持到最后的一个人，莫里斯有点开始明白：对于他们，敌人是19世纪的工业化，是资本主义本身，通过剥削和分裂，带来贫困和丑陋，而不是某一个人。

威廉·莫里斯

莫里斯画像(1834—1896)

莫里斯为罗马教皇使团设计的迈克尔教堂的窗子，在布赖顿所有的角落都有这种窗子

莫里斯以"小树"图案设计的哈默史密斯地毯

从夫人到小姐，珍妮·莫里斯作为拉斐尔前派艺术的模特，经常出现

莫里斯和科(Co)的坚固的家具——铜蜡烛台、栎木桌子和木椅子，由韦布和莫里斯设计

LIBERTY EQUALITY FRATERNITY

EDUCATE ORGANISE

DEMOCRATIC FEDERATION

AGITATE

联合会共同创立者之一，埃莉诺·马克思(Eleanor Marx)

莫里斯为民主联合会设计的成员卡

红屋的建造是为了他和伯登（Jane Burden）在 1859 年的婚礼，设计是根据他提出的原则进行的。房子建好后，他需要家具和装饰，它们既不能是铺张造作的也不能是质量差的——这都是资本主义可以提供的，在 1861 年他认为应搞商业，就为他自己和其他人去生产非常精巧的家具、墙纸和织物。后来，他扩大到生产杂色玻璃、帐簿名册、挂毯和地毯，形成有风格的有独特用处的产品，二维的设计加强了他所设计的材料的特点，与被大英博览会典型设计的，用现代机器生产的夸张的用明暗对照法的产品，形成了对比。作为一位设计者，在他获得了国际上的声誉时，他的诗作进一步扩大了他的声誉。比如《人间天堂》（The Earthly Paradise 1868），1877 年，他成立了古建筑保护协会。然而，他对每一次成功都不满意，他特别怨恨资本主义，它使得手工产品总是很贵，于是他又把商行改为向有钱人提供有吸引力的食品。

这种实际的问题是错误的观念和传播的结果，作为一个对当代的仇恨者的莫里斯，有一种固执的看法，和某些中世纪的乌托邦的看法不可能有联系，由于他对机器产品的敌意，想使艺术有较宽的大众化的市场的目标是莫明其妙的无效的。他恨的不是这个年代本身，而是恨被一个特权阶级的权力剥削；他联系未来比联系过去少，用在中世纪以前的资本主义曾经有一次损害了普通人的才能的事作为巨大的讽喻，而使他再一次远离了仇恨的机器，他几乎不能统一于伟大的社会评论之中，这些评论认为是技术的力量使人陷入单调的工作，以及创造了较好的世界，他不能进一步看到这种真实性。当他说："我们的时代已经发明了许多机器，它们将给过去年代的人们带来狂热的梦，我们有的那些机器到目前为止还没有制造出有用的东西"时，对他而言"用处"意指社会的用处，是为许多人的利益；不是错误的"用处"，为少数人的利益。

只用机器产品就能给人民带来艺术的思想，是一种只有资本家能想象出来的思想。对莫里斯来说艺术不是杰出人物的消遣，不是被承包商拿去沿街叫卖的商品，而是每一位男人和女人自我发展的一个组成部分。只有在一个社会里，决定拿共同的利益作为一个整体，普通人民才能找到机会，去为他们饱满的精力发展他们自己的技巧；很清楚，资本主义是不能去创造这样的社会。1878 和 1883 年期间，莫里斯发现了政治上的活动，首先通过在"东方问题"交流会上的违法行为，其次，当他认识到自由主义是中产阶级独有的道德观时，他对社会主义的兴趣迅速增长起来。当他开始为他的思想和行为构筑批判的框架时，他为早期生活做的每一件事现在都有意义，改变卡莱尔和拉斯金的传统，使之更加有生气和主动性，并且要创造无限丰富的生活意义，就是被那些具有理智的勇气的人们抓住的那种生活。拉斯金曾经给他指出了方向，但是莫里斯只愿意去通过他所谓的"激流的河"（the River of Fire），从人民大众中分离出他的资产阶级社会，并且变成一位有创造性的国际艺术家，站在与工人阶级的需要完全相同的一边。在 1883 年他加入了海因德曼（Hyndman）创办的社会民主联合会，并在同年读了马克思著的《资本论》。1885 年社会民主联合会解散后，和埃利诺·马克思。埃夫林（Aveling）和巴克斯（Bax）一起，他帮助创建社会主义者联盟（League），并开始为"公益"杂志（The Commonweal）撰稿。从那时起，几乎他做的每一件事和写的每一篇文章都是对阶级斗争的贡献，如他的信件，政治性的文章和讲话，以及他著的两本主要的小说《约翰·保尔的梦想》

(A Dream of John Ball 1886)，和《乌有乡消息》(News from Nowhere 1891) 等。

莫里斯作为一位诗人，不能参与造反，他著的《乌有乡消息》很有名，是因为小说对未来的世界有很形象化的描写。他的著作不是特定的狭隘的乌托邦的思想，而是经过选择的包含了有各种可能的丰富的共产主义社会的思想。他描写了一个生态平衡的郊区，有各种类型的家，和学习可用的知识的地方。强调的是集体性，但最终的目的是要培养独立性，真正的个人主义只有在去评价每个人对普通的好人的贡献的社会里才有可能实现。用恩格斯的定义去区别乌托邦和科学社会主义，毫无疑问，他是位科学的社会主义者，接受了《资本论》的方法论，虽然他承认在读了这本纯经济的巨著后，脑子混乱有斗争，还是被那历史性的精辟分析而澄清。无疑地，他是通过阶级斗争和革命，向着美好的未来前进。

他认识社会主义是与 1873 年至 1896 年的经济不景气相一致的，是当时世界资本主义最严重的危机给各处的工人带来解雇和痛苦。这种衰退鼓励了政治上和经济上的紧缩，促进了中产阶级脱离进步路线的趋势。当强硬的反联合的法律制订的时候，以及国外殖民主义险恶地去寻求扩大所控制的市场的借口时，保守派随着中产阶级的支持恢复了，并在政治上明显的向右转。这是一个对革命有利的时候，并且莫里斯在许多人转向社会主义的胜利中发挥了作用。1886 年伦敦西区（富人聚居区）的暴乱、1887 年在伦敦特拉法加广场 (Trafalgar Square) 的"流血星期日"(Bloody Sunday) 和 1889 年船厂罢工。在剩下的左派中，莫里斯的革命哲学与海因德曼的改良主义分为两派。尽管经济衰退使较穷的工人生活更悲惨，但对工资较高的工人影响不大。收入较好的工人转向了改良主义，后来工人的力量还是在增加。

过了一些年，工人运动主要的目标，变成了在资本主义制度中为权力而斗争的设想。在这过程中，它把马克思的评论机构放在一边，并失去了莫里斯的理想主义者的勇气。然而，像莫里斯所说的，批判性的意见和勇气，以及政治上的权力都是创造新社会所必需的。他的在建筑上的追随者没有领会他全部的意图，他的艺术思想，虽然没有摆脱与他的政治上的同一性，但经过考虑还是分离出去了。韦布原打算跟他加入社会主义，但这是自相矛盾的，就是他确立的建筑上的原则，已被用于肖和其他建筑师设计的城市和商业建筑上，永远存在于他所藐视的这个社会里。甚至今天，我们发现还有必要学习他的值得选择的作品，不管他的思想最基本的是什么。我们曾经看了他设计的墙纸和擦光印花布，并不比其他墙纸和印花布的设计者好多少，因为他设计的依据是那么乱，给一个富裕的不平等的社会，留下了永存的冒犯。

"我认为文明的意义是包含和平、秩序和自由，以及人与人之间的友善，热爱真理，憎恶不公正，好生活的含意是什么，这些事发生了，生活不会受懦夫害怕的影响，并且充满了小事，就是说，我想生活的意义，不是要更多的座椅，更多的垫子，更多的地毯和煤气，更多可口的饮食和饮料，用此方法推论阶级和阶级之间是有较多的和明显的不同"。（《美好的生活》〈The beauty of life〉in G. D. H. Cole(ed.) 威廉·莫里斯著，pp560—561)。

莫里斯的中心意图就是，一个个人自由和创造性的合作的社会，只有通过社会革命的手段，才能真正达到。

五、行使权力的目的——19 世纪末期的欧洲和美洲

    1858 年，约瑟夫（Franz Josef）皇帝按照拿破仑三世给他的提示，开始重新建设维也纳市中心，这个中世纪的城墙是用环城大道（the Ringstrasse）来代替的，形成了一条环绕城市中心的，宽马蹄形（U 型）的维护性的大道，中心敞开的一端被多瑙河（the Danube canal）封住。在 1848 年这个城市曾不断发生暴动，现存的工人阶级的居住区，就在较高的容易进去的公共建筑、官邸旁边，包括王室城堡本身也在居住区旁边。现在这条环城马路连接了许多开敞空间和公共建筑——国会、大学、市政厅、证券交易所、歌剧院——并且在礼仪性的城市中心和新的居住性的郊区之间创造了一条分界线，中产阶级紧临分界线，工人阶级住宅区被另一条环形路分开，进一步远离市中心。弗朗兹·约瑟夫努力在城市中保持和平，这是他在全面进行政治上的整顿的热切期望的一部分。在为了统一他的正在瓦解的帝国利益方面，他向反抗的匈牙利人提供了更多的自治权，并重新命名为奥匈帝国。表面上，他一直控制着他的国家的权力和资源，实际上被旧政权的思想和态度束缚着，与普鲁士对照，它是单一的工业化的思想，在军权方面真正独立。不像维也纳上层中的享乐主义者，建造奢华的公寓如 Von Hansen 的 Heinrichshof 公寓（1861—1863），普鲁士把大量的投资用于铁路、钢铁和武装力量。在 1866 年一切突然的短时间的战争以后，普鲁士在萨杜瓦（Sadowa）果断地保卫了奥地利，并且无可争辩地成为新的德国的领导者。

    德国军事力量的化身是比斯马克（Otto von Bismarck 1815—1895），他在 1862 年成为总理。这种军事力量本身是建立在德国的经济基础上的，关税（the Zoll verein）、流通体制的改造、铁路和军事装备，所有这些都对经济上的统一作出了贡献，这也是比斯马克主要关心的事。科学研究和提供的技术使得工业系统能够扩大和多样化：拜尔（Friedrich Bayer）发展了新的染色技术（1860），以及对制药工业、照相的材料和塑料方面都作出了他的贡献；西门子（Werner von Siemens）发明了发电机（1866），用于路灯、工厂和有轨电车等一般的电器上；吉尔克里斯特——托马斯（Gilchrist-Thomas）冶炼应用过程（1878），弥补了德国缺少无磷矿石之不足；以及引进了戴姆勒（Gottlieb Daimler）的汽车。科研、设计、技术和工业化生产，把这些联系起来的最后成果是巨大的联合集团的成长：在柏林，埃格尔（Egell）的铁和机械工厂与博辛格（Borsig）的机车工厂的联合；在纽伦堡（Nuremburg）的克莱特（Klett）的机车工厂与在埃森（Essen）的克鲁普（Krupp）钢铁工厂联合。它们都很快地扩大和多方面发展起来，从冶金和铁路，发展到结构性钢厂、轮船或武器装备的制造。随着投资和知识界的努力集中在更多的功能性方面，这时建筑上的风格倾向于缺乏想象力的和派生出来的情况是不奇怪的，这些

维也纳和柏林

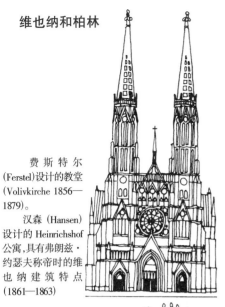

费斯特尔
(Ferstel)设计的教堂
(Volivkirche 1856—
1879)。

汉森 (Hansen)
设计的 Heinrichshof
公寓,具有弗朗兹·
约瑟夫称帝时的维
也纳建筑特点
(1861—1863)

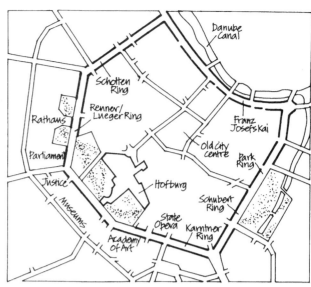

建了环城大道以后的维
也纳中心(开始于 1858 年)

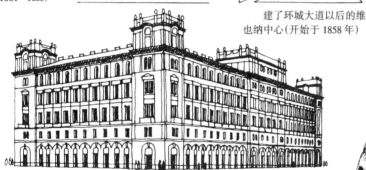

比斯马克(Bismarck)画像

1860 年代的匈牙利版图

拉希多尔夫 (Raschdorf) 设
计的科隆歌剧院(1870—1872),
采用了第二帝国时代的风格

希齐格 (Hitzig) 设计的柏
林交易所(1859—1863),也采
用了第二帝国时代的风格

建筑包括有：位于德累斯顿的，由海斯（Heise）设计的有法国第二帝国风格的军事医院（1869）、拉希多尔夫（Julius Raschdorf）设计的科隆歌剧院（Cologne Opera House 1870—1872）、还有希齐格（Hitzig）设计的风格像欣克尔的新古典主义的柏林交易所（1859—1863）。然而，比风格更有意义的是，工业化技术正在寻找它们的办法去建设看上去是传统的建筑，即要用铁或钢的框架、供热系统和客梯。最成功的把老风格和新技术结合起来的实例，是在柏林的安霍尔特（Anhalter）火车站（1872—1880），是施韦克滕（Franz Schwechten 1841—1924）设计的。

　　1875 年社会民主党在哥达（Gotha）成立。它从一开始就受温和主义者拉萨尔（Lassalle）的同伴们控制，而不愿接受马克思主义者李卜克内西（Liebknecht）。马克思本人对此表示失望，因为这个新党是与传统的地主谋求联合，而不是与它们斗争。与当时在英国的情况类似，城市的迅速发展带来了破烂的住宅和疾病，这种制度本身就给人们带来了不好的工作条件，延长工时和雇用童工。在他们反对剥削的斗争中，马克思主义者的力量壮大了，并在 1890 年竞争社会主义运动领导权，食品、服装和潮湿的工作条件的最终改善抑制了工人阶级本身的革命念头。

　　由于比斯麦政府作出了让步，全面接受了部分向工业化转变的意见：政府修改了限制发展的法律，无疑对民族工业的发展是适合的；发展银行制度，鼓励长期贷款；提倡全面教育，特别是在技术的教育方面；通过保护农业使德国在食品方面达到自给自足；以及促进"卡特尔"（Cartel）制度（共同联合行动的制度），慎重地拒绝浪费性的竞争，在国内创造垄断资本主义，并更有效地向国外出口。所有这些都是与英国对照的标志，在英国，不愿去提供新技术，偏爱在一起竞争和反对国家干预，允许在英国经济危机时期去削弱工业化的基础，永不去恢复它在早期时具有的力量。德国工业革命最难以理解的社会特点是强硬的贵族的情况。1848 年以后，在奥地利和德国，资产阶级慢慢地取得了政治上的主动，地主阶级收回了许多它们原有的权力，特别是在普鲁士。中产阶级能够创造一个工业化的国家只是通过地主的权力，被地主控制的农民，根据他们的地位，被吸收为工业化的劳动力，地主决定了这种劳动的模式。

　　这个时期的建筑是丰富的，有住宅和有权的贵族和小公子们的官邸，他们的有浪漫国特点的 Ruritanian 生活方式，在克虏伯家族（Krupp）和戴姆勒-本茨（Daimler-Benz）世界中仍然坚持。最特别的例子不是普鲁士人而是巴伐利亚人，是建筑师多尔曼（Georg von Dollman 1830—1895），和他的古怪的皇家雇主路德维格二世（Ludwig Ⅱ 1845—1886）之间的合伙关系的结果。这位国王为了实现他的活跃的思想，真是花费了巨大数额的金钱，实践中多尔曼只相当于一个代理商。国王的林德罗夫宫（Schloss Linderof）靠近上阿默高（Oberammergau 1870—1886），在诺伊曼和费希尔的丰富的巴伐利亚巴洛克风格中只能是个小品，路德维格的精神证明带有路易十四的精神，是为了鼓励在 Herrenchiemsee（1876 及以后）建筑中，采用凡尔赛的风格。在所有的建筑中最奇异的是 Neuschwanstein 宫（1869—1881）——在山边的一座火焰式的中世纪风格的城堡，是路德维格对瓦格纳（Wagner）的歌剧《尼伯龙根指环》(Der Ring des Nibelungen) 浪漫的回答。随着路德维格迷恋音乐，在 1864 年他已变成瓦格纳的保护人，瓦格纳的目的之一

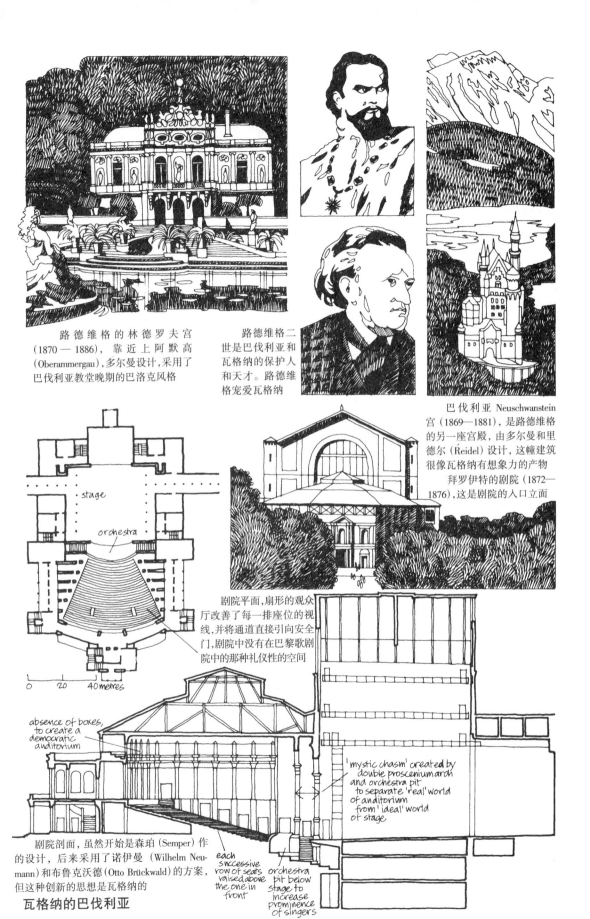

路德维格的林德罗夫宫
(1870 — 1886)，靠近上阿默高
(Oberammergau)，多尔曼设计，采用了
巴伐利亚教堂晚期的巴洛克风格

路德维格二
世是巴伐利亚和
瓦格纳的保护人
和天才。路德维
格宠爱瓦格纳

巴伐利亚 Neuschwanstein
宫（1869—1881），是路德维格
的另一座宫殿，由多尔曼和里
德尔（Reidel）设计，这幢建筑
很像瓦格纳有想象力的产物

拜罗伊特的剧院（1872—
1876），这是剧院的入口立面

stage

orchestra

0   20   40 metres

剧院平面，扇形的观众
厅改善了每一排座位的视
线，并将通道直接引向安全
门，剧院中没有在巴黎歌剧
院中的那种礼仪性的空间

absence of boxes,
to create a
democratic
auditorium

'mystic chasm' created by
double proscenium arch
and orchestra pit
to separate 'real' world
of auditorium
from 'ideal' world
of stage

剧院剖面，虽然开始是森珀（Semper）作
的设计，后来采用了诺伊曼（Wilhelm Neu-
mann）和布鲁克沃德（Otto Brückwald）的方案，
但这种创新的思想是瓦格纳的

each
successive
row of seats
raised above
the one in
front

orchestra
pit below
stage to
increase
prominence
of singers

瓦格纳的巴伐利亚

是以作曲家倾向的方法去上演伟大的音乐——戏剧。在拜罗伊特(Bayreuth)的剧院(Fest Spielhaus)靠近纽伦堡,这座歌剧院是独一无二的,是作曲者为了表现他自己的作品而设计的,在1876年开幕,第一次完成了《指环》的演出。它体现了瓦格纳在艺术上的严谨和革命哲学,和巴黎歌剧院一样庄严宏伟,关注的焦点完全在戏剧上。剧院室内是朴素的、不加装饰的,包厢被取消了,所有的座位都面向舞台,迟到和交谈是被劝阻的,在演出的时候,观众厅是变黑的,这在任何剧院都是第一次,甚至乐队是隐藏在由瓦格纳设计的反射板(Schalldeckel)的视线后面,一块弯曲的木头作的隔板去扩散乐队的声音,向舞台反射,进入观众厅和舞台之间的空隙处。

瓦格纳的深远的影响有两个方面:发展了剧院空间的程序和舞台工艺。有许多作曲家和作者,都受到尼茨希的作品的影响,他在西方哲学中有部分支配作用。尼茨希(Niet-zsche)创造了一种发展个人主义的新的社会概念,是直接反对马克思的,而马克思是要改变社会从而去摆脱个人主义。尼茨希总是反对社会主义,他认为民主就是平庸,他主要关注的是去提高作为一个种类的人类。他看历史是作为一个可悲的传说,即一些善于妒忌的人反复地毁灭他们中间伟大的人,而这个伟大的人有能力去扩大人类的发展——一个明显的例子就像瓦格纳写的清白的英雄的❶齐格菲(Siegfried),被少数妒忌和贪婪的人杀死一样。尼茨希的回答是超人(Übermensch)的概念——在遗传学和智慧两方面都发展的一群精英,能够培养他们去行使权力和领导社会前进。他仔细考虑从受限制的宗教道德中去分离出伦理学,鼓励每一个人用超人的概念去决定价值的核心。这种思想继续影响着西方的思想直到进入20世纪。有野心和不讲原则的人公开去歪曲这种思想,他们加强了理性的精锐和体面的人们的地位和专制制度,变成了欧洲独裁者们无保留的正当的成功。

然而,对于那些基督教的原则而言,这样的自我证明是很困难的。西方的文明是建立在一种宗教的基础上的,而宗教又是根据在地球上有贫穷和逆来顺受的情况产生的,然而西方的经济制度只对富有的权力有偏爱。使这个问题完美的一个方法是在理论上信奉基督教的价值,但是在实践中不用:在剥削制度中,有个人自由的尊重问题;在一个明显的消费社会中,去崇拜一种简单的节俭的生活;在一个尽力去压制个体主义的垄断经济中,存在自我发展的思想问题。斯潘塞(Herbert Spencer)和达尔文(Charles Darwin)的著作提供了进一步的证明。尼茨希试着去表明弱者要消灭最强者,就是要把他的希望放在一个新的竞争上,然后去发展,达尔文的自然选择原则在《物种起源》(The Origin of Species)一书中作了略述,表明最强者是地球的自然继承者。从生物学转到伦理学的辩论,去判断一群人对另一群人在经济上的控制,这种情况的出现就创造了某些资本主义部分的自然的秩序。

在建筑中,哲学上的努力的争辩,加强了学术向社会上和理性上的优胜主义发展的总趋势,并且有助于保持莫里斯所谓的,"伟大的建筑师,要小心地保持了优胜目的,和保卫来自普通人的共有的困境。"规划的复杂性的增长、结构设计、机械上的服务、契

---

❶ 译者注:齐格菲为德国13世纪初民间史诗《尼伯龙根之歌》中的英雄。

约的管理，使建筑有更多的专门工作，外行往往无法理解。资本主义创造了这样的情况：要求较大或较高的建筑，比那些竞争者要建得更快更便宜。它还带来了迅速的改变，要求继续增加投资，技术很快会变得过时。建筑物的使用寿命趋向于变得低一点，要有更快的速度去改变城镇的面貌。成功的建筑师或工程师，以他的能力要在这样高压的条件下去很好地完成任务，来取得保证，并且经济制度本身正在增强，能成为它的一个组成部分，从而得到社会的信任。技术是资本主义成功的外表和可以看到的标志，在马克思和恩格斯说了"对久远的埃及金字塔、罗马水槽和哥特大教堂感到惊讶"这样的话以后，引导了技术专家自己去实现他的宏伟的梦，引起了外行去表现他自己。

在美国，建筑思想变得很先进，甚至在功能最普通看上去是传统的建筑中，都使用了新材料和新技术，在英国从某种程度上看这种情况一直是很少的。沃尔特（Thomas Walter）设计的华盛顿美国国会大厦(the Capitol)上的大的新古典主义圆穹窿顶，在 1855 年和 1865 年之间，只能用铸铁去建造。在美国，建筑师和工程师在哲学上的分歧比英国少，这个时代的三位最著名的建筑师能够同样熟练地去作工程师的工作。斯特里克兰（William Strickland 1788—1854）是费城交易所（Philadelphia Exchange 1834），和在华盛顿的美国制币厂（United States Mint 1829—1833）的设计者，他还是运河、铁路和特拉华河防浪堤的工程师。米尔斯（Robert Mills 1781—1855）与斯特里克兰相似，是一位工程师，和拉特罗伯（Latrobe）以前的门生，设计了美国财政部（the United States Treasury 1836—1839）、专利局（the Patent Office 1836—1840）和邮政局（the Post Office 1839），所有这些建筑都是很庄重的，使得华盛顿的新古典主义的建筑增加了。他还是华盛顿纪念碑（the Washington monument 1836—1848）的设计者，纪念碑是用白色花岗岩作的 170m 高的方尖碑，很壮观引人注目，在数年中它是世界上最高的建筑物。伦威克（James Renwick 1818—1895）是一位工程师的儿子，他设计了华盛顿史密森纳学院（the Smithsoniom Institution 1846）、纽约圣·帕特里克大教堂（St. Patrick's cathedral 1853—1887）和瓦萨学院（Vassar College 1865）。史密森纳学院的浪漫主义的罗马式风格，启发了 W.C 坎伯兰大学多伦多学院（1856—1858）的建筑设计；然而，这个时期最壮观的加拿大建筑是富勒(Thomas Fuller 1822—1898)设计的渥太华议会大厦(the Ottawa parliament Building 1861—1867)，它位于很好的河边的一块基地上，采用了高级的维多利亚新哥特式风格，表现出热情奔放的特色。不断增加的新古典主义风格，是来自欧洲的其它重要风格的补充。在纽约，由怀特（P. B Wight）设计的国立设计高等学校（National Academy of Design 1862—1865）是威尼斯哥特式，波士顿三一教堂（Trinity Church 1872—1877）由理查森（Henry Hobson Richardson 1838—1886）设计，采用了他自己的与众不同的罗马式变形风格。马克阿瑟（John Mc Authur）设计的费城市政厅（1874—1901）用的是法国第二帝国的风格，麦金（Mckim）、米德（Mead）和怀特设计的波士顿公共图书馆（Boston Public Library 1887—1893），采用了那种意大利文艺复兴式风格，即拉布鲁斯特（Labrouste）设计的日内瓦图书馆所采用的那种形式。弗内斯（Frank Furness）设计的在费城的宾夕法尼亚美术学院（Pennsylvania Academy of Fine Arts 1871—1876）没有什么特殊的风格，而是来自各种风格的自由的混合。

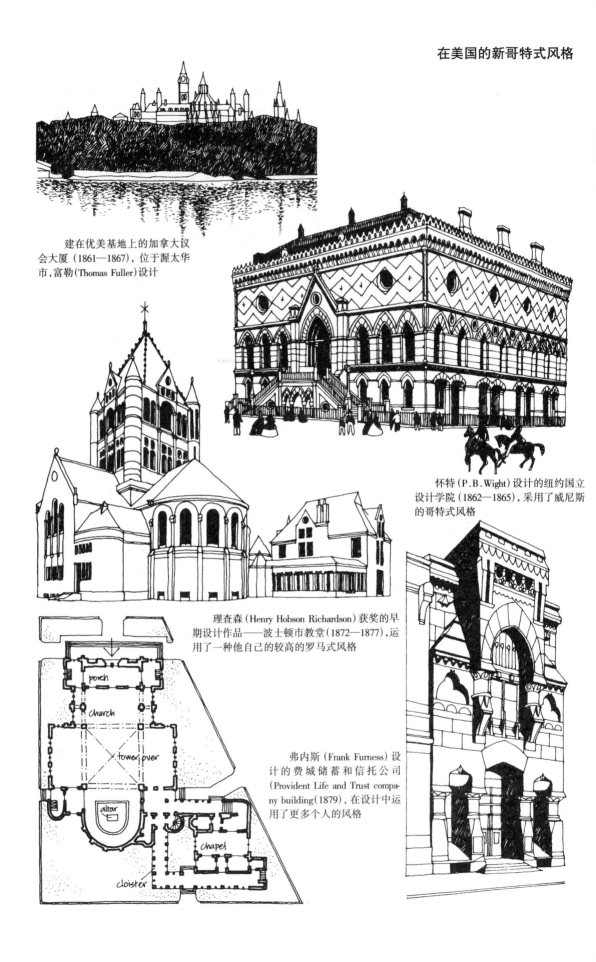

建在优美基地上的加拿大议会大厦（1861—1867），位于渥太华市，富勒(Thomas Fuller)设计

怀特(P.B.Wight)设计的纽约国立设计学院(1862—1865)，采用了威尼斯的哥特式风格

理查森(Henry Hobson Richardson)获奖的早期设计作品——波士顿市教堂(1872—1877)，运用了一种他自己的较高的罗马式风格

弗内斯(Frank Furness)设计的费城储蓄和信托公司(Provident Life and Trust company building(1879)，在设计中运用了更多个人的风格

porch

church

tower over

altar

chapel

cloister

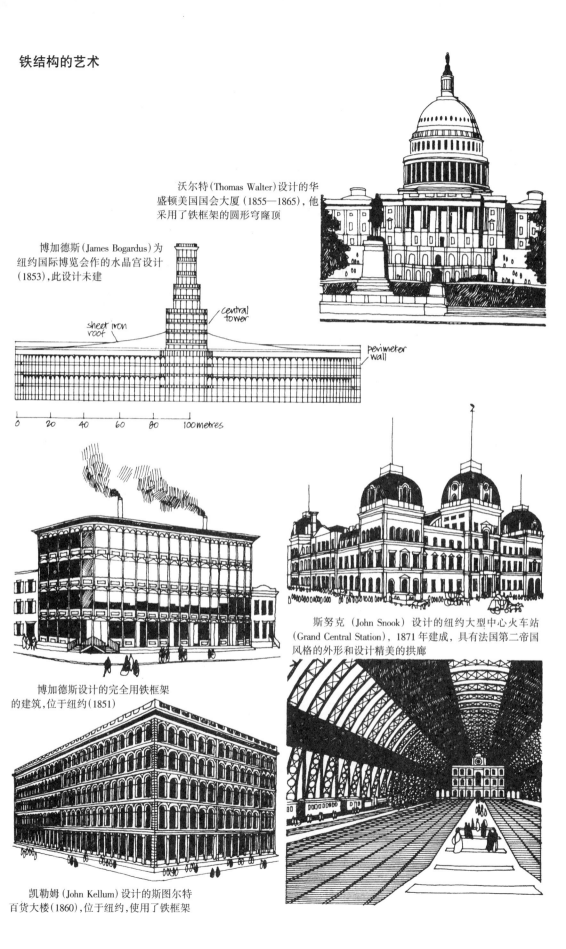

铁结构的艺术

沃尔特(Thomas Walter)设计的华盛顿美国国会大厦(1855—1865),他采用了铁框架的圆形穹隆顶

博加德斯(James Bogardus)为纽约国际博览会作的水晶宫设计(1853),此设计未建

sheet iron roof

central tower

perimeter wall

0   20   40   60   80   100 metres

斯努克(John Snook)设计的纽约大型中心火车站(Grand Central Station),1871年建成,具有法国第二帝国风格的外形和设计精美的拱廊

博加德斯设计的完全用铁框架的建筑,位于纽约(1851)

凯勒姆(John Kellum)设计的斯图尔特百货大楼(1860),位于纽约,使用了铁框架

在美国为了革新，运用了比任何国家更多的不可阻挡的经济压力，工业家渴望删除旧的和以新的技术替代各种主要的工作。从中世纪起，铸铁对于新的商业建筑是最有益的材料之一。哈维兰（John Haviland 1792—1852）是一位监狱的设计者，例如在费城的东部国家监狱（the Eastern State Penitentiary 1821—1829）和在纽约的墓地（Tombs 1836—1838）设计，但是他在波茨维尔（Pottsville）为农业银行和机械银行作的设计中（1830），他设计了第一个全用铁作立面的重要作品，比英国相同的这种建筑物早 25 年。博加德斯（James Bogardus 1800—1874）设计的商业性建筑，使铁有了广泛的用途，包括在纽约的莱恩百货大楼（the Laing Stores 1849）、哈珀兄弟的印刷厂（Harper Brother's printing works 1854）和未建的为水晶宫展览建筑设计的大门，还有在纽约的他设计的建筑，是一个巨大的用铁片做的帐篷，支撑 90m 的高的装配式铁塔，这一设计如果建成，会超过在大英博览会的建筑。一项没有什么想象力，而花费也较少的建筑，由卡斯滕森（Carstenson）和吉尔德迈斯特（Gildermeister）设计，是在帕克斯顿（Paxton）设计的原有的坚固的基础上进行的，是为 1853 年的展览会而建，毁于 1858 年。这个时期，在许多铁结构的建筑中，其它较好的，是卡明斯（G. P. Cummings）设计的佩恩·马特尔人寿保险公司大楼（Pewn Mutual Life Insurance Building 1850—1851），在费城，还有凯勒姆（John Kellum）设计的纽约斯图尔特百货大楼（the A. T. Stewart 1860）是沃纳梅克（Wanamaker）的财产。在早期阶段，铁结构材料使用的历史中，采用原始的方式。虽然它比砖石结构便宜并且重量较轻，不过它较脆，只能适应有限高度的建筑和低应力的条件，它主要用于直接代替砖石，用于应力较简单的外部的承重墙。西门斯—马丁的平炉炼钢法出现后，这个世纪末期，吉尔克里斯特—托马斯（Gilchrist-Thomas）发明了冶炼过程技术。此后，钢铁开始广泛使用。在高度和跨度上也变得更有优越性。

伴随着 1857 年的金融恐慌，技术上的发展随着 1860 年美国南北战争的爆发，得到了意外的戏剧性的推动。在思想意识方面，围绕奴隶制度的争论，战线已经拉开，从根本上看，斗争是为了经济上的霸权，北方有优越的工业基础，几乎预先就决定了可以获胜。战争是残忍的，首先是在战争中，全面地使用了现代化的武器，双方的伤亡人员都很多，南方的城市和乡村遭到了破坏。战争给铁路的建造者和军事装备的生产者带来了好处，也给为它们服务的在财政上独立的电报公司带来了好处。北方政权长期的努力可以考虑促进工业革命；很快要重新联合的南方，也可以从农业的改造，以及由联邦政府以赔偿的方式提供的保护性关税中得到益处。共和党有工业主义者和主张南北联合者两方面，在他们的领导下，控制了战争的后期，使国家进入了一个迅速发展的阶段，并且没有受到在许多欧洲国家中缺少原材料的束缚，也没有受到粗枝大意的和强制性的扩展的影响。当时在德国，垄断资本主义得到发展：竞争减到最少，委托的形式创造了垄断，公司集团把它们的那一份资金托付给受托管理人，他可以控制市场，和用股息来报答股东们。腐败，也成了工业扩张的一个重要特点，特别是在铁路工业方面。在 1867 年至 1873 年之间，铺设了 3 万多英里的轨道，买通地主、保护水的权利和获得通邮的契约都变成很重要。从 1875 年到 1885 年，太平洋中央铁路一年用于行贿花费 500000 美元。在这个

麦金、米德和怀特设计的波士顿公共图书馆（1887—1893），在设计中模仿了阿伯特（Albert）和布拉曼特（Bramante）的高的文艺复兴式风格

理查德·亨特设计的纽约范德比尔特官邸（1879—1881）。另外他还设地了在北卡罗来纳的Biltmore住宅和Ashville住宅（1890—1895），建筑像这个时代François一世的法国官邸。亨特作为这个时期建筑上的老前辈，在意大利文艺复兴的流行风格中做了轻微的改变。他是包豪斯艺术学校的第一位美国学生

为铁路大王维拉德（Henry Villard）建造的维拉德住宅（1883—1885），麦金、米德和怀特设计，采用了文艺复兴时宫殿的风格

Hunt was the first American student of the École des Beaux Arts

范德比尔特官邸的美术陈列馆在第五大街，1884年向公众开放。新增加的美国画和雕塑，人们在欣赏时感到似乎它们已接受了艺术上的文艺复兴

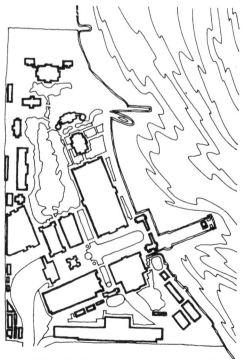

阿特伍德（Charles Atwood）和斯努克（John Snook）设计的范德比尔特住宅（1879—1884）

阿特伍德与伯纳姆（Daniel Burnham）以及风景建筑师奥姆斯特德（Fredrick Olmstead）设计的芝加哥世界贸易会庭园（1893），其中包括一些文艺复兴式的建筑，运用了包豪斯艺术学院式的方案

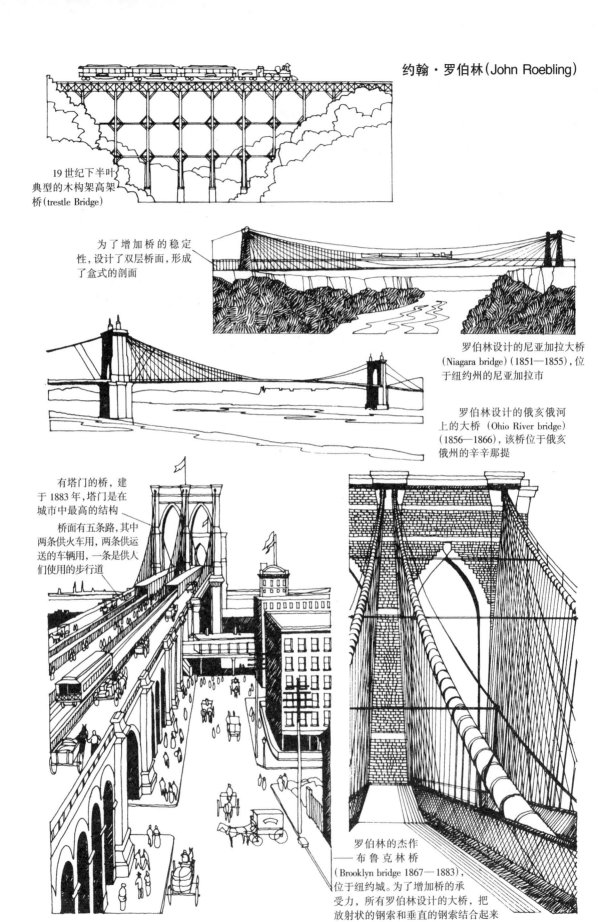

约翰·罗伯林（John Roebling）

19世纪下半叶典型的木构架高架桥（trestle Bridge）

为了增加桥的稳定性，设计了双层桥面，形成了盒式的剖面

罗伯林设计的尼亚加拉大桥（Niagara bridge）（1851—1855），位于纽约州的尼亚加拉市

罗伯林设计的俄亥俄河上的大桥（Ohio River bridge）（1856—1866），该桥位于俄亥俄州的辛辛那提

有塔门的桥，建于1883年，塔门是在城市中最高的结构

桥面有五条路，其中两条供火车用，两条供运送的车辆用，一条是供人们使用的步行道

罗伯林的杰作——布鲁克林桥（Brooklyn bridge 1867—1883），位于纽约城。为了增加桥的承受力，所有罗伯林设计的大桥，把放射状的钢索和垂直的钢索结合起来

时代，人们心中的偶像如古尔德（Jay Gould）和菲斯克（Jim Fisk），是在证券市场成长中的第一大投机商，不是设备的制造者和铁路的建设者，而是用人民的钱去投机的人。建筑方面的典型也许是新的富有的大住宅，如范德比尔特官邸（Vanderbilt Mansion 1879—1881），亨特（Richard Hunt）设计，采用了一种法国文艺复兴时的府邸的风格；纽约维拉德住宅（the Villard houses 1883—1885），由麦金、米德和怀特设计，是一座意大利宫殿风格的富人住宅，伍德（J. A. Wood）豪华旅馆，像这样的还有在纽约州萨拉多加·斯普林斯（Saratoga Springs）的大型俱乐部（the Grand Union 1872），这是为了迎合富有的顾客方便乘火车，和到火车站的顾客使用，其中最好的是斯努克设计的纽约的 Grand Central（1871），使用了格架梁支撑的拱形屋顶。

这个时代技术上最伟大的成就也许是罗伯林（John Roebling）的晚期作品，他一直从事于高应力的钢索方面的研究，并在 1851 年间建设了许多宏伟的悬索桥，包括尼亚加拉铁路桥（the Niagara railway bridge 1851—1855）、在辛辛那提。俄亥俄河大桥（Ohio River bridge），其中最好的是在纽约的布鲁克林桥（the Brooklyn bridge）。1867 年这种大规模的工程占据了他的生活也是他的死因。建设还刚刚开始，然而对他的大规模的设计杰作，对于复杂的细节的决定，如钢索的波动问题，都给予了注意，还有他那忠诚的儿子，在 1883 年都给这个作品带来了成功和特殊的结果。这些大桥不仅是解决了次大陆的公路和铁路大量工程的部分问题，还解决了这种陡峭的体积的工程，它们相隔很远，工地的供应很差，要求用简单的，一般的方法去达到标准的问题。这种高架桥，是这个时期在西方熟悉的建筑活动，原来建造的是用木构架作的，现在用钢来代替，就有可能起到防火和保护桥梁的作用。

国家在政治上的统一，和依靠良好的交通条件，经济系统的发展，这本身就是对经济扩展经常有利的贡献。基本的重要的交通——公路、铁路、运河、河道——还有许多其它方面的发展，包括：莫尔斯的（Morse）商用电讯和贝尔（Bell）的商用电话；福特（Henry Ford）的汽车和固特异（Goodyear）的橡胶轮胎；用于报纸印刷的轮转印刷机；打字机、录音电话机、出版机构、广告专业、函购商行。在每一个商业领域中，发明和改善都是促进生产，和为人民的生活作出贡献：如奥蒂斯（Otis）电梯、辛格的缝纫机（Singer）、伍尔沃思（Woolworth）的零售商店、肉类加工、水果罐头、纺织品的环形纺织、自动纺机、服装和鞋类采用标准尺寸。值得注意的是莫尔这个工业化过程本身，就是要经受根本的改革。生产线系统首先被芝加哥的大规模肉类工业引进，立刻它的有效性和敏感性，就控制和要求工业家们，把它作为在政治上更危险的工匠系统可以采用的方法。大量的生产在最工业化的厂里变得普通了，特别是较新的一些产业：在自动化工厂，惠特尼（Whitney）的武器制造厂，在洛克菲勒（Rockfeller）的标准石油公司，范德比尔特（Cornelius Vanderbilt）铁路工厂，并且贯彻到宾夕法尼亚的铁厂和卡内基（Andrew Carnegie）的钢帝国中。这个时期工厂建筑的典型，是卡内基的匹兹堡露西熔炉厂（Lucy Furnace 1872），是一些棚子的巧妙地组合，熔炉、冷凝塔、铁路货场和一阵阵冒烟的烟筒，提供了一种工业化的未来的情景，激励了小说家贝拉米（Richard Bellamy）在《回顾》（Looking Backward）（1888）中，描写了一个在国家控制下的乌托邦的未来。

对工人而言，失去的是巨大的，工业主义努力使这个重要的力量疏远。工人现在工作在一个大的企业或工厂里，看不见他的雇主，在一个台子或一条装配线上，甚至被拒绝去了解他正在生产的是什么。他还受到作为一个整体的这种制度的剥削：坏的工作条件、低收入、讨厌的住房挤在城市条件差的公寓楼内。移民的家庭遭到最坏地对待，只能选择最卑下的工作，因为他们很少有可能组织起来去要求较高的工资，每一次"成功"的移民运动都使他们进入社会的底层，被雇主开除，和富有的工人伙伴语言上的微小支持。

通过 19 世纪 50 年代和 60 年代，劳动者联盟还留下了有关小的和可怜的组织，在垂死的工匠式的工业里——印刷工、建筑工人、制帽工和补鞋匠——比在大规模的工业中的工人，活动要多一些。然而在 1877 年，在第一次大的经济危机以后，铁路的巨商们减少了工人的工资，因此造成一系列激烈的罢工革命，罢工得到所有联盟支持，并出现在大西洋、太平洋两岸的主要城市，这些使人们回想起资产阶级六年前对巴黎公社的可怕评价。这次的革命被州和联邦的军队镇压了，但是它增强了工人阶级的团结，并且其结果是在 1878 年组成了由社会主义者领导的劳动骑士团❶（Knights of Labor）。像欧文❷（Owen）的英国职工会（Grand National）那样，企图把所有的工业工人，拉向一种单独组织的伟大运动中去。在长时期中，经济萧条，还有助于发展垄断资本主义，使较小的公司破产，和被证券交易的股东们及大的企业吞并。洛克菲勒（John. D. Rockefeller），这个时代最大的垄断者，维护这种趋势并加以巩固，其原则是："这个时代对垄断资本主义是时机成熟的，它不得不到来，我们认为在这个时刻，需要从衰退的情况中来挽救我们自己……，联合的日子到此为止，个人主义已经远去，永远不会回归。"

自然，个人主义问题，就是早期工业革命中的个人资本的竞争，这种思想在英国坚持下来，但是在德国和美国被认为是过时了的。对于增加资本主义的整体特点，将产生与社会主义类似的观点，也许是可以理解的。代替马克思的革命观点，恩格斯和莫里斯提出一种学说，即敌人不是资本主义，而是少数旧的放任主义的（laissez-faire）教条，不需要去推翻资本主义，而是进行一点控制，和由一个仁慈的国家直接进行正确地引导。在德国的社会民主党 S. P. D 或在英国的费边社（Fabian）社员们，它们的改良主义创造了另外的未来方案，由国家控制的社会民主。莫里斯著的小说《乌有乡消息》，与贝拉米著的《回顾》相对比，表现了这种两分法：一方面，一个真正自由的社会，国家会逐步退出，不再存在。另一方面，作为乌托邦的思想由国家控制社会，它不仅仅威胁资本主义，还威胁到个人主义。

---

❶ 劳动骑士团是美国最早的全国性工会之一，宗旨是团结一切劳动者，不分种族、性别和信仰。主张阶级调和，进行合法斗争。（译者注）

❷ 欧文，英国空想社会主义者。

六、失败的启示——世纪的转折

　　在 19 世纪的英国，资本主义竞争的增长反映在建筑工业的发展方面，承包制使竞争制度化，并形成了许多小公司，公司之间相互竞争，而每一项承包任务都有六个或八个去投标的。不像制造业的部门，建筑工业不是资本的集中，不需要货物资金的投资，甚至这种投资是不利的，建筑工业的建立相对比较简单，只需要基本设备。建筑技术本身不会造成惯常的失业，像在机械工业出现的那种失业的程度，在建筑工业中，保留的劳动技术解放了有技巧的和无技巧的进入工业的人力，因为这里只有很少的机械化。建筑业和采矿、码头、制砖、铁路建设以及煤气工业一起，都能够吸收大量贫穷的能雇用的劳力。这些工业都能提供耗费人力的工作，避免工业化和维持低下的工资。机械化不足的另一原因是这种工业处于国民经济的边缘位置。建筑业是剩余资本的一个方便的投资途径，这种真正的日用品在衰退的年代是没有效益的。总之，在市场不景气时，建筑业的稳定性下滑易导致破产，认识到这点，政府趋向利用这个行业的流动性作为一种经济上的调节器，最简单的方法是调整投资水平，和把经济作为一个整体来看待。在失业时期中，建筑工业是受到最坏的影响中的一个。

　　这些问题，由于资本主义制度本身经常给建筑业构成了重要的负担，是引发有关工作不稳定、无效益、就业不足问题的原因。然而，资产阶级的观点，总是认为对于效率的主要障碍是劳动力——例如出现了不情愿去培养工匠，或是由多职能的手工业工会提出的在建造过程中划分职业的问题。工时长，恶劣的工作条件，低工资和上面提及的工作不稳定性，资产阶级都解释为"不情愿"和在这个行业中没有限制工人的"劳动划分"的结果。

　　19 世纪晚期，当中产阶级的机构在权力上和声望方面上升时，在工业中的新专业开始多层次发展。在美国，土木工程师，承包者和建筑师之后，又加入专业的勘测者（1868）、市政工程师（1873）、暖气和通风工程师（1897）以及结构工程师（1908）。在1865 年，承包者联合会即建设者总协会成立，在 1878 年，变为国家建筑行业业主联合会。像最专业化的组织一样，它的目的是成为最好的重要的团体，要在很大程度上"去支持在它服务的社区中成为最好的传统的建筑工业"；"沿着最好的纪律和共同一致的路线，参加到政府有关的各种工业部门之中；并且努力去保护它的成员……将着手去解决他们共同的利益问题，或是由其它人的行动引起来的冲突。"

　　自然，在业主联合会自由发展的同时，手工工人行业工会的成长，在半个多世纪的时间内却受到阻拦是个重要的问题。因为许多同样的原因，在商业上开始为中产阶级提供住房的经济制度的制订，要比合作去解决工人阶级的住房问题的时间早许多。1775 年，

肖（Shaw）设计的威斯珀斯宅邸（Wispers 1875），位于萨塞斯克的米德赫斯特，在设计上是不紧凑的和不规则的，带有中世纪末的住宅的特点

170皇后的大门（170 Queen's Gate 1888）是肖在伦敦设计的住宅之一，是一幢更有规范的古典情调的住宅，与17世纪最初的"安妮皇后"风格相类似

肖设计的在多塞特的布赖扬斯顿（Bryanston 1890）住宅，这种流行的式样，在意识上变得更有古典、壮观和正规的风格

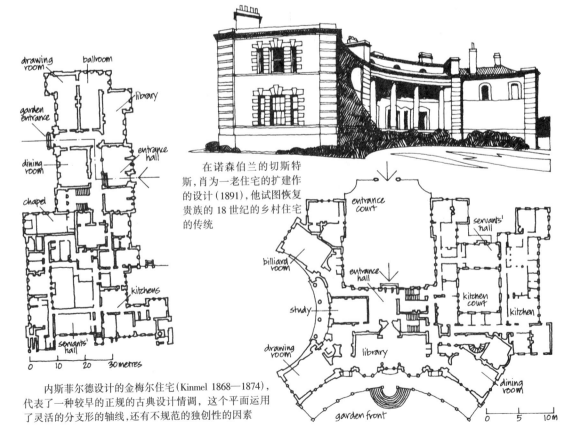

在诺森伯兰的切斯特斯，肖为一老住宅的扩建作的设计（1891），他试图恢复贵族的18世纪的乡村住宅的传统

内斯菲尔德设计的金梅尔住宅（Kinmel 1868—1874），代表了一种较早的正规的古典设计情调，这个平面运用了灵活的分支形的轴线，还有不规范的独创性的因素

称为建筑协会的机构首先在英格兰成立，一些成员个人，有组织地捐助一笔资金，当有足够大的数量时，将作为他们中一人的住房资金。这个过程一直持续到所有成员住进房子，这个协会才结束。到1825年，有250个这样的协会，并且在1836年到1856年之间，进一步建立了4000个协会，除临时"协会"而外，永久性协会也出现了。这是为了投资和贷款的目的而继续存在的。建筑协会法（1874）建立了筹集资金和组织的规则，并一直在使用。到1900年，有1400个临时协会终结，还有850个常设协会。后者的地位逐渐重要，开始出现行业垄断。过了些年，建筑协会又在鼓励其中的低中产阶级，和那些有抱负的人成长的房产主的过程中，起到了主要作用。

上等的中产阶级不要求这样的援助，他们自己在欧洲和美洲得到的财产是很多的，像已扩大了的工业有限公司，还有宅邸，像在登比格郡的，内斯菲尔德（Nesfield）设计的金梅尔花园（Kinmel Park 1868—1874）；肖（Shaw）设计的劳瑟·洛奇住宅（Lowther Lodge 1873—1874），位于肯辛顿；和亨特（Hunt）设计的比尔特莫尔住宅，位于北卡罗来纳州的阿什维勒，说明了可达到的显赫程度。允许建筑师们有较大的自由创作：如把比尔特莫尔住宅设计得像一个16世纪法国的城堡；金梅尔和劳瑟·洛奇住宅则用了混合的文艺复兴式的细部，和形式上的哥特式平面，被认为是不恰当的像"安妮皇后"式的风格。肖设计的这个时期的另一重要的伦敦住宅，170皇后的城门（170Queen's Gate 1888），被看作是用了较宽大的文艺复兴式的（Wrenaissance）细部，和对称的古典主义的平面形式，而接近最初的17世纪的"安妮皇后"的风格。在他后来设计的乡村住宅，如在多塞特（郡）的布赖扬斯顿住宅（Bryanston 1890），和在诺森伯兰的切斯特斯住宅（Chesters 1891），他在建筑中用了一种夸张的古典的风格，好像它们在社会性和建筑上能够从莫里斯的思想中，重新搬过来似的。

如果不涉及政治，就建筑学而言，莫里斯的杰出来自于工艺美术运动，这个运动正式开始，就是1884年美术工人管理协会成立的时候。运动的核心人物是才华横溢的教师和理论家莱瑟拜（William Lethaby 1857—1931），和建筑师普赖尔（E. S. Prior 1852—1932），他们最有代表性的作品是一座被称为谷仓（The Barn）的住宅（1895—1896），位于德文（郡）的埃克斯茅斯。这个运动发展了一种与众不同的设计方法，是从不妥协的韦布（Webb）那里派生出来的：即建筑的布局首先取决于功能，而不是理论上的对称美的思想，真正地利用当地的材料，和与有关的建筑、风景谐调的方法，除了特别重要的特点以外，谨慎地使用装饰，由于它们功能上的适合而利用历史风格的因素，真是用的话，可以说是为了它们之间的联系。这些思想影响了整个一代建筑师，他们之中的古德温（E. W. Godwin 1833—1886）是为惠斯勒（James Mc Neill Whistler）。在切尔西的白宫的（White ltouse 1878—1879）设计者麦克穆多（Arthur Mackmurdo 1851—1942）设计的，最著名的是他的家具设计，以及沃伊齐（Charles F. Annesley Voysey 1857—1941）早期住宅，这个单幢的住宅在沃里克郡，毕晓普（Bishop）的伊特钦顿（1888—1889），使用了传统的材料和早期的形式。

尽管有恬不知耻的资产阶级，工艺美术运动的建筑师和他们的业主，还是脱离了成功的工业家们和他的有商业头脑的建筑师的炫耀之风。舒适、富有，有政治上的自由和

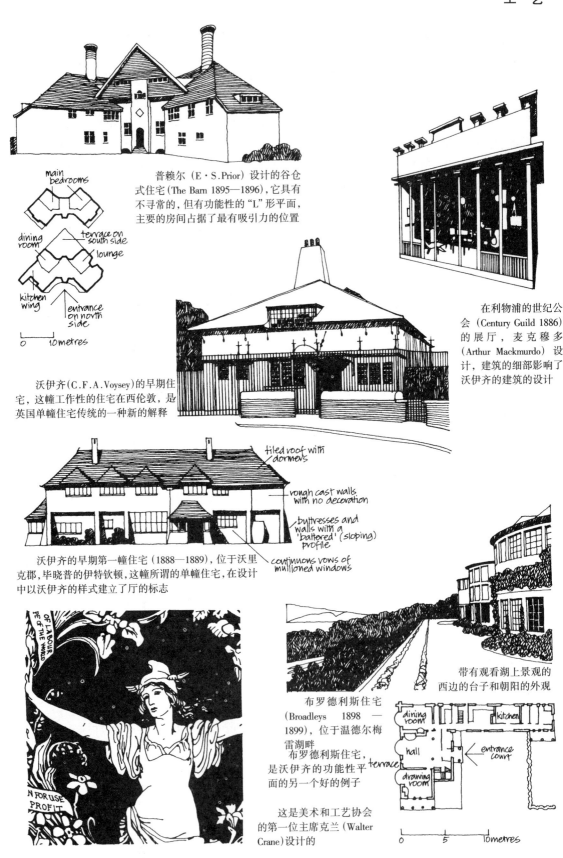

普赖尔（E·S.Prior）设计的谷仓式住宅（The Barn 1895—1896），它具有不寻常的，但有功能性的"L"形平面，主要的房间占据了最有吸引力的位置

在利物浦的世纪公会（Century Guild 1886）的展厅，麦克穆多（Arthur Mackmurdo）设计，建筑的细部影响了沃伊齐的建筑的设计

沃伊齐(C.F.A.Voysey)的早期住宅，这幢工作性的住宅在西伦敦，是英国单幢住宅传统的一种新的解释

沃伊齐的早期第一幢住宅（1888—1889），位于沃里克郡，毕晓普的伊特钦顿，这幢所谓的单幢住宅，在设计中以沃伊齐的样式建立了厅的标志

布罗德利斯住宅（Broadleys 1898—1899），位于温德尔梅雷湖畔

布罗德利斯住宅，是沃伊齐的功能性平面的另一个好的例子

这是美术和工艺协会的第一位主席克兰（Walter Crane）设计的

带有观看湖上景观的西边的台子和朝阳的外观

文化上的先进性，包括中产阶级在内他们形成了一个小集团，在经济上和社会上抱着知识分子的冷淡的态度。在新英格兰的郊区，他们有适合他们的去处——在19世纪末，家庭式的、长的传统木构建筑，在所建的大量好的住宅中达到了顶点，包括最引人注目的，在麻省坎布里奇的斯托顿（H. F. Stoughton 1882—1883）住宅，和罗得岛州布里斯托尔的洛（W. G. Low 1887）住宅，是用东海滨的材料——木框架用木瓦覆盖——然而，没有任何自觉的历史上的联系，与工艺美术运动相比较，这些住宅代表了在美国设计上的新发展。主要的活动者是建筑师理查森（Henry Hobson Richardson 1838—1886），他在巴黎受到包豪斯艺术系统的教育，与拉布劳斯特（Labrouste）和希托夫（Hittorf）一起工作，第一个成为著名的，用厚重的浪漫式风格的公共建筑的设计者。他汲取了功能性设计的思想，斯托顿住宅就是证明，运用了自由式的平面和简洁的细部。在他的芝加哥格莱斯纳住宅，他用石材代替木材，还是完成了一个相似的自由形式。他的思想对美国建筑师们有重要的影响，特别是对年轻的赖特（Frank Lloyd Wright 1869—1950），他在伊利诺伊州的河谷森林区设计的温斯洛（Winslow 1893）住宅，是一幢拘谨的对称的建筑，但是他后来在为资产阶级设计的住宅中，逐渐转向运用自由式的平面。理查森的思想还影响了他的学生麦金（Charles Mc Kim）和怀特（Stanford White），他们在设计洛住宅时，和米德（W. R. Mead）一起合作，代表了在他们的专业经历一个不足的不成熟的阶段，此后，他们成为在土木建筑方面的专家。

赫胥黎（Thomas Huxley）说："以左道邪说开始，以对它的迷信结束"，"这是新的真理惯常的命运"。作为达尔文的最卑的追随者，赫胥黎妥善地安排去观察《物种起源》将会如何：起初，它被认为是对维多利亚伦理学的不能容忍的挑战，逐渐地把它比作这个时代的最适当的智慧。对于19世纪末的自鸣得意的中产阶级而言，达尔文主义证明资产阶级的思想哲学是正确的：作为演变，为国家或商业上的事业之间的霸权去斗争是不可避免的和自然的；在另一方面，阶级斗争不是努力去调整弱者和强者之间的平衡，是永远不能成功的；国家的福利在人们为保护自己的自然权利方面是一种障碍。不过，国家在它认为合适的地方会介入，并认为福利事业作为国家控制的工具，应和作为任何司法的系统一样多。迈向福利国家的第一步不是由自由政权取得的，这是重要的。但是在德国是由俾斯麦（Bismarck）争取到的，他厌恶社会主义，但他在与之有联系的社会工程中强烈地坚持平等。德国的不固定的所得税，和国家对意外事故、老年、健康的保险方面的计划，是1889年确立的，在19世纪90年代期间，立即被法国和俄国采用。英国和美国执行得较慢，英国到1911年开始制定了一些社会性的法规，美国直到20世纪30年代都没有改变。

除了19世纪70到80年代的经济萧条以外，国家机构的增加反映在这个时期，公共建筑项目不断建设方面。对城市外观或国家重要的公共建筑的控制，要求重建的城市中心以巴黎或维也纳的模式。新的规范的街道，要用议会建筑、市政厅、博物馆、教堂和法院来强调；并且要与重复的公寓大楼、商店连接起来，创造一种新的城市形象，要用大的各种各样的风格，代表的范围从纪念性的到非正规性的建筑。

拘泥形式的第二帝国建筑风格，尽管它已不再有任何它原来国家的政治上的含义，但

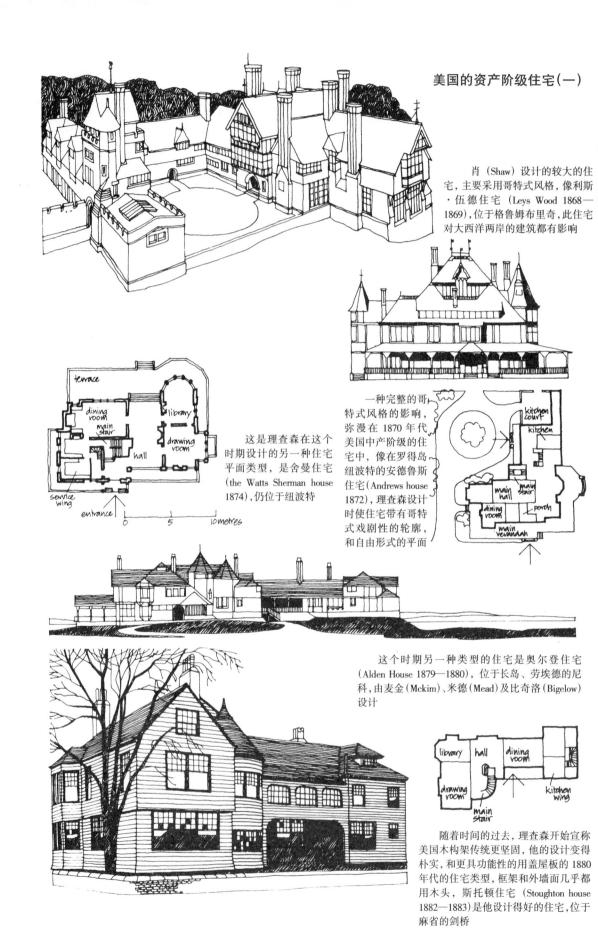

肖（Shaw）设计的较大的住宅，主要采用哥特式风格，像利斯·伍德住宅（Leys Wood 1868—1869），位于格鲁姆布里奇，此住宅对大西洋两岸的建筑都有影响

这是理查森在这个时期设计的另一种住宅平面类型，是舍曼住宅（the Watts Sherman house 1874），仍位于纽波特

一种完整的哥特式风格的影响，弥漫在 1870 年代美国中产阶级的住宅中，像在罗得岛纽波特的安德鲁斯住宅（Andrews house 1872），理查森设计时使住宅带有哥特式戏剧性的轮廓，和自由形式的平面

这个时期另一种类型的住宅是奥尔登住宅（Alden House 1879—1880），位于长岛、劳埃德的尼科，由麦金（Mckim）、米德（Mead）及比奇洛（Bigelow）设计

随着时间的过去，理查森开始宣称美国木构架传统更坚固，他的设计变得朴实，和更具功能性的用盖屋板的 1880 年代的住宅类型，框架和外墙面几乎都用木头，斯托顿住宅（Stoughton house 1882—1883）是他设计得好的住宅，位于麻省的剑桥

美国的资产阶级住宅（二）

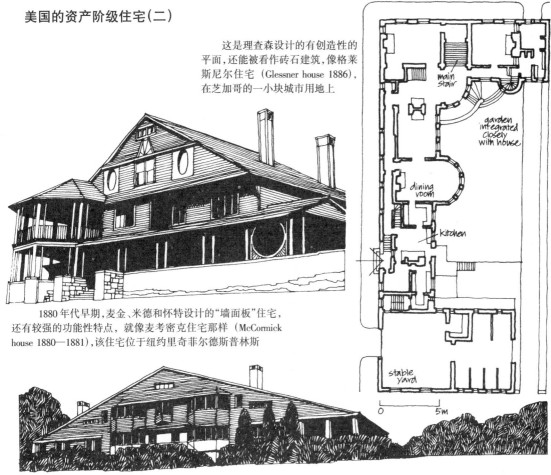

这是理查森设计的有创造性的平面，还能被看作砖石建筑，像格莱斯尼尔住宅（Glessner house 1886），在芝加哥的一小块城市用地上

1880年代早期，麦金、米德和怀特设计的"墙面板"住宅，还有较强的功能性特点，就像麦考密克住宅那样（McCormick house 1880—1881），该住宅位于纽约里奇菲尔德斯普林斯

麦金、米德和怀特较晚设计的住宅，是他们在美国文艺复兴运动中创造的，受人喜爱的，像这幢对称的洛住宅（Low house 1887），位于罗得岛的布里斯托尔

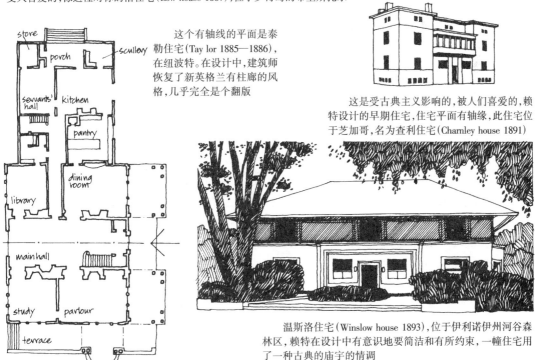

这个有轴线的平面是泰勒住宅（Tay lor 1885—1886），在纽波特。在设计中，建筑师恢复了新英格兰有柱廊的风格，几乎完全是个翻版

这是受古典主义影响的，被人们喜爱的，赖特设计的早期住宅，住宅平面有轴缘，此住宅位于芝加哥，名为查利住宅（Chamley house 1891）

温斯洛住宅（Winslow house 1893），位于伊利诺伊州伊河谷森林区，赖特在设计中有意识地要简洁和有所约束，一幢住宅用了一种古典的庙宇的情调

是在欧洲各处一直到 19 世纪 70 年代与 80 年代还在很好地运用。在荷兰，阿姆斯特丹铁和玻璃的 Volksvlijt 宫（Palais Vor Volksvlijt 1856）的设计者奥茨霍恩（Cornelis Outshoorn 1810—1875），在他设计的许多旅馆中采用了第二帝国的式样，如：在阿姆斯特丹的阿姆斯特尔旅馆（the Amstel 1863—1867）、在奈梅亨的 Berg-en-Dal 旅馆（1867—1869），以及在斯奇温亨的 Orange 旅馆（1872—1873）。在布鲁塞尔开始重建时，为了博得"小巴黎"的名称，Suys（L. -P. Suys 1823—1867）在设计交易所（1868—1873）时采用了这种风格；在苏黎世，Theodore Geiger（1832—1882）也运用了这种风格设计了 Rütschi-Bleuler 住宅（1869—1870）。巴黎人的影响扩大到欧洲版图的边缘：到马德里，有由 Francisco Jareño y Alarcón（1818—1892）设计的西班牙国家图书馆和博物馆（the Spanish National Library and Museum 1866—1896）；在伦敦，有由格罗夫纳·埃斯塔特设计事务所（the Grosvenor Estate Office）设计的，在 1—5 格罗夫纳广场的台阶式住宅；到哥本哈根，在那里有彼得森（Petersen）和詹森（Jensen）建设的 Sφtorvet，四幢资产阶级住的公寓大楼（1873—1876）；以及到斯德哥尔摩，在那里有 Kumlien 兄弟建造的 Jenkontovets 建筑（1873—1875）。在这种方便的和重复的市民建筑中，有几位设计者以他们在设计中的大胆值得注意，沃洛特（Paul Wallot 1841—1912）因柏林德国国会大厦（the Berlin Reichstag 1884—1892）而被列入设计竞赛获胜者的名单，他的设计方案是一种笨重的混杂的巴洛克式样；而波拉尔特（Poelaert）设计的布鲁塞尔的巨大的法院（Palais de Juslice）完成于 1883 年，是一座不同风格的巴洛克式建筑，大体量，有重要的个人风格。这个时代意大利的公共建筑的设计，也具有那些重要建筑类似的精神，在罗马的、精美的爱麦虞限二世纪念碑（Vittorio Emanuele Ⅱ）始建于 1885 年，设计者 Giuseppe Sacconi（1854—1905）设计了一尊立于高底座上的国王骑马塑像，背景是一个巨大的科林斯式柱廊，构成了罗马帝国的气魄。

肖（Norman Shaw）在新苏格兰庭园设计中，追求一种非正规的表现方法，建造成苏格兰豪华风格的伦敦警察总部。而在阿姆斯特丹的 P. J. H. Cuijpers（1827—1921）也在进行这方面的探讨，他是哥特式教堂的一个虔诚的或学术上的修建者，他也设计一些新的建筑，例如 the Maria Magdalenakerk（1887），他设计的两座 19 世纪的阿姆斯特丹最重要的公共建筑，是 Rijks 博物馆（1877—1885）和中心火车站（the Central Station 1881—1889），在两个设计中都采用了折衷主义的晚期哥特式风格。在哥本哈根的市政厅（Town Hall 1892—1902），总的特点是哥特式的，但是在细部上简化了，表示它脱离了复兴主义的形式，这是由建筑师马丁·尼罗普（Martin Nyrop 1849—1893）设计的，他还发现了一种与理查森设计的建筑，及这个时代独特的纪念性城市建筑相比，表现更直接和更粗壮的风格。这些建筑中最杰出的是在巴黎的神圣的中心教堂（the Sacré-Coeur 1874—1919），由建筑师阿迪（Paul Abadie）设计，他采用了在佩里格的圣弗隆特教堂（St Front，是 12 世纪拜占庭朝圣的教堂）的风格。著名的还有国家的宣誓教堂（the Church of the National Vow），它证明了教会和国家之间有连续的紧密的联系，它的建设有政府的支持，通过天主教信徒的捐助，以对 1870—1871 年恐怖事件象征性的赎罪方式，共花费 4000 万法郎，对于一种悔悟的行为，是一个值得重视的数字。

19世纪末的奢华

彼得森（Pelersen）和詹森（Jensen）的设计作品 Sφtorvet 公寓（1873—1876），在哥本哈根，设计模仿了第二帝国的风格

波拉尔特（Joseph Poelaert）设计的宏伟的布鲁塞尔法院（1866—1883），给人们一种有伟大生命力的概念

Martin Nyrop 设计的精美的哥本哈根市政厅（Town Hall 1892—1902），具有哥特式风格

Count Giuseppe Sacconi 设计的巨大的罗马爱麦虞限二世纪念碑（Monument to Vittorio Emanuele II）始建于 1885 年，在 1922 年由另一位设计者完成

圣·弗隆特教堂（St Front 1120）是朝圣的拜占庭式的教堂风格

杰出的巴黎神圣中心教堂（Church of the Sacré Coeur），1874 年由阿巴迪（Paul Abadie）开始设计，最后完成于 1919 年

1876 年一个国际博览会在费城举行，这里是美国独立的诞生地，博览会是为了庆祝这个世纪美国取得的进步。虽然设计方案的比较是平淡的和粗糙的，当时罗伯林的结构的优越性还没有被建筑师们接受，一个巨大的铁和玻璃构成的类似伦敦水晶宫的展厅已经建成了。1883 年当珍妮（William Le Baron Jenney 1832—1907）在芝加哥建家庭保险公司（the Home Insurance Company office）办公楼时，情况有了变化。芝加哥第一幢摩天大楼曾经是蒙陶克大楼，两年前由伯纳姆（Burnham）和鲁特（Root）设计，但是珍妮设计的是第一个采用了锻铁的框架的十层塔楼。珍妮真正地勇敢地面对这个理论性的问题，和这种新材料实践的可能性，这种新材料有多方面的适用性，因为它被用于受拉和受压性能同样都好，并且还因为它能够铆接，能很快地进行装配。

埃菲尔（Gustave Eiffel）对锻铁的设计达到了功能上的极限，随着他为加拉比特高架桥（Gara-bit viaduct）做的杰出设计的成功，他被任命为 1889 年巴黎博览会的设计者——博览会是为了庆祝法国革命 100 周年的纪念——为此他计划建一座 300m 高的铁塔。他不得不面对世界上最高的建筑在实践方面的问题，还要与政治上的反对派、工程师和建筑师的对手，以及从莫泊桑（Maupassant）到魏尔兰（Verlaine）的许多巴黎的知识分子们周旋。由于他的顽强——还有钱——克服了政治上的问题，并以他的独创性和在结构设计方面的经验，做出了一个四只张开的脚分别固定在石墩上的铁塔，其中许多是从加拉比（Garabit）高架桥的建设中学到的。组织这项建设过程的本身，就是非常完善的模范行为：埃菲尔提供了加工图以及在工地的组装图；他设计和详细说明了临时用的脚手架；用照片把建塔的每一阶段都仔细记录下来。这座塔是 1889 年博览会仅保留下来的一座特殊建筑，与它形成鲜明对比的是机械馆（the Galérie des Machines），该馆由工程师康特明（Victor Contamin 1843—1893）负责建造，后于 1910 年被拆除。机械馆的长度是塔高的一半，宽 114m，高 45m，跨在其上的是一种巨大的钢制尖拱，在基础和顶部都是铰接，为了纵向的刚度使用了钢肋支撑。它在体量上和水晶宫相类似，机械馆是结构上更有生命力的作品，也是钢的优越性超过铁的第一个重要实例。到今天还存在的早期最重要的钢建筑是在苏格兰的福斯湾大桥（the Firth of Forth bridge），该桥始建于 1883 年，1890 年通车。原来计划建一座悬索桥，后来因为鲍奇（Thomas Bouch）设计的类似的跨越了泰湾（the Firth of Tay）的桥倒坍，计划在 1879 年取消，贝克（Benjamin Baker）和福勒（John Fowler）提出了一个修改的设计，由 3 座 100m 高的格构式钢塔组成，塔的每一边由刚度好的悬臂梁月台连接在一起，形成铁轨的基础，塔是由中空的钢管网制成，由巨大的混凝土桥桩支持，桥桩建在水下的钢的沉箱内。

在重要的工程项目中对钢的利用扩大了设计者对材料的了解，并使它每天都有使用的实践可能。由于芝加哥在 1871 年的大火中，城市中的木构建筑几乎全被烧毁，因此芝加哥为了一个新的开始，提供了对工程的需要和机会，在这一点上没有其它地方比芝加哥更好。芝加哥在铁路建设、钢铁冶炼和肉类加工方面具有重要性，并且作为一个东部城市和大平原的中西部之间的出口，使它很繁荣，——这个城市的普尔曼（Pullman）成为铁路大王，而阿穆尔（Armour）成为大规模肉类工业的百万富翁。芝加哥迅速地进行重建，在卢普区，具有值得注意的独创性和风格，城市的商业区，如运用钢框架的结构，

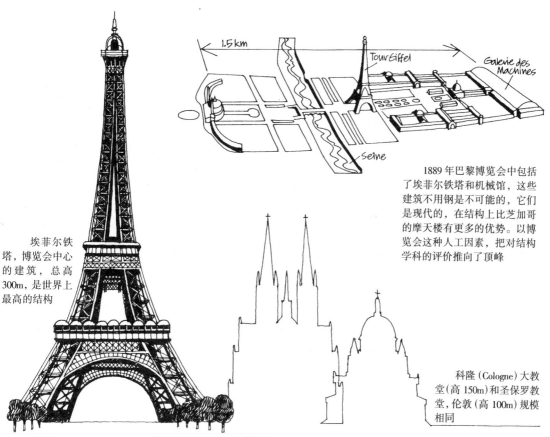

1.5 km

Tour Eiffel

Galerie des Machines

Seine

1889 年巴黎博览会中包括了埃菲尔铁塔和机械馆，这些建筑不用钢是不可能的，它们是现代的，在结构上比芝加哥的摩天楼有更多的优势。以博览会这种人工因素，把对结构学科的评价推向了顶峰

埃菲尔铁塔，博览会中心的建筑，总高300m，是世界上最高的结构

科隆（Cologne）大教堂（高 150m）和圣保罗教堂，伦敦（高 100m）规模相同

埃菲尔铁塔：暴露的十字头

埃菲尔保守地采用了锻铁，但运用了完全不保守的方法

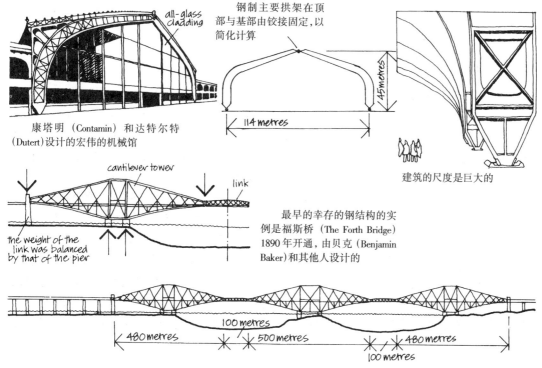

all-glass cladding

钢制主要拱架在顶部与基部由铰接固定，以简化计算

45 metres

114 metres

康塔明（Contamin）和达特尔特（Dutert)设计的宏伟的机械馆

建筑的尺度是巨大的

cantilever tower

link

the weight of the link was balanced by that of the pier

最早的幸存的钢结构的实例是福斯桥（The Forth Bridge）1890 年开通，由贝克（Benjamin Baker）和其他人设计的

480 metres

100 metres

500 metres

480 metres

100 metres

铁和钢结构的杰作

和带有新奥的斯电梯，则允许商业建筑发展到史无前例的高度，还要有好的建筑质量。这里不仅有商业区内的高层建筑，还有中西部农业要求的高的粮仓，它们共同地组成了城市的轮廓线——而且第一次把商业用房重复叠加到十层或十多层高。理查森设计的马歇尔·菲尔德仓库（Marshall Field Warehouse 1885—1887），粗壮的外部处理很有影响，他采用了罗马式的拱和厚的粗琢的墙，打破了没有新的建设场地，直接建在坚固的，承重结构的砖石建筑上的情况。同样的建筑是伯纳姆和鲁特设计的十六层的莫纳德诺克大楼（Monadnock building 1889—1891），采用了自由的平面，立面处理利用了金属框架，更不必说节省了建设的时间。霍拉伯特（Holabird）和罗奇（Roche）设计的塔克马大楼（Tacoma building 1887—1888）和较早的家庭保险公司大楼一样，有一个金属的骨架，照这样做的，还有珍妮和芒迪（Mundie）设计的八层的第二莱特大楼（Second Leiter building 1889—1891），伯纳姆和康帕尼（Company）设计的十六层的信用（Reliance）大楼（1890—1895）。

从建筑学上看，从1881年起，最大的进步是从有经验的丹麦建筑师阿德勒（Darkmar Adler 1844—1900）和年轻的杰出的沙利文（Louis Sullivan 1856—1924）之间在芝加哥建立了伙伴关系。他们采用新的、缺乏建筑传统的设计去建设城市，这对于建筑表现上的非正规形式是有吸收力的。起初，理查森影响了他们的作品，最著名的早期例子是礼堂大楼（the Auditorum building 1886—1889），一个十层的塔楼由功能不同的办公楼和歌剧院结合，这个楼坚固的承重结构产生了与马歇尔·菲尔德仓库明显的相似性。当钢框架结构变得更普遍时，沙利文开始用他的著名格言"形式追随功能"去发展他的固有的思想，因此他认为要设计一幢美观的建筑，忠实地表现功能和结构是一个基本的前提。这种思想开始用于圣路易斯的温赖特大楼（the Wainwright building 1890—1891），和在纽约州布法罗的格尔伦蒂大楼（the Guaranty building 1894—1895），影响到芝加哥的盖奇大楼（the Gage building 1898—1899），在设计中沙利文与霍拉伯特、罗奇合作。沙利文的思想还影响到他的最好的作品，施莱辛格·迈耶百货大楼（the Schlesinger-Mayer Store 1899—1904），出名较晚的还有卡森（Carson）、皮里（Pirie）、斯科特（Scott）和康帕尼（Compauy）。建筑外观变得更平整和更简洁，就是施莱辛格·迈耶百货大楼的立面，以重复的柱网和平板覆盖，由于使用了钢框架，要强调一排排尺寸统一的窗子成为可能，这种立面组成并不比有道道彩釉的建筑更丰富。这幢建筑还说明沙利文设计的重要的特点是用全面的简洁与局部的装饰进行对比，从而引起对建筑上的主要的特点的注意：一个厚重的悬挂在屋顶面的檐口（现在已改变），和用金属作的中楣装饰，标志着商店的橱窗和主要入口，这是他的合伙人埃尔姆斯利（George Elmslie）设计的。

在任何一个大城市中心，具有新的摩天大楼的芝加哥商业区的物质形态，是由高的地价决定的，它本身就是商业中心生长和集中的自然趋势的一个反映，也是可使用的土地缺乏的反映。有意义的是芝加哥，现代城市的许多机构大多数都在那里出现了，是20世纪城市社会学理论最有影响的原因之一。实际上，随着马克思围绕社会学所进行的社会分析，作为一种训练课程的社会学已经开始；而随着德克海姆（Emile Durkheim 1858—1917），更重要的是随着韦伯（Max Weber 1863—1920）的分析，社会已进入了资产阶级

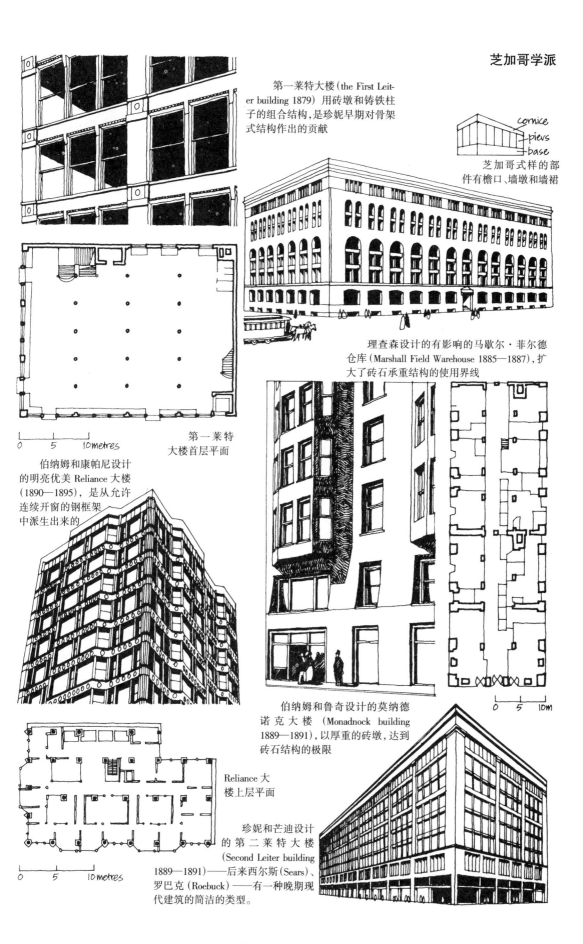

第一莱特大楼 (the First Leiter building 1879) 用砖墩和铸铁柱子的组合结构，是珍妮早期对骨架式结构作出的贡献

cornice
piers
base

芝加哥式样的部件有檐口、墙墩和墙裙

第一莱特大楼首层平面

0 5 10metres

伯纳姆和康帕尼设计的明亮优美 Reliance 大楼 (1890—1895)，是从允许连续开窗的钢框架中派生出来的

理查森设计的有影响的马歇尔·菲尔德仓库 (Marshall Field Warehouse 1885—1887)，扩大了砖石承重结构的使用界线

0 5 10m

伯纳姆和鲁奇设计的莫纳德诺克大楼 (Monadnock building 1889—1891)，以厚重的砖墩，达到砖石结构的极限

Reliance 大楼上层平面

0 5 10metres

珍妮和芒迪设计的第二莱特大楼 (Second Leiter building 1889—1891)——后来西尔斯 (Sears)、罗巴克 (Roebuck)——有一种晚期现代建筑的简洁的类型。

阿德勒和沙利文

1889年礼堂大楼建在芝加哥湖畔

路易斯·沙利文
(Louis Sulliven 1856—1924)

礼堂的入口

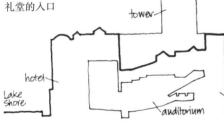

礼堂大楼的剖面

Wright joined the Adler and Sullivan office in 1887 and probably worked on the details of the Auditorium

芝加哥礼堂大楼(Auditorum building 1886—1889),其中音乐厅和旅馆、办公楼组合在一起——当建筑师们看到理查森设计的马歇尔·菲尔德仓库后,为了立面,改变了他们原来的设计

在纽约州布法罗的格尔伦蒂大楼(the Guaranty building 1894—1895),和马歇尔·菲尔德仓库一样,礼堂是用砖石承重结构

在圣路易斯的温赖特大楼(Wain wright building 1890—1891),是钢框架与外部的砖石墩结合的结构

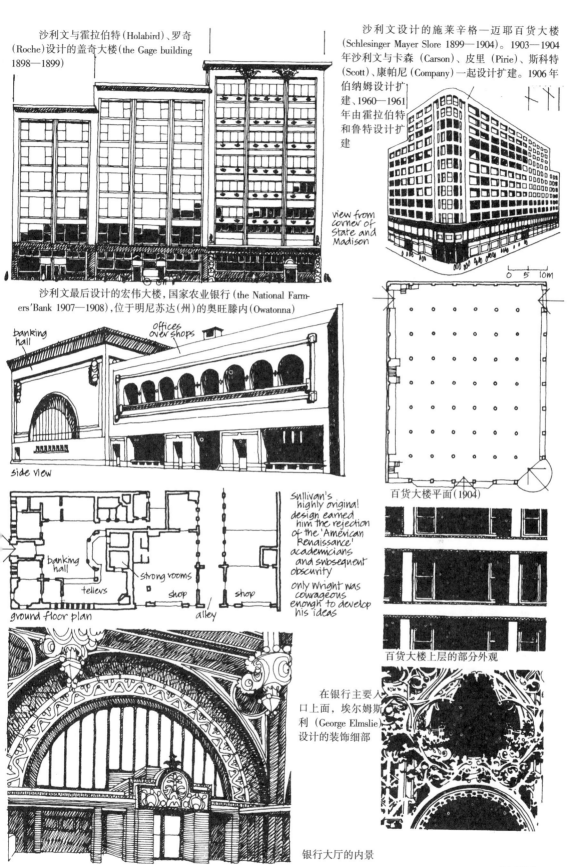

沙利文与霍拉伯特(Holabird)、罗奇 (Roche)设计的盖奇大楼(the Gage building 1898—1899)

沙利文设计的施莱辛格—迈耶百货大楼 (Schlesinger Mayer Slore 1899—1904)。1903—1904 年沙利文与卡森(Carson)、皮里(Pirie)、斯科特 (Scott)、康帕尼(Company)一起设计扩建。1906年 伯纳姆设计扩建、1960—1961年由霍拉伯特和鲁特设计扩建

view from corner of State and Madison

0 5 10m

沙利文最后设计的宏伟大楼, 国家农业银行(the National Farmers'Bank 1907—1908),位于明尼苏达(州)的奥旺滕内(Owatonna)

banking hall

offices over shops

side view

百货大楼平面(1904)

banking hall

tellers

strong rooms

shop

shop

alley

ground floor plan

Sullivan's highly original design earned him the rejection of the 'American Renaissance' academicians and snbsequent obscurity

only Wright was courageous enough to develop his ideas

百货大楼上层的部分外观

在银行主要入口上面, 埃尔姆斯利(George Elmslie)设计的装饰细部

银行大厅的内景

沙利文

的阶段。在马克思主义的意义里，随着社会关系的发展城市结构不被看作是历史的永远变化着的方式的一个部分，但是在有关固定的模式的条件下，特别是它的时代和位置，由尼采主义（Nietzschean）和斯彭德主义（Spenglerian）组成的观点，即每一个年代都决定了社会结构自己的价值和参照点。芝加哥派的城市社会学家由帕克（Robert Park）领导，发展了城市形式呈"带状"的或"同一圆心"的理论，论述了城市从一部分对另一部分在社会和经济因素方面如何改变，并且在城市商业区同心圆的范围内，创造可限定的区域。

这里存在一个基本的矛盾：有朝气的资本主义要求城市有物质上成长的能力，而同时资产阶级的思想家要求依靠一个稳定的，政治上没有变化的社会制度，并用法律和秩序的力量去控制城市，而且它的完美的形式要表现出国家权力的优势。同心圆理论，和今天的大多数理论一样，支持着社会结构的稳定性，正在基本上固定下来：它说明城市在一定的时间内，可与社会的变革有较大的不一致。它还给同心圆形式以假设科学的可靠性，像为了所有的城市一样，是"自然的"一个，这样恰好符合国家的需要，即已经早就认识到一个集中式的城市规划在政治上的优势。

毋容置疑，集中的形式造成的物质增长问题，特别是对中心区，如果完全被郊区包围，只能通过提高密度、建筑高度和造价、交通密集和高地价，才能扩展。1882年，西班牙运输工程师马塔（Arturo Soriay Mata）试图解决这个问题，他设计了根本不同的城市形式，带形城市，城市宽度600m，但长度不限，在主要道路或有轨电车路线的每一边进行设计，从每一边道路或开敞的农村开始，建筑不要超过300m长，通过自然风景把新和旧的居住区联接起来形成一个扩散的连续的整体。在马德里的郊区已经建了大约5km长的马蹄形带形城市（1894—1896），但这种思想没有得到发展。这种带形城市解决了扩展问题——能够在意愿上增加，但是某些评论家断言，中心道路虽然能作为一条主要干线，却将会被当地的交通堵塞，将成为其它方面的无情期望；无限的长度会使城市缺乏统一性，专家们指出，城市在这样蔓延的可怕情况下，可能增加了保持在政治上控制的艰巨性。

19世纪晚期，乌托邦的理论和试验丰富起来，当有关的个人和团体寻找解决正在变化的城市问题时，他们也是努力的。在美国，家长统治式的洛厄尔制度在衰退，这是由于这种制度引起工业家们的怀疑和工人的怨恨；但是在英国新拉纳克（New Lanark）的传统由于有慈善事业还在继续，还没有完全漠不关心，像工厂主萨尔特（Titus Salt），在1853年已开始控制萨尔泰尔镇，为从布拉德福德附近的逃出者提供避难。萨尔特选中的这块合意的农村基地是偏僻的，是为了新的羊驼毛纺织厂，像洛厄尔和新拉纳尔一样，要求建立被控制的劳动力，所以从一开始纺织厂和小镇就共同存在。建筑师洛克伍德（Lockwood）和莫森（Mawson），设计了800幢小房子，用的是哥特式，有规律地建在山坡的台地上。萨尔特向他的雇工们提供了几乎是所需要的一切,精神上的和身体上的需要——教堂、附属小教堂、救济院、商店、浴室、一所学院、一座医院和一座学校——和许多工业家一样，他不允许雇工喝酒。这个巨大的纺织厂支配着这个小镇，永久性的遗迹说明了它的存在，该遗迹基底面积40000m²，容积与圣保罗大教堂一样大，冠以80m高的

同心圆城市和带形城市

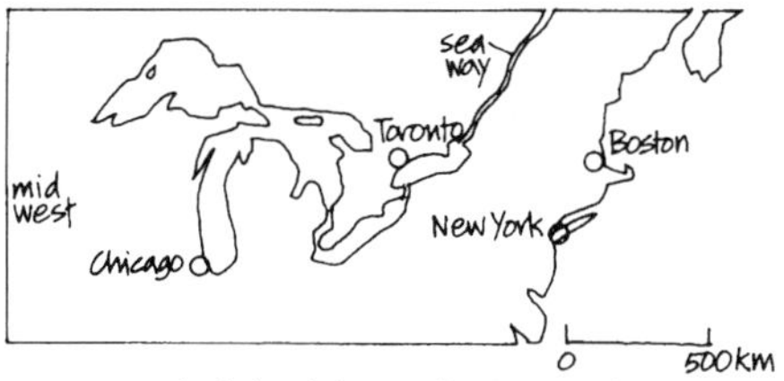
sea way
Toronto
Boston
mid west
New York
Chicago
0
500km

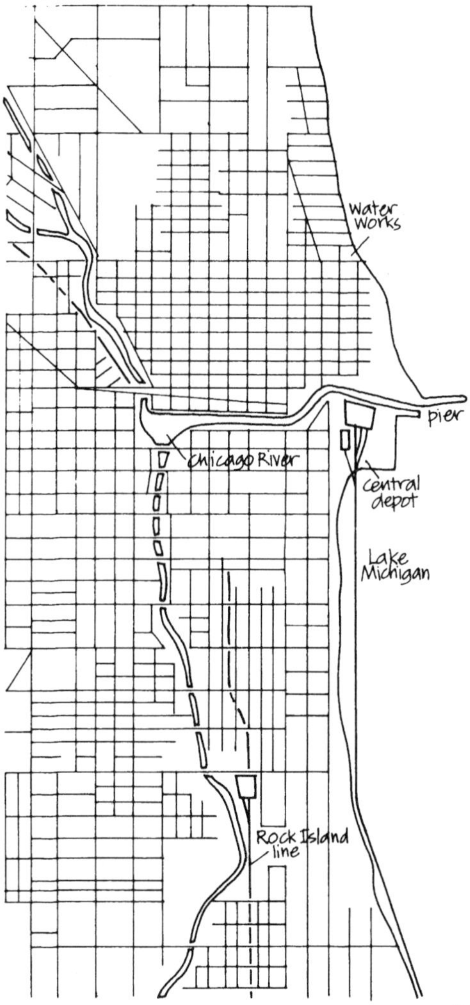
Water works
pier
Chicago River
central depot
Lake Michigan
Rock Island line

1855 年芝加哥中心区的平面，现在是一个重要的工业城市

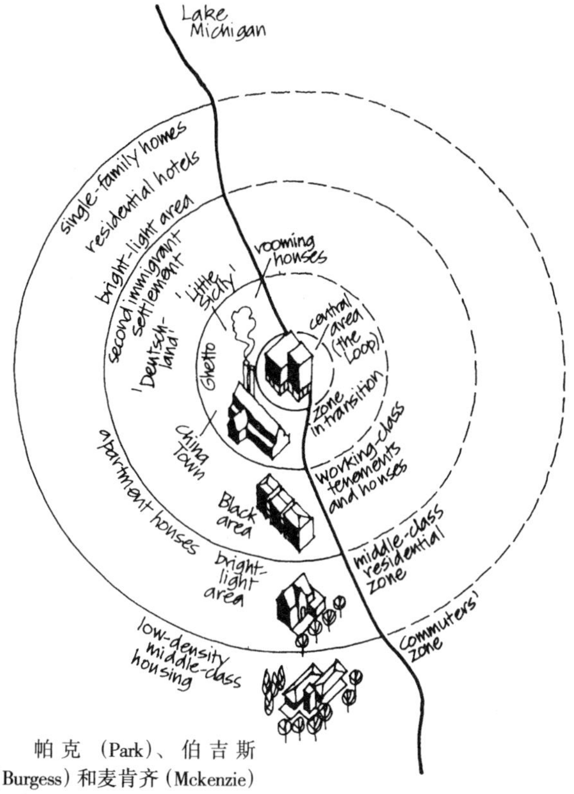
Lake Michigan
single-family homes
residential hotels
bright-light area
second immigrant settlement
'Deutsch-land'
'Little Sicily'
rooming houses
Ghetto
central area (the Loop)
zone in transition
China Town
working-class tenements and houses
apartment houses
Black area
middle-class residential zone
bright-light area
commuters' zone
low-density middle-class housing

帕克（Park）、伯吉斯（Burgess）和麦肯齐（Mckenzie）设计的同心圆城市的分析图，此图是建立在芝加哥平面的基础上的

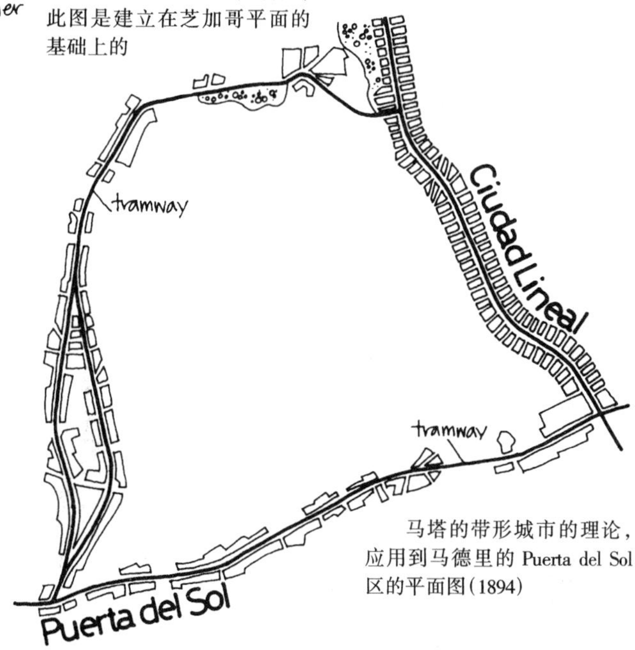
tramway
Ciudad Lineal
tramway
Puerta del Sol

马塔的带形城市的理论，应用到马德里的 Puerta del Sol 区的平面图(1894)

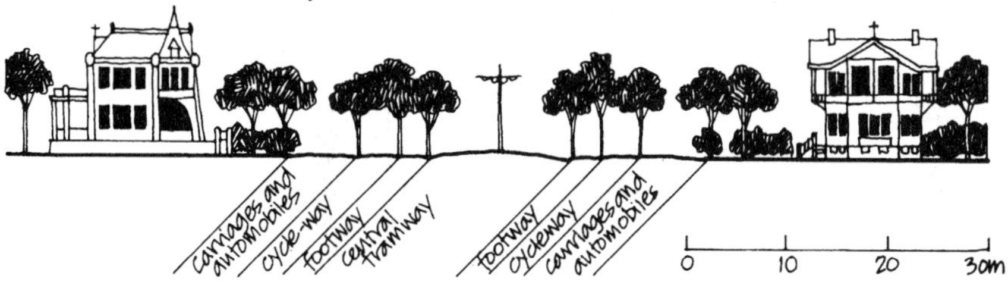
carriages and automobiles
cycle-way
footway
central tramway
footway
cycleway
carriages and automobiles
0
10
20
30m

在马德里应用的，带形城市 40 m 宽的中心干道

烟囱，具有意大利钟楼的式样。

事实上，萨尔特代表了比开明的迪斯累里为首的托利党人数更少的欧文乌托邦社会主义，迪斯累里的社会小说《西比尔》（《Sybil》）早些年已经出版。对于这位英国的资本家，一个生产很好的工厂和一种满意的劳动力形成了合理的经济意义，许多较好的经济意义能够符合基督教的教义。一般地说，代理商和私人房屋市场不愿提供好的工人阶级的住宅是清楚的，所以从中世纪就存在的"房屋协会"，开始发展"非赢利制造团体"（non-profit-making bodies），主要目的是为了工人居住者的福利，他们完全依靠自愿捐助的基金，所以不得不提供一定比例的利益，尽管是最低限度的，以便去吸引资产阶级的投资者。因此他们不得不去承担"合理"的租金，从而他们自己要为最大面积的财产和需要付出代价，还不得不应用周到的管理方法，对他们仔细选择的雇员进行严格的监督。协会的住宅清洁朴素，可为穷人使用。

最早的工人住房的公共规定，是在 1868 年由手工业工人和劳动者住宅法制定的，在 1875 年，经慈善家希尔（Octavia Hill）工作的结果，出现手工业工人和劳动者住宅改善条例（the Artisans and Labourers Dwellings Improvement Act）。当地的官员具有的清理贫民区和得到新房的责任，虽然第一个住宅协会已经承认成员平等，但实际上，许多协会是由富有的地主和工业家设立的，他们较富有并且比当地的官员更有权。吉尼斯托拉斯（Ghe Guinness Trust）开始于 1889 年，不久追随皮博迪捐赠基金会（the Peabody Donation Fund）、萨顿住宅协会（Sutton Dwellings）、卡德伯里家庭的伯恩维尔集团（the Cadbury family's Bournville Estates）和朗特里托拉斯（the Rowntree Trast）。

理查德兄弟（The brothers Richard）和卡德伯里（George Cadbury），咖啡的精制者和法国风味的巧克力制造者，在工业城伯明翰联合，由于专业的理想主义思想的驱动，果断地要把工厂移至农村的工厂基地，为了他们自夸的产品纯度能参与竞争。他们优先建造工厂建筑本身和工作的条件，最初只建了一群半独立的住宅。而作为虔诚的贵格会教徒，理查德兄弟真的有了全面改善工人阶级生活的积极性时，在 1893 年卡德伯里开始在一块 50 公顷的基地上建造一个模范村，其目的是保证在工厂的工人们有一些在室外活动的优越条件。伯恩河给了这个村以伯恩维尔（Bournville）的名称，"Bourn"后面的"Ville"这个法文后缀，表达了原有的联合贸易的友好姿态。伯恩维尔是一个永不受束缚的城镇——卡尔伯里的工人们总是由镇里的少数人构成，而他们的利益却尽可能的多。对最穷的人而言，要求归还的投资所保持的最小租金都太高，这是不可避免的，但是那些工人能够努力达到这个要求。卡德伯里的农村理想主义创造了一个已永不存在的中世纪的英格兰。两层楼的住宅建在预先种植了果树的特别的花园里，住宅用了瓦的或茅草的屋顶，和装饰性的封檐板，还用半木构架和凸肚窗，为了取得都铎式的效果。伯恩维尔与密集的台地上的萨尔泰尔居住区形成了对比，这个村庄有花园城市的所有特征：低密度、弯曲的道路、自由的建筑布局，建筑和道路旁有大量的树，和开敞的空间，对人们的健康有无可争辩的贡献，以及给人们以美学上的愉悦。

利弗（W. H. Lever），利物浦附近的沃灵顿一肥皂厂的厂主，他不是理想主义者，他类似于福特（Ford），或者是比欧文甚至比迪斯累里更接近于卡内基（Carnegie）。他提

慈善事业与家长式统治

本杰明·迪斯累里（Benjamin Disraeli 1804—1881），英格兰的总理，社会改良主义者，《西比尔》(Sybil)的作者

蒂塔斯、萨尔特的 Saltaire 镇乔治街(George Street in Titus)。中心在洛克伍德和莫森设计的教区教堂——永远是严肃的

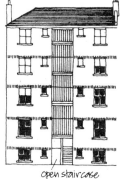

open staircase

19 世纪晚期典型的集合住宅——默尔梅德·考特(Mermaid Court)，位于伦敦的东南部

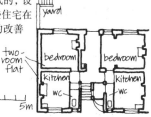

空间标准是低的，设施很少，但是这些住宅在贫民区已是巨大的改善

在利弗设计的阳光港中，建好的都铎式住宅，它是各种各样的可用的建筑式样的一部分

在卡德伯里设计的伯恩维尔镇，加德(George Gadd)设计的有独创性的村舍群，位于工厂厂房旁边的伯恩维尔小巷

伯恩维尔镇和阳光港不一样，它不装模作样，不规则的布局，具有许多仁慈的特点，也有现代城镇规划中的轴线

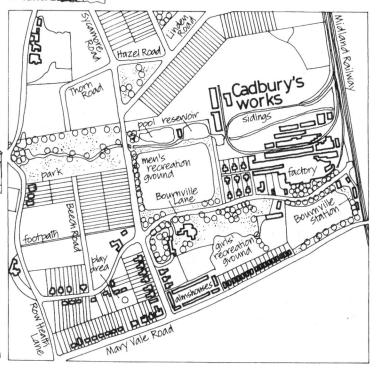

供的住宅是投资在他自己的未来的商业用地上，并且很坚定地就是为他自己的工人，而不是为外面的工人。他认为至少有一些是由工人创造的剩余价值，就必须用于为工人们自己谋利益——虽然工人们自己没有必要选择这种方法，因此建房基金就是来自再投资中的资金。1888年利弗开始在默西河（Mersey）岸上建立了新的阳光港，规划是威廉·欧文（William Owen）做的，在设计时他受到利弗思想的强烈的影响，借鉴了巴黎宽阔的林荫大道和凡尔赛街道的形式。在伯恩维尔有丰富的植物，较广泛的各种建筑风格，包括英国的都铎式和古典式，荷兰家庭式和法国帝国式。从建筑学上看，这个镇受到一座大的教区教堂和利弗女士美术馆（the Lady Lever art gallery）的控制，美术馆是为另一个口岸集资，并为生意作推销广告。整个村子明显的标志就是受"肥皂精神"的支配。

这些中产阶级讨好工人阶级的努力，至少有部分成功，伴随着他们提高有技巧的工人的生活标准，从而在对工人压制的错误做法中，形成了一种保护自己的方法。这是全工业社会中普遍的事实，特别是在德国和美国。俄国的政府几乎是一意孤行，没有为城市工人阶级做什么有益的事。然而差不多在各处都剩下了人口贫困的部分——在不列颠大约有1/3——那里的人非常贫困，与其他财产持有者正在成长的富裕形成十分明显的对比。在19世纪结束时，中产阶级和工人阶级之间在经济上和文化上的差距比过去都大。当经济萧条明显和国际经济膨胀时，一种极度的科学主义繁荣起来，对于后尼采主义时期的世俗哲学的增长是应有的部分——典型的是詹姆斯（William James）的实用主义——部分地歪曲了不容怀疑的真正的科学团体的成就——如普朗克（Planck）、孟德尔（Mendel）、巴斯德（Pasleur）、居里（the Curies）、弗洛伊德（Freud）、阿德勒（Alder）和许多其他的——像达尔文主义，被用于居里为实利主义者自身利益的哲学作谬误的证明。在德国，当梵蒂冈大声宣布它要脱离政治生活时，虽然没有走得太远，教会就吹毛求疵地反应，试图把教会本身从国家中分裂出去。在文学上，有一些造反者反对资产阶级道德的侵蚀：有力的和进步的像易卜生（Ibsen），丧失信心的悲观主义者像契诃夫（Chekhov）或卡夫卡（Kafka），还有讽刺性的像怀尔德（Wilde）和肖（Shaw）。

在建筑界，莫里斯（Morris）对某些事的关键性的态度是由阿什比（Charles Ashbee 1863—1942）反映出来的。阿什比是理论家、改良主义者、教师和实用的工艺美术设计者，他于1888年在伦敦的工人阶级东区（East End），建立了手工艺协会（the Guild）和手工艺学校（School of Handicraft）。他的最好的建筑是在切尔西的切恩·沃克（Cheyne Walk）37号和38—39号（1894—1904），在那时，工人阶级占支配地位的郊区逐渐变成中产阶级的上流社会的区域。建筑师之中真正造反的不多，特别是那些为富人设计优美的住宅的建筑师。莫里斯对工业资本主义的不满的回答，是他的作品总是艺术的，而不是上流社会的，以一种所追求的形式为例，像沃伊齐（Voysey）设计的一种简单的日常使用的建筑。沃伊齐的那种简洁性是仔细地设计的结果，而不是清楚易懂的手工艺；他给他的进步的生活带来一个清教主义的，特别华美的感受，自由地思想，但是也为富有的业主设计——在梅尔尚格尔（Merlshanger 1896）和帕斯彻斯（Pastures 1901）。他的有影响力的风格的标志，以奥查德住宅为典型（the Qrchard 1899），住宅为低层，有适当的比例，长的水平的窗子划分了窗扉，普遍存在的白色小卵石抹灰，和板瓦四坡屋顶，

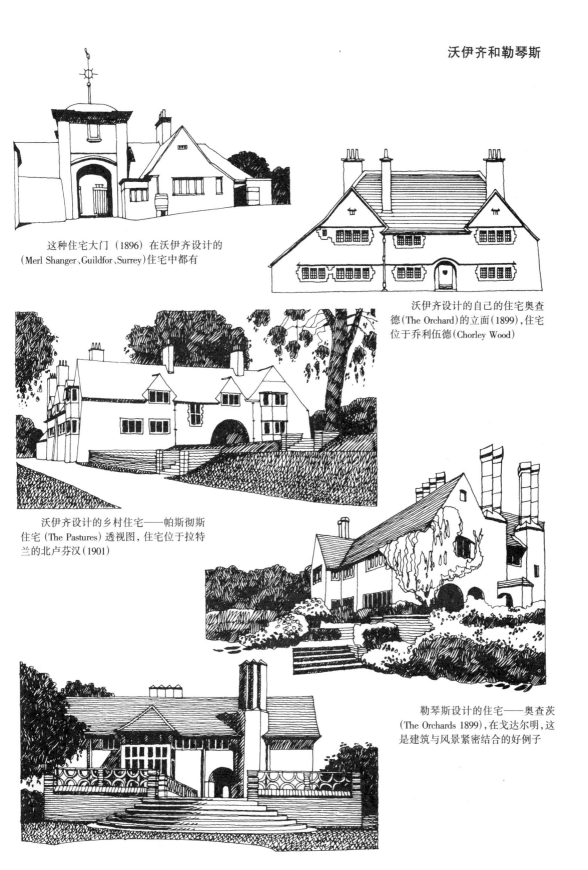

这种住宅大门（1896）在沃伊齐设计的
（Merl Shanger、Guildfor、Surrey）住宅中都有

沃伊齐设计的自己的住宅奥查
德（The Orchard）的立面（1899），住宅
位于乔利伍德（Chorley Wood）

沃伊齐设计的乡村住宅——帕斯彻斯
住宅（The Pastures）透视图，住宅位于拉特
兰的北卢芬汉（1901）

勒琴斯设计的住宅——奥查茨
（The Orchards 1899），在戈达尔明，这
是建筑与风景紧密结合的好例子

勒琴斯设计的迪恩里花园（Deanery Gardens 1901），在松宁
（Sonning）像奥查茨住宅，是他还沃伊齐和工艺美术运动的债

所有的都是低中产阶级郊区住宅重复出现的。他注意每一个细部，包括家具，像对建筑本身一样，都是简洁的，然而舒适和精致，没有卖弄铺张。

建在格特鲁德·杰基尔（Gertrude Jekyll）诗一般的风景花园中的，埃德温·勒琴斯（Edwin Lutyens）富裕的农村住宅（1869—1944），有田园诗般的环境是为了贵族和成功的资本家。开始，一位工艺美术设计者，设计了许多不正规的建筑，如伍德住宅（Munstead Wood 1896）、奥查茨（the Orchards 1899）和泰格伯恩·考特住宅（Tigbourne Court 1899）、迪恩里花园（Deanery Gardens 1901）和福利农庄（Folly Farm 1905），当勒琴斯不断成功时，他逐步狂妄自大。Lindisfarnce 城堡（1903）、Nashdom 城堡（1905）、希思科特城堡（Heathcote 1906）和 Drogo 城堡（开始于 1910）都是更正规、浮夸和昂贵的，但比勒琴斯较早的设计创造性少些。勒琴斯是位天才的建筑师，在他的早期作品中，不论怎样他都试图摆脱在 19 世纪设计中的历史主义倾向，——例如肖做过的，他永远不能去做——然而，在社会中，他保留了部分 19 世纪的风格。他的建筑依靠和运用一种转弯抹角的方法，有助于永存，微弱的贵族社会，和最初的自我制造的工业家——已经是时代的错误，不久将被代替。

在美国，相似的尝试是使资产阶级住宅的设计者摆脱历史主义。沙利文现在隐居了，而他的同事埃尔姆斯利（Elmslie）在 1909 年与珀塞尔（William Purcell）合伙，继续进行芝加哥传统的设计，多数是在中西部和西部海滨地区。建筑师查尔斯（Charhes）和格林（Henry Greene）工作在相似的地理区域，明显地不受芝加哥学派的影响。他们在很多情况下运用传统的日本建筑技术，在加州，帕萨迪纳的甘布尔住宅（the D. B. Gamble house 1909），证明了它在采光、通风、灵活的平面，室内空间和室外空间之间只有微小的区别方面的优点。它与东部海滨的更稳重的欧洲方法形成对比，并预示着加利福尼亚郊区住宅的今天。

能更有成效地应用芝加哥传统的是赖特（Frank Lloyd Wright），当他还年轻时为阿德勒和沙利文工作，设计私人住宅，而沙利文把注意力集中在办公大楼的设计上。三层的查利住宅（Charnley house 1891），简单、对称，看上去很坚固，是他为事务所做的第一件工作。但是从 1893 年，实际上他在伊利诺斯是为他自己工作，开始发展他称之为他的"大草原"住宅。他的风格演变可以清楚地追溯到 1893 至 1909 年之间。1893 年的温斯洛住宅（The Winslow house）有一个四方形平面，但是立面处理得是低低的，向水平方向伸展，使住宅出现了和大地拥抱的效果。在威利茨住宅（the Willitts house 1902）的设计中，把平面设计成十字形，使住宅全方位地被景色环绕。在尤尼蒂庙（the Unity Teurple）和帕里什住宅（Parish house 1906）的设计中，在住宅的其它方面进行发展，他的思想注意到自然采光，用琥珀色的玻璃，使鲜艳的光线充满室内。孔利住宅（The Arery Coonley house 1908）与室外庭园结合，设计了一个下沉式的花园和一个游泳池，用一种方法使室内和室外之间的所有区别都模糊起来。在罗比住宅中（Robie house 1909），赖特把所有的设计因素都合在一起，形成了一个很好的创作。郊区很窄的一块空地，妨碍了孔利住宅平面的伸展，赖特就在把建筑与景观紧密结合的意义上取得了成就。三层高的住宅，却以低的舒展的宁静的姿态出现，覆盖以帐篷式的有脊的屋顶，视觉上感到住

位于帕萨迪纳的甘布尔住宅(the Gamble house 1909)，证明了格林和格林的兴趣，类似赖特，运用了日本传统建筑的风格

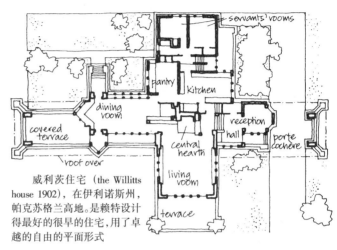

威利茨住宅（the Willitts house 1902），在伊利诺斯州，帕克苏格兰高地。是赖特设计得最好的很早的住宅，用了卓越的自由的平面形式

拉金行政大楼(the Larkin building)的室内

位于伊利诺斯栎树公园的尤尼蒂庙（the Unity Temple 1906)，在设计中赖特又回到了他过去采用的传统教堂的形式

拉金行政大楼(the Larkin administrative building 1904—1905)在纽约州的布法罗，在设计中赖特创造了办公的环境，防止了来自城市外面的噪音和烟尘

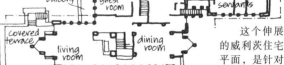

这个伸展的威利茨住宅平面，是针对一块窄的基地所采用的

罗比住宅（the Robie house 1909)，是一个有旋转力的合理的平面，优美的比例和"有机的"设计，体现芝加哥农村的"大草原"的形象

宅是被钉在地面上。室内平面是自由的，带有互相连接的空间，地面标高的变化，使室内更有活力，楼梯间和壁炉围绕一个固定的中心核而布置。

这时期赖特的另一重要作品，是在纽约州布法罗的拉金行政大楼(the Larkin administrative building 1904—1905)，在芝加哥的建筑师方面，办公大楼的形式几乎是一成不变的老一套，有着重复的楼层，轻易处理的有规则的重复的窗子。赖特重新思考了整个的设计概念，改善了办公楼的设计，让在办公室的人向内看到一个四层楼高的有玻璃顶的庭院，用厚实的外墙去隔绝噪声和污染。它是第一座有集中空调的商业性建筑，第一次使用了有目的设计的钢构件，第一个把楼梯间设计成"塔"，这是一个重要的设计特点。使人激动的非凡的室内空间，和厚重的主体派的室外处理，对欧洲前卫派有很大的影响。

单纯从在设计中的地位看，赖特是一位天才的创新者，他在许多方面拓宽了建筑思想：空间的流畅处理；现代化的利用传统材料；利用新的结构和设施系统；利用建筑形式去创造抽象的雕塑感。在他的"草原"设计中，他寻求创造一种"有机的"建筑，和风景结合在一起，忠实于建筑所需的材料，建筑设计应为居民与土地及其它自然要素建立密切的关系创造可能。有机建筑是他对开拓者的尊重，和对前辈的崇拜所表现的一个部分。他来自一个移民的农民家庭背景——他的双亲离开以后，他带着转变的热情，又有了新的发现，这些在他的作品中都是很明显的。在现实中，他设计的住宅大多数都是为中产阶级家庭在芝加哥郊区使用的；在哲学上，他把建筑看作是重现无知者失去的世界；更基本的价值，和他所谓的"一个真正文化的真正基础"的形式，再建的一个方法。他在现代建筑师中是不孤独的，他们相信用一种新的建筑形式能够轻易地使社会更新。

大约在1890到1910年之间，在欧洲和在美国东部工作的许多新艺术的设计者和建筑师都持这种态度。形形色色的新艺术的起源是英国居支配地位：拉斯金(Ruskin)和莫里斯(Morris)和他们完整的艺术理论；布莱克绘画的流动的线条，或莫里斯自己设计的纺织物上的流动线条；麦克默多(Mackmurdo)的装饰艺术，特别是他为《霍恩的城市教堂》一书(Wren'City Churches 1883)设计的扉页；沃伊齐和其他建筑师们的简单的非派生的住宅设计，由于Hermann Muthesius著的书《英国建筑》(Das Enghshe Hous 1904)而闻名于欧洲。在比利时和法兰西广泛的各种影响，包括维尔德(Henri Van de Velde)早期的图案设计，特别是他的壁饰嵌板"天使的凝视"(The Angel's Watch)，甚至还有埃菲尔的工程作品——不是含义上的，是塔的形象有新艺术的作用。在法兰西也是，在实践上的优势在应用美术方面，特别是金属设计，为设计者提供了增长技术和美学的机会。

在欧洲和美国进步的设计者们，开始抵制到现在都不能开花结果的19世纪的历史主义，喜欢有意识的革新。这个运动的全名，和它在各地的许多不同的称谓——在德国，称青年派(Jugendstil)，El Modernisme 在加泰罗尼亚，说它是现代性。新思想的形成通过从建筑到珠宝饰物的整个艺术系统，在绘画、音乐、舞蹈方面，其特点从简单的几何图形到丰富的曲线。这种多样性是这个运动的特征，在运动中许多矛盾的思想是同时存在的，表现在：为了商业上的原因，在使用现代材料和生产技术的同时，希望恢复最忠实的工匠的长处；在转向中世纪的日本、托勒密的埃及或凯尔特的英国，为了使建筑形象鼓舞人的同时，支持现代的风格而拒绝历史主义；在现存的社会的作用中承认经济规律的同时，又去寻找创造文化上的文艺复兴的基本矛盾。在工艺美术的设计者中，社会主义艺术家克兰（Walter Crane）能看到这点，即所谓的新艺术就是"装饰病"，并懊恨新艺术缺乏社会的目的。一些新艺术的设计者们否定资产阶级社会，他们宁可攻击资产阶级社会，而不是改良；作为整个新艺术运动首先是资产阶级的，此外还能是谁的：它的建筑是为了中产阶级居住；它的歌剧和娱乐是为资产阶级消遣；它的人工制品是为资产阶级购买。

这个时期的口号是"为艺术而艺术"，表明不为社会生产艺术的商品的想法，这个社会已几乎将任何事都降低到商品的水平，这种观念本身是谬论。马克思已经论证了资本主义基本的问题之一就是"为生产而生产"，生产率脱离了满足人们需要的原则，是自取灭亡的。艺术也同样，"为艺术而艺术"（l'art pour l'art）是限制艺术本身仅仅作为社会的工具和有用的能力，以及仅作为一种日用品。作家例如鲍德莱尔（Baudelaire）和哈于思曼（Huymans），能够考虑脱离资产阶级社会，他们的愿望是抗击资产阶级对他们的压力，但还保留与资产阶级社会的紧密联系，而新艺术设计者们，也许对资产阶级对价值的看法不喜欢，但还不得不把他们的货物卖给资产阶级的买主。

在莫里斯的思想矛盾方面，新艺术提倡把艺术作为一种日用品，这个运动是建立在商业主义的基础上，许多重要的设计者例如蒂法尼（Tiffany）和拉利克（Lalique）是两位艺术家廉店主，卖他们自己的作品。艺术家的界线是很难划分的，如：混合画是艺术家和工匠技术结合完成的；雕塑和珠宝是消费者应用的货物，甚至"纯"艺术通过印刷画或微型画，和雕塑的大量生产，转变为真正可出售的形式。百货商店在此过程中发挥了重要的作用，如在巴黎，维尔德的"L'Art Nouveau"装饰画（1883），新艺术运动是因它而得名；还有"Samaritaine"（1904—1905）；在布鲁塞尔，霍塔（Baron Horta）画的"L'Innovation"（1901）。伦敦最早的百货商店依次给在意大利的新艺术运动起名为"Stile Liberty"。

新艺术在 20 世纪初的时候还是一个真正的国际运动。它属于第二代工业化国家——法国、比利时、德国和美国，和第三代的工业国如西班牙、意大利和匈牙利，参加运动的国家为数众多，到 19 世纪末时，足以形成一个有重要意义的新的国际资产阶级共同体。这个运动特别是属于城市资本主义；例如在西班牙，它在加泰罗尼亚流行，是最先进的工业区，在那里它变成了反对卡斯蒂尔（Castile）的政治统治的民族主义自豪的焦点。而在意大利，它是米兰、都灵、乌迪内的新艺术的样式，就不是南方农民的艺术样式。

新艺术的建筑开始在比利时出现，有霍塔（Victor Horta 1861—1947）在布鲁塞尔设计的塔塞尔旅馆（Hôtel Tassel 1892），它带有呈螺旋形铸铁栏杆的奇异的主要楼梯，确实是现代的，并吸收了维尔德早期在图案设计方面的经验，还有他设计的"L'Innovation"。霍塔设计的主要作品包括 the Hôtel Solvay（1895—1900）和 the Maison du Peuple（1896—1899），有助于建立高卢新艺术的古典式的像火焰般的线条，取得成就是由于有想象力的和有现代用途的铁和玻璃。维尔德大约在同时转向了建筑和室内设计，开始在巴黎设计了"L'Art Nouveau"百货楼，后来设计了展览馆，在德累斯顿，已推广了

比利时和法国的新艺术

布鲁塞尔，Beranger城堡主要入口大门，1896年，Guimard设计

霍塔（Baron Horta）设计的人民宫（Maison dupenple 1896—1899），是为the Parti Ourier Belge设计的布鲁塞尔分部

electric light

METROPOLITAIN

巴黎地下铁道入口处铁和玻璃作的标志，超过标准尺寸的1/3，Guimard设计（1900）

世纪末的精华，1900年巴黎博览会

Louis Majorelle设计的新艺术家具，带镜子的红木化妆台（1900）

在珠宝方面的新艺术——1900年的夹叉，为Bernhards设计的，由Georges Forguet和Alphohse Mucha设计，像克娄巴特拉埃及女王的毒蛇……

飞龙夹子，由拉利克（René Lalique）设计（1898）

布拉迪斯拉发的 St Elisabeth 教堂(1906—1908),Odon Lechner 设计

慕尼黑的新艺术——August Endell 设计的埃尔维拉(Elvira)摄影室(1897—1898)

Lechner 设计的杰作,用了有装饰性的砖,是邮政储蓄银行(1899—1902),在凯奇凯梅特

亲切漂亮的 Stile Liberty——Salmoiraghi 宫(1906),位于米兰,Sommaruga 设计

布达佩斯的 Calvinist 教堂(1911—1913),Alader Arkay 设计,吸收了当地的传统,像 Lechner 和 Mackintosh 的设计

Raimondo d'Aronco 设计的中心亭在 1902 年都灵展览会,这些装饰性的构件还有结构上的功能

他的作品，并移至德国。在德国的哈根他为 Folkwang 博物馆（1901）做了室内设计，在德累斯顿为尼采档案馆（the Nietzsche Archiv 1903）做了设计，在德累斯顿还重建了美术学校（the Art School 1904）。

在法国有两个主要的新艺术中心。洛兰森林为在南锡的，Emile Gallé 和他的学生 Louis Majorlle 和 Victor Prouvé 所工作的车间，提供木材和看上去很灵巧的家具。他们不承认木材有内在的局限性，以高度地象征性的方法来使用它，弯它和使它成为曲线，形成流动的有想象力的蔬菜和植物的形式。巴黎式的家具更光亮更豪华。主要的实践者是 Eugène Colonna、Eugène Gaillard、Georges de Feure 和建筑师 Hector Guimard（1867—1942），他是 Béranger 城堡（1894—1898）的设计者，用了复杂的铁构件，用霍塔在比利时建立新艺术的方法，在法国建立了新艺术的组织。法国新艺术达到的顶点就是 1900 年的国际博览会，这件事本身包括：由皇帝主持的 Pont Alexande Ⅲ 的开幕典礼——Charles Girault 展览建筑和陈列工作，如马奇（Alphonse Mucha）和拉利克（RenéLalique）这位漂亮的颓废派珠宝艺术家设计的丰富的图案设计，似乎是奢华的集中体现，和轻轻地冲击了这个世纪的精华——怀尔德的莎乐美❶（Wilde's Salomé）的资产阶级社会，以及费伊多（Feydeau）的喜剧，磨坊的改革者（the Moulin Rouge）Sarah Bernhardt 和 Loïe Fuller。

在德国，在机械产品设计方面，其式样变得更普通，特别是在 Württemburgische 的金属制品工厂（Metall warenfabrik），斯特劳布（Daniel Straub）的 19 世纪中叶的铸工厂，到 19 世纪末，这个工厂已发展为一个大的联合企业，支配着德国金属构件和金属雕塑品的生产。August Endell（1871—1925）是许多德国新艺术建筑师中的一员，他设计的在慕尼黑的 Atelier Elvira 摄影室（1897—1898），和在柏林的 Buntes 剧院（1901），都因其复杂的表面装饰而引人注目。在布达佩斯，Odön Lechner（1845—1914）和 Aladár Arkay（1868—1932），按照匈牙利人的传统进行新艺术的创造，他们也是这个传统的一部分。Lechner 开始是作为一名新哥特式风格的建筑师，并且他的最好的作品是在凯奇凯梅特（Kecskemét）的邮政储蓄银行（the Postal Savings Bank 1899—1902），是一个大的装饰性的和空间多变的纯新艺术作品。Arkay 设计的最满意的作品，是在布达佩斯的 Calvinist 教堂（1911—1913），由于大面积的丰富装饰，是一座坚固的简洁的充满活力的建筑。在现代的意大利，建筑与新艺术式的采光结合在一起，著名的如 Stile Liberty 宫，带笨重的巴洛克式意大利传统；它被当作 Ernesto Basile（1857—1932）、Raimondo d'Aronco（1857—1932）和 Giuseppe Sommaruga（1867—1917）的创作典型，他们在国际背景的基础上为都灵装饰艺术展览（the Turin exhibition of decorative arts 1902）建立了意大利的新艺术。在美国，华美的有装饰性的金属构件由埃尔姆斯应用在沙利文设计的建筑中，这确实在风格上有深远的影响意义，但是最重要的作品勿容置疑是由蒂法尼（Louis Comfort Tiffany）设计的丰富和有色彩的玻璃制品，和他的艺术家协会建筑（Associated Artists）。

---

❶ 莎乐美为基督教《圣经》中的一个女人的名字。

146

杂货店和小教堂(1888),位于 Sitges 附近的 La Garraf,运用了 Berenguer 的高度合理的风格

高迪设计的巴塞罗那 Casa Milá 公寓（1905—1910）,在建筑中把加工好的石头,嵌在塑性的混凝土或水泥中

米拉公寓(Casa Mila)的平面

巴塞罗那,圣家庭教堂(1903—1926),高迪在扩建的十字形耳堂的细部设计中,有 Berenguer 的现代主义的影响

Berenguer 设计的扶手椅

为 1888 年巴塞罗那的商品交易会,Domenech 设计的咖啡屋和餐馆,使用了砖石装饰

巴塞罗那,Domenech 设计的圣保罗 San Pau 医院入口大厅的灯柱(1902—1912)

Domenech 设计的加泰罗尼亚音乐厅平面,观众厅的墙用了玻璃墙

auditorium

stage

新艺术的国际主义不妨碍它在这里或那里取得较狭隘的，更有宗派性的意义。在加泰罗尼亚，它被认为是民族的风格，而不是国际的风格，对于在西班牙最工业化的地区，所出现的资产阶级在为文化上的统一性和政治上的认同性的斗争中具有高度的重要意义，虽然只是更强烈的一种感受，但它发挥的作用与英国哥特式所发挥的作用相似。新艺术运动的到来是在文化和政治生活方面的资产阶级文艺复兴（Renacxença）的一部分，还能看到语言的改革，设置专科学校和大学，和建立新的法规。在巴塞罗那、巴伦西亚、赫罗纳和马略卡的现代主义都吸收了广泛的各种各样的当地文化传统，变成了大众化的，足够去影响所有的艺术，去形成几百座新建筑，和一些伟大的有重要性的建筑。

最著名的加泰罗尼亚建筑师，和现代主义时期最有意义的人物是高迪（Antoni Gaudí 1852—1926）。他把从他的工匠父亲那里获得的装饰性金属构件的经验，用到他早期设计的资产阶级住宅上，如在巴塞罗那的 Casa Vicens 住宅（1878—1880），和在库米拉斯的 Capricho 住宅（1883—1885）。由成功的工业家 Güell 主办，高迪为他完成了 Güell 宫（1885—1889）、Santa Coloma 小教堂（1898）和 the Parquce Güell（1900）。最初他受到传统的阿拉伯和哥特式建筑的影响，高迪很快地发展了个人的风格。他把基本的建筑形式，包装得像巨大的混凝土的甲壳钢，用创造的珊瑚，和非惯常的放置了玻璃的装饰、陶器碎片及一套套金属。在巴塞罗那，圣家庭教堂看上去是最好，那是一个现有的新哥特式教堂，非常笃信宗教的高迪，在 1884 年开始进行扩建，在 1903 年和 1926 年之间，加了四个使人惊奇的瓶形的塔。同样的创造性，在他设计的另外两个考虑得较成熟的建筑中可以看到，它们是在巴塞罗那的豪华公寓大楼（the luxury apartment blocks）Casa Milá 和 Casa Battló（二者都始建于 1905）。

虽然雕刻的期间无限制，高迪的想象力还不能完全把 20 世纪新结构的可能性都包含进去；虽然有时他能扩大传统的结构方法的范围，但他不能从它们之中摆脱出来。在这方面，他与伟大的现代的多梅尼希（Luis Domènech y Montaner 1850—1923）不同，多梅尼希采用了新材料和新技术，表现了更真实的加泰罗尼亚现代主义的外貌，准奥莱-勒-杜克（Viollet-le-Duc）和莫里斯的精神实质。高迪是个神圣的傻子，试着通过他自己的完全的个人笃信宗教的表现，来实行加泰罗尼亚人民的精神；多梅尼希是位著名的议会成员、政治家，对他而言，建筑是取得较好的政治前途的手段。至少有一部分受到莫里斯的影响，他发展了结构的理性主义理论和工艺的完整性理论。他较早的作品在巴塞罗那，如 Montaner y Simón 出版公司大楼（1881—1885）、为 1880 年加泰罗尼亚商品交易会设计的咖啡屋和餐馆，付出了对摩尔传统的西班牙建筑的敬意，在前一建筑中用了抽象的几何性的装饰，而后者则用了有花边的，呈雉蝶形的天际轮廓线。他的成熟作品包括 Pere Mata 学院（1897—1899）、Casa Thomas 公寓（1899）和 Casa Navás 公寓（1901），都在雷乌斯，三栋伟大的建筑在巴塞罗那，是 San Pau 医院（1902—1912）、Lleó Morera 公寓（1905）和加泰罗纳（Palau）音乐厅（1905—1908）。这三幢建筑代表了他最高成就的作品，医院是理性主义平面的标志；Casa Lleó Morera 公寓为了表现建筑处理的严格性；palau 音乐厅和以上的建筑都表现了空间上的丰富，部分的来自多梅尼希利用钢和玻璃的想象力。高迪和多梅尼希代表了加泰罗尼亚现代主义各异的双方。和他在一

麦金托什与分离派

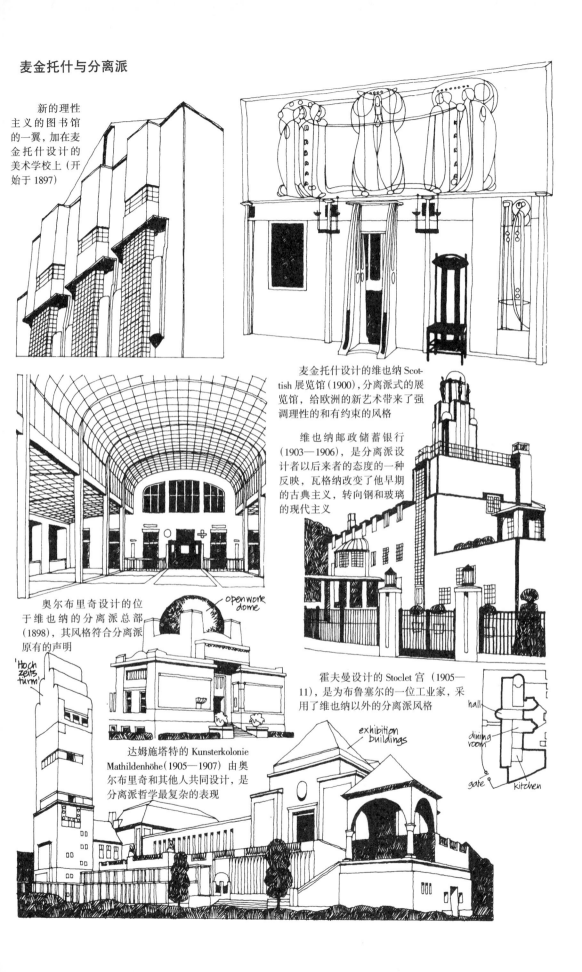

新的理性主义的图书馆的一翼，加在麦金托什设计的美术学校上（开始于1897）

麦金托什设计的维也纳Scottish展览馆（1900），分离派式的展览馆，给欧洲的新艺术带来了强调理性的和有约束的风格

维也纳邮政储蓄银行（1903—1906），是分离派设计者以后来者的态度的一种反映，瓦格纳改变了他早期的古典主义，转向钢和玻璃的现代主义

奥尔布里奇设计的位于维也纳的分离派总部（1898），其风格符合分离派原有的声明

'Hoch zeits turm'

openwork dome

霍夫曼设计的Stoclet宫（1905—11），是为布鲁塞尔的一位工业家，采用了维也纳以外的分离派风格

hall

dining room

gate

kitchen

达姆施塔特的Kunsterkolonie Mathildenhöhe（1905—1907）由奥尔布里奇和其他人共同设计，是分离派哲学最复杂的表现

exhibition buildings

起的学生，值得注意的贝伦古尔（Berenguer 1866—1914），是在 La Garraf 的杂货店和小教堂的建筑师（1888），高迪是代表有丰富雕塑感的表现主义，从建筑发展看是落后的。高迪的表现主义和多梅尼希的更严格的理性主义都在继续影响 20 世纪的建筑。

理性主义的方法是基于斯科特(Scot)、麦金托什(Charles Rennie Mackintosh 1868—1928) 的作品。他的最伟大和最有影响的建筑——格拉斯哥美术学校——这也是他最早设计的建筑之一，在 1897 年设计竞赛中获胜而受委托设计的。方案中包含了许多轻松愉快的装饰因素，合乎他早期作为一名新艺术绘画艺术家和家具设计者的经历，并且还提供更基本的能力：坚持运用传统的和新的材料，值得注意的是石头、木头、金属和玻璃；表面处理的简单化；以及以上所有综合地灵活地利用空间和光线，这些特征形成了 20 世纪理性建筑的要素。这种存在的认识使麦金托什离开了大多数他的现代新艺术，虽然他通过自己的工作，还在继续坚持新艺术，从他的设计中可以看出，如从在 Buchanan 街的格拉斯哥茶室（1897—1898）、Argyle 街（1897—1905）、Ingram 街（1901—1911）和 Sauchiehall 街（1904），到他设计的乡村住宅，如在 Kilmalcolm 的 Windy Hill（1899—1901）、在 Helensburgh 的 Hill house（1902—1903），以及到格拉斯哥艺术学校的扩建（1907—1909）。虽然"格拉斯哥学派"已成为著名的中心——一小群新艺术的设计者，包括 Margaret 和 Frances Mc Donald 和 Herbert Mc Nair——麦金托什在英国影响非常小；White chapel 美术馆（1898—1899）和 Horniman 博物馆（1900—1901），二者位于伦敦，由汤森 Charles Harrison Townsend 1850—1928) 设计，是英格兰最接近新艺术的。这是离开欧洲大陆，去发展表面简单化和空间丰富的麦金托什的思想，即指出理性主义的未来。

把麦金托什介绍到欧洲来的关键人物是瓦格纳（Otto Wagner 1841—1918），是一位维也纳建筑师，沉浸于奥地利的哈布斯堡王朝 Habsburg 资产阶级传统，为环城马路上(Ringstrass) 的纪念性的市民建筑做的设计，足以称得上是优秀的，他有充分的自由去相信进步的思想，和怀疑在建筑方面维也纳帝国的观点及派生的风格，对于未来的建筑是否适当。他希望逐渐形成一种风格，这种风格应能担当起维也纳杰出的历史责任，又能反映勋伯格（Schoenberg）、柯柯什卡（Kokoschka）、弗洛伊德（Freud）对城市的进步的理智的促进因素。他的声明是"没有任何一件东西不经过实践能达到美观"，这是对传统和建筑价值的挑战，在他为维也纳 Stadtbahn 火车站做的设计中，试图进行这种实践。当他从 1894 年成为大学的建筑教授，和建筑业的雇主时，他教育和鼓励年轻的建筑师们，用他们的思想去作属于他们的事情。奥尔布里奇（Josef Maria Olbrich 1867—1908）和霍夫曼（Josef Hoffmann 1810—1956）二人是分离派艺术家组织的成员，该组织名为 "Sezession"，支持全面否定过去的风格。这个组织的总部设在维也纳（1898），总部是一座简单的立方体建筑，带有开敞的圆拱顶，奥尔布里奇设计。总部领导所委托的设计，从 1899 年为赫西大公爵府邸建筑，到为 Mathildenhöhe 设计工作室、住宅和展览建筑，一个艺术家们的聚居地在法兰克福附近的达姆施塔特。分离派成员使他们的作品成为许多展览会的展品，是分离派有商业作用的部分，在维也纳的一个分离派小组在1900 年，为把麦金托什的作品介绍到欧洲起了重要作用。

Steinerhaus - view from the garden

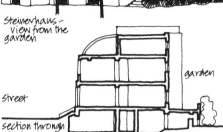

street

garden

section through Steinerhaus

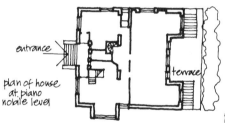

entrance

plan of house at piano nobile level

terrace

卢斯（Adolf Loos）设计的 Steiner haus（1911），位于维也纳，这也许是第一个完全忠于结构的预应钢筋混凝土的现代实例，它所表现的立体主义，用了平屋顶和平整的墙，以及自由的平面形式，反映了材料的特征

Loos

佩雷特拓宽了钢筋混凝土框架结构的优点，允许有较大自由的平面和立面设计

Perret

佩雷特（Perret）设计的巴黎 Ponthieu 路上的汽车库（1905—1906）采用了混凝土框架和全是玻璃的墙

佩雷特设计的在巴黎福兰克林路 25 号的公寓（1902—1903），带有三种平面形式，宽的窗子，最时髦的悬臂梁在第一层

梅拉特（Robert Maillart）早期设计的 Zuoz 桥，他的贡献是在桥梁设计方面发展了弯曲的抛物线型的厚板

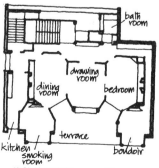

bath room

drawing room

dining room

bedroom

kitchen smoking room

terrace

boudoir

梅拉特的杰作——一座跨越 Salgina 峡谷的公路桥

霍夫曼是特别地受到莫里斯和麦金托什的影响，在1903年他建立了维也纳美术家创作室（the Wiener Werkstätte），他试图把建筑的和手工艺的技术结合一起。同年，他在Purkersdorf建造了他的疗养所，非凡的在这个时代之前，用了平坦的墙，平屋顶和有规则的长方形窗子。1905年在布鲁塞尔，他又开始建他的Stoclet宫，一座大的舒适的资产阶级住宅，设计得优美丰富，有很多空间，充满了光线。奥尔布里奇也是努力的，在达姆施塔特，他的婚礼楼（1907），是一座高的塔，整齐、平滑的线条，许多要归功于麦金托什。甚至瓦格纳，从他的学生那里，发觉了使其激动的新思想，在维也纳邮政储蓄银行的建造中（1903—1906），设计了一个平的用玻璃屋顶封住的大厅，从中可见所有的历史主义的思想都已被排除。在阿姆斯特丹，伯拉吉（Hendrikus Berlage 1856—1934），在他为迪阿蒙德工人联合会大楼（the Diamond Worker's Union building 1899—1900）和股票交易所（the Stock Exchange 1897—1903）的设计中，也追求相似的真实性，虽然在风格上与多梅尼希在1888年设计的咖啡厅和餐厅有紧密的相似之处，但其简洁的、纪念性的室内处理手法，使人回忆起理查森（Richardson）的罗马式风格，由于他忠实地和像工匠一样地运用材料和结构，因这两座建筑的设计而获得尊重和地位。

新艺术的设计者着重于手工艺，当工业社会对此有评论时，想到这种矛盾会给他带来商业上的成功，但对社会不起什么作用。莫里斯于1896年逝世，在他与分离派之间，实现社会主义的道路已经失败；手工技艺最好的结果在于自身，最坏的结果是作为商品，不如去真实地反映社会，尊重和鼓励个人的自由。莫里斯自己清楚要加强的不同点，这不是有关材料的标准，而是生活质量的特征。在一次题名为"未来的社会"的讲演中，他说道："自由人，我相信必须过简单的生活，和只有很少的愉快；如果我们脱离了现在的需要而战栗，那是因为我们不是自由人，经常环绕我们生活的是一种复杂的独立性，这种独立性使我们成长在虚弱又无助的情况中。"其他人认为摆脱不了工艺的新艺术的不适应，不是因为未领会莫里斯的社会主义者争辩的意义，相反地，是因为未充分地运用工业资本主义的方法。出生于摩拉维亚的建筑师卢斯（Adolf Loos 1870—1933）谴责所有的手工工艺，赞美现代建筑机械的外观。这种态度部分地来自第一方面，学习在美国的珍妮、伯纳姆、卢特、阿德勒和沙利文的作品；部分是以后他回到维也纳，真诚地去剖析瓦格纳的理论。他否定新艺术的装饰方法，以及与新艺术有关的奥尔布里奇、霍夫曼和工作室；出版和发表了一系列坦率的署上他的名字的书籍和文章，成为实践的和功利的传教士，结构工程和管道方面的优胜者。他设计的建筑一直是简朴的；如在蒙特勒伊克斯的Karma别墅（1904）、Steinerhaus住宅（1911）和Goldman办公楼（1910），这两座建筑位于维也纳，都是尝试运用直线、长方形的形式和立方体。Sleinerhaus可能是采用预应力混凝土的第一座私人住宅。

这种材料逐渐地代表了比20世纪其它建造方法使用得更多的材料，已经发展了半个世纪或更长的时间。由于在1820年波特兰水泥的发现，它使得在曼彻斯特的Fairbairn的纺织厂（1845）的低层结构中，采用的一种主要的形式具有特别的可能性。1861年法国建设者François Colgnet介绍什么是实际上的现代形式：就是一种钢的网络埋置于混凝土中，在一个构件中包含了两种结构上的优点——受压力的混凝土和受拉力的钢。

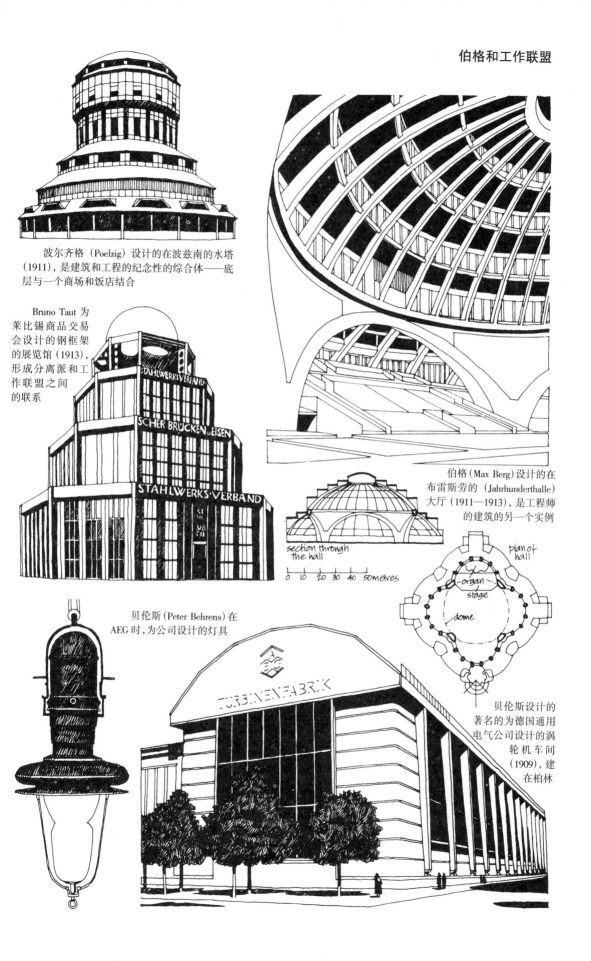

波尔齐格（Poelzig）设计的在波兹南的水塔（1911），是建筑和工程的纪念性的综合体——底层与一个商场和饭店结合

Bruno Taut 为莱比锡商品交易会设计的钢框架的展览馆（1913），形成分离派和工作联盟之间的联系

伯格（Max Berg）设计的在布雷斯劳的（Jahrhunderthalle）大厅（1911—1913），是工程师的建筑的另一个实例

section through the hall

0 10 20 30 40 50 metres

plan of hall

organ

stage

dome

贝伦斯（Peter Behrens）在 AEG 时，为公司设计的灯具

贝伦斯设计的著名的为德国通用电气公司设计的涡轮机车间（1909），建在柏林

François Hennebique，在 Turcoing 的 Charles Ⅵ 厂（1895），把这个原则转化成一个系统，把重复的柱网和梁用于已经普遍的钢框架结构中。混凝土是一种有更多用途的材料，然而能够采取的任何一种形状，都要根据模板，在模板中铸成。长方形的重复的模板继续被使用，经济是重要的，但使用它的时间还不长。在巴黎的 St Jean-de Montmartre 教堂（1894—1897），由 Anatole de Baudot（1834—1915）与工程师 Contamin 协作，为了建筑效果，混凝土的塑性还在探讨，建筑师和工程师之间最成功的结合，是由佩雷特（Auguste Perret 1874—1954）促成的，他设计的建筑，在感觉上是优美的和古典主义的——后来几年，更多的文字上用新古典主义——被设计成展现钢筋混凝土骨架的简单的实用型。早期的例子在巴黎，包括一座在福兰克林路 25 号（重号）的公寓大楼（1902—1903），一座在 Ponthieu 路的车库（1905—1906）和 Champs-Elysées 剧院（1911—1914），建了几年后才有运用钢筋混凝土的常规方法：在长方形的模板中浇筑规则的柱网，再经过同一个"提升机"从一层提升到另一层。福兰克林路公寓向人们介绍了在第一层的最时髦的悬臂梁，它也变成常规的混凝土结构的一部分。重要的和非常规的边被看作是瑞士工程师梅拉特（Robert Maillart 1872—1940）的纯工程性的工作。开始，没有考虑到重复模板的经济性，而是结构本身所计算的内力的性质，他设计的钢筋混凝土桥使用了戏剧性的抛物线，很好地符合了材料的塑性。在他早期设计的 Znoz 桥（1901）和 Tavenasa 桥（1905）中，他发展了这种技术，他设计的最好 Salgina Gorge 桥（1929—1930），使公路和支撑它的拱以另外一种方法结合，所以结束了对公路的许多"死"的不可跨越的宽度的限制，使其成为结构系统的一部分。他设计的蘑菇状的结构系统（1910）运用到多层建筑中，由于顶层柱子的断面变宽，他使得柱子成为它们支撑的楼板的有机部分。

20 世纪早期最具戏剧性的混凝土建筑是建在布雷斯劳的 Jahrhunderthalle 大厅（1911—1913），是以于 1813 年反抗拿破仑一百周年纪念为背景的，建筑的外观是稳重的和新古典主义的，而建筑师伯格（Max Berg 1870—1947）构想室内是一个纯结构，用巨大的钢筋混凝土的肋拱支撑一个玻璃圆顶，跨在 65m 直径的环形礼堂上。新材料带来新的结构形式，随之要学习新的技巧，如钢构件的安装、焊接、铆固和混凝土的浇筑等。随着复杂建筑的增长，分配到工业中的劳动力也增加，生产线增长的原则靠每一个工人完成最终产品的一部分，并且工人们常常自己对全部生产成果的贡献不清楚。

特别是在德国，在那里国家和工业之间有很牢固的联系，使工业家具有高度的他们民族角色的意识，许多设计者也不例外。增强工业生产的各个环节的称心如意的联系是特别要考虑的，如管理、设计、制造和市场之间的联系。许多思想都在考虑如何创造一个整个的努力成果，工艺美术学校负责国外贸易的穆西修斯（Hermann Muthesius1861—1927）注意到这点，1903 年，他委派了三位先锋派建筑师作为艺术学校的主要领导：他们是在布雷斯劳的波尔齐格（Hans Poelzig）、在柏林的保罗（Bruno Paul）和在杜塞尔多夫的贝伦斯（Peter Behrens）。波尔齐格（1869—1936）是一位才华横溢的个人主义者，设计了许多重要的高水平的表现主义建筑，有在波兹南的水塔（1911）、布雷斯劳的办公楼（1911—1912）、卢班的化学工厂（1911—1912）、和在柏林为 Max Reinhardt 重建 Grosses Schauspielhaus 剧院（1918—1919）。保罗和贝伦斯是理性主义者，保罗（1874—

1954）是最著名的家具设计者，贝伦斯（1868—1940）设计了一系列有意义的建筑，1901年开始他自己的家就在达姆施塔德艺术家聚居地，是一位浪漫的有活力的设计者，1907年他被委任为柏林 AEG 电力联合收割机厂的主要设计者。同年，穆西修斯设立了德国人工作联盟，一个工业家、设计者、建筑师和工匠的协会，目的是把工业和设计紧密地结合在一起。保罗、贝伦斯和维尔德（van de Velde）成为其会员，此后，工作联盟的思想影响了他们作为设计者的态度。例如贝伦斯为 AEG 做的工作是建立设计标准，并从建筑到电子产品和信笺端上所印的文字，做的每一件事都给人以法人的形象。他的最值得纪念的工作是在柏林的涡轮机大厅（1909），这是一个严格的有力的设计，细部是现代的，然而有新古典主义的基调，为一座工业建筑集中了非寻常的庄重，但是最有意义的，也许是他为电力产品作的有关无个性特征的设计，以便建立新的工业标准。尽管与维尔德有距离，辩论是为了维护设计者的个性，设计是为生产线成为工作联盟哲学的基础，设立标准是重要的，包含适当的可变水平和达到的经济规模。"标准化"的概念，首先应用于制造工业，也贯彻到建筑业。标准化的理论就是带给顾客低成本下的较好质量的商品；辩护士向工作联盟提出要求，即要介绍熟练的工业化设计者，是人本主义工艺学；通过把漂亮的商品带进每一个家庭，达到商品设计的民主。这一认识必须通过观察在这个时代的德国垄断资本主义形成的前后这一事实，才能够理解。新的工业技术要求增加资本投资，和进行较大范围的劳动分配，它是形成生产联合必不可少的，它有大和多样化两个特点，所以公司要一起联合和共同行动。这样能够或者由于它们足够的声望（力量）去支配市场，或者在它们自己之间分开，由于投资特殊的产品去控制它，即发起宣传和推销，或者由于买到了政治上的支持而去控制它。权力变成集中在极少数垄断者的手里，他根本的目标是增加利润，与早期的竞争形成对比，这样做是为了限制，而不是增加产量，是为了维持人为的高的价格。这样出现了再投资的问题，由于严格地控制产量，常常使垄断者不需要用收回的资本再去投资，因为垄断资本主义根本上是限制性的，不需要为了一定的目的去发展——技术的进步是不顾这个制度产生的，而不是因这个制度产生的。其它投资领域已被发现，如较小规模的工业，或者是那些发展水平低下的国家。垄断资本主义不仅剥削了工人和顾客，因为人为地控制价格，中产阶级也不能获得较高的收入，另一方面，资本家更受到工业的伤害，还有整个而言，所有殖民地的人们。当国家之间竞争下降时，就变成更加尖锐的国际问题。一个重要的方面是军备竞赛，在欧洲领先到1914年，其中不仅有在埃森的 Krapp，还有许多其它的联盟也被卷入，包括 AEG 和它的工作联盟的设计者。他们的要求即理性设计和标准化生产是社会的利益，这种要求可能真的意义很有限，但是与此同时，总的社会的不公正是制度的罪恶，他们只同意制度中的一部分。

在美国，资本主义正在大步前进，使国家的工业和商业发展，在新世纪的前几十年里，从正式的建筑意义上看进步是不显著的，但看到许多巩固的建筑课程都已学完，采用钢框架、电梯，空调的使用扩大到每个城市中心，天际轮廓线在高度上增长。由吉尔伯特（Cass Gilbert 1859—1934）设计的纽约伍尔沃思大楼（the Woolworth building 1911—1913），外墙以新哥特式的石作覆盖，是建筑上的先行者，但楼高 240m，52 层，是

在美国的商业学院派——麦金、米德和怀特设计的纽约宾夕法尼亚火车站（1906—1910），采用古典主义风格，是学院派的一种尝试

Napoleon Le Brun 设计的大都会塔楼（1909），面向麦迪逊广场，采用了特大尺寸的意大利钟楼的风格

吉尔伯特（Cass Gilbert）设计的纽约伍尔沃思大楼（1911—1913），采用了 15 世纪哥特式教堂的风格

民族装饰主义在斯堪的那维亚——哥本哈根的 Grundtvig 教堂（1913—1926），克林特（Jensen Klint）设计，反映了浪漫式风格

斯德哥尔摩市政厅（1911—1923），由 Ragnar Ostberg 设计，追求斯堪的那维亚文化传统的根

英国后帝国巴洛克——帝国最后几年是由建筑来宣告它的永恒，像这座在威斯特敏斯特的中央大厅（Central Hall 1906—1912），由兰彻斯特和里卡茨设计

在新德里的维墓罗宫（1913—1930），勒琴斯设计（Lntyen's）

一个值得重视的技术成就。一般说来，公共建筑的设计反映了一种势力的复兴，即1893年由芝加哥的世界贸易大厦创始的古典主义风格的爱好。在纽约的建筑师里德（Reed）和施泰姆（Stem），在格兰德中心火车站（Grand Central Station 1903—1913）的设计，和麦金（Mckim）、米德（Mead）和怀特（White）在宾夕法尼亚火车站（Pennsylvania station 1906—1910）的设计，是在许多现代建筑之中，为了鼓舞人心所采用的风格，使人们又看到了罗马帝国。甚至赖特为芝加哥米德韦花园招待中心的建筑中，虽然他的"巴洛克"时期代表一种观点而不是一种风格，这个设计使他进入了运用电子的和装饰的阶段。

在现代的英国，"巴洛克"这个词更多的是用于文字上。英国作为一个大的制造业力量的下降，和在世界贸易中失去了它的控制地位，说明它对老的帝国成就的依赖性在增加，随着加拿大和澳大利亚在1867年和1901年庄重地成立了自己的政府，在寻求新的市场方面，引起了许多坏的被看重的帝国冒险活动。后来的殖民主义企图是一种成功的军事祸患，但得到国内的支持，因为有是上帝赐予国王的，这种不可改变的大众神话。艺术家的工作如基普林（Kipling）和埃尔加（Elgar），和这个时期的城市建筑一起，有助于对帝国主义的信任，并为罗克（Rorke）的漂流，喀士穆和斯皮翁的戈比（钱）而辩护。科而切斯特市政厅（Colchester Town Hall 1898—1902）由贝尔彻（John Belcher）设计，是一座城市建筑采用帝国新巴洛克风格的早期例子，跟随这种风格的建筑，如卡迪夫（Cardiff）的城市中心（Civic Centre 1897—1906），和威斯敏斯特的中央厅（Central Hall 1906—1912），这两幢建筑是由兰彻斯特（Lanchester）和里卡德（Rickard）设计，在伦敦的法律协会大楼（the Law Society 1902—1904）由霍尔登（Charles Holden）设计。许多有造诣的建筑师们采用了这种风格，包括伯内特（John Burnet）、库珀（Edwin Cooper）、贝克（Herbert Baker）和布洛姆菲尔德（Reginald Blomfield），其中最富创造力的是韦布（Aston Webb），伦敦维多利亚和阿尔伯特博物馆（the Victoria and Albert Museum 1899—1910），和白金汉宫的新的东前方部分（1913）。这种风格的大盛行还转用于商业性的建筑，例如米韦斯（Mewès）和戴维斯（Davis）设计的伦敦里茨旅馆（the Ritz Hotel 1905），和肖（Shaw）设计的在里茨旅馆附近的皮卡迪利旅馆（Piccadilly Hotel 1905）。在新德里这个英帝国主义主要的前哨，这种风格达到极度的宏伟，在那里勒琴斯（Lutyens）和贝克创建了宽大的城市建筑大街，中心在勒琴斯设计的维塞罗宫。德里代表了比任何地方更多的政治上空虚的后帝国建筑的姿态；1913年开始，进行了20多年的建设，到此时，当地人怀疑政体的改革，它使得印度几乎完全踏上独立的征程。

在英国，政府期望发挥能起的作用，而不过多干预私人企业的工作。在印度，颠倒过来才是真实的：印度市民的服务机构是一个大的集中的官僚机构，由军队和法律支持着。殖民地的经济要求印度的基本作用是为西方的工厂提供原材料的生产，重要的是安排军队的调动，管理人员，和把原材料运到港口，但是官方很少有兴趣去改善生活标准。高技术就是后来世界上最好的铁路系统，存在于一个巨大的散乱的农业经济之中，过剩的人口被折磨，贫困和饥饿，温和的农业改革，19世纪80年代严重缺乏救济的政策仅仅得到部分的缓和。与在英国工业革命的初期相似，考虑工人就是确保市场有充足的劳动力供应和金属产业市场。同时，西方的劳动条件在慢慢地改善，最残酷的剥削仅仅是通

157

过国家界线转移到不同的工人团体身上。

在俄罗斯帝国内，一种类似的殖民主义在盛行，老的政权和新的资本主义为了地位而互相欺诈，并且在他们之间设法通过低工资和惩罚性的税收，来降低小型工业的工人阶级，和大量的多种族的农民群众的生活条件。1905年，这个粗野无效的和明显不公正的制度，带来了早产的和预示的革命。在一方面，大部分西方国家还处于工业化的动荡的状态之中，由于扩张，之后是经济萧条，但这些与工人无关。当利润增加时，真正的工资降低了，工人们没有得到益处，而军备竞赛加强了。军队的工业化装备、爱国主义的中产阶级有目的训练，和与工人阶级队伍增加对立，形势向战争方面发展。在美国，海伍德（William Haywood）的世界产业组织会员；英国的码头和铁路工人由像蒂利特（Ben Tillett）和曼（Tom Mann）这样的人领导，组织罢工与军事力量发生冲突。

更富有战斗精神的工业领导者的革命社会主义，与劳动党及从事政治工作者的日益增长的改良主义的观点形成对比，现在由一些修正主义者控制，如德国的考茨基（Kautsky）、法国的耀里斯（Jaurès）和英国的韦布斯。他们的主要理论家是伯恩斯坦（Eduard Bernstein），《假想的社会主义》（Suppositions of Socialism）的作者（1899）。他"修正"了马克思加强阶级斗争领导革命的方案，引入消除战斗的情景；资本家和地主逐渐看清了它的含义，一个调和的劳动运动将拖住社会，去创造一种无政治意义的社会主义。围绕世纪之交，正当建筑师和规划师为改良主义的空想社会主义创造物质形态的时候，这种思想与城市设计理论方面有许多类似之处。

许多思想进入了建筑设计。新的手工艺者的住宅，如在纽约州布鲁克林的怀特经济公寓（the white tenemeuts），或是在伦敦的 Peabody 住宅区，仅仅是稍微减轻城市生活的贫穷情景。建筑本身是缺乏欢乐的棚屋，更清洁些，但并不比贫民窟有更多宜人之处，并有退化的倾向。孤独的私人企业是日益清楚，它永远也不可能处理这种规模的问题。1890年，英国采取了一个有重要意义的步骤和行动，即给当地政府本身在清除贫民窟的区域内重建的责任。新的伦敦市议会——许多议员是改良主义者，如韦布（Sidney Webb）——是建筑领域中的第一位议员，并形成一个年轻的理想主义建筑师集团，对于莱瑟阿比的思想以热情。一般随着所有的改良主义的思考者，他们的态度是建筑上的"决定论者"：较好的环境将创造较好的制度。他们的革新，特别是在 Bethnal Green 的 Boundary 街居住区和在 Pimlico 的 Millbank 居住区，包括他们在设计中避免再现 Peabody 和 Guinness 居住区的焦点的介绍；较大的丰富的细部，特别是运用了"安妮皇后"的风格，通过与肖（Shaw）设计的资产阶级住宅的协调，倾向于提高工人阶级公寓的质量，为建筑与工艺联合的一次努力。寻求联合，已经是工艺美术和新艺术设计者的基本目的，显出伦敦市议会建筑师特别恰当地鼓励建筑工匠为他们自己的阶级在建筑倾向方面表现自己。

像 Peabody 居住区，伦敦市议会公寓是五或六层的，使用了敞开的一般的楼梯间。尽管是优秀的设计，人口密度在500人/公顷以上，一直是高的，在1890年《建设者》杂志评论道："……同样数量的人拥挤在他们之间只有一定的微小空间的高层建筑内，与拥挤在布局更密的低层建筑中，几乎是一样的不利于健康。垂直方向的过分拥挤比横向的

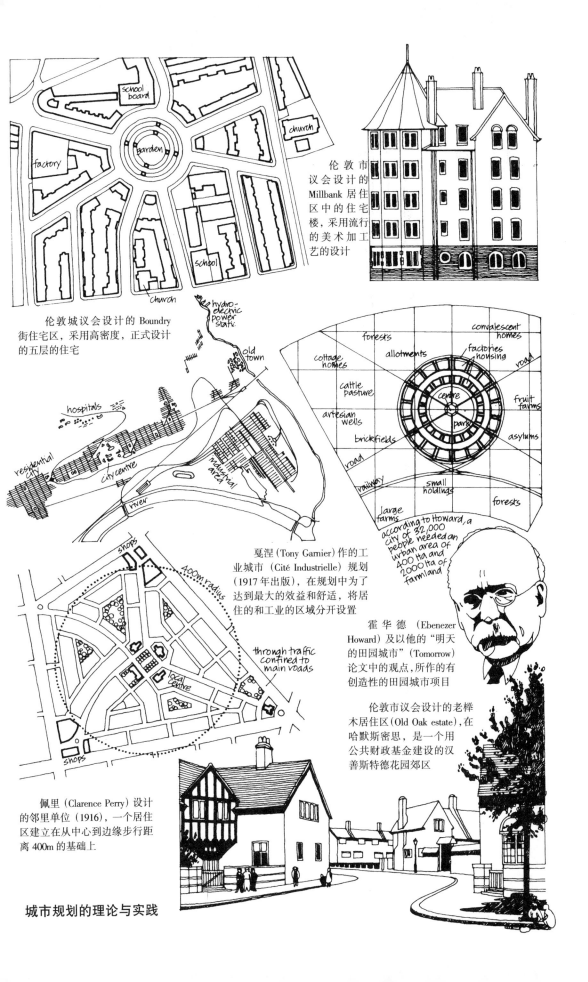

伦敦市
议会设计的
Millbank 居住
区中的住宅
楼，采用流行
的美术加工
艺的设计

伦敦城议会设计的 Boundry
街住宅区，采用高密度，正式设计
的五层的住宅

hydro-electric power staiti
old town
forests
convalescent homes
allotments
cottage homes
factories housing
road
cattle pasture
centre park
fruit farms
artesian wells
brickfields
asylums
road
railway
small holdings
large farms
forests

hospitals
residential city
city centre
industrial area
river

according to Howard, a city of 32,000 people needed an urban area of 400 Ha and 2000 Ha of farmland

夏涅 (Tony Garnier) 作的工
业城市 (Cité Industrielle) 规划
(1917 年出版)，在规划中为了
达到最大的效益和舒适，将居
住的和工业的区域分开设置

霍华德 (Ebenezer
Howard) 及以他的"明天
的田园城市"(Tomorrow)
论文中的观点，所作的有
创造性的田园城市项目

shops
400m radius
through traffic confined to main roads
local centre
shops

伦敦市议会设计的老榉
木居住区(Old Oak estate)，在
哈默斯密思，是一个用
公共财政基金建设的汉
善斯特德花园郊区

佩里 (Clarence Perry) 设计
的邻里单位 (1916)，一个居住
区建立在从中心到边缘步行距
离 400m 的基础上

城市规划的理论与实践

过分拥挤好一点点，它只是在对他们来说太小的面积上，对同样数量的人的另一种方法的安排。"1898 年，霍华德（Ebenefer Howard 1850—1928），一位伦敦城的职员，在他的空想社会主义的论文《明天的田园城市》（Tomorrow）中，对这个问题提供了一个回答。从贝拉米（Bellamy）的"回顾"（Looking Backward）激动人心的绘画中，他提出了田园城市的概念即建造低层的；以所有居民都能获得空间为限的足够的密度；有城市内部明显缺少的光线和空气。田园城市不像田园郊区，郊区要依靠它的母城，这种田园城市在物质和经济上都能自给，还有在经济上的自身持续性，依赖公共的所有者，因此在传统城市中自然增长的涵义，要以公社来代替私人的地主。这个概念基本上是一个平衡问题：城市和乡村，包含二者最好的特征和都没有的缺点；土地的构成和使用之间要平衡，因此住宅、工厂和学校的设置要依据人口；成长和退化之间要平衡，因此城市的规模经常被认为三万人最适合；以及市场流通自由，和慈善的内政的控制之间的平衡。1899年田园城市协会成立，以后为第一座田园城市莱奇华斯（Lethworth）筹集一些资金，此城 1903 年开始，由帕克（Barry Parker）和昂温（Raymond Unwin）设计。财政方面——随之而来的增长——进行得甚是缓慢，田园城市规划的物质意象不久就实现了，随着在亨里塔的伯纳特（Barnett）为在伦敦附近的汉普斯特德花园郊区（Hampstead Garden Suburb）筹集的信托基金的结果，用了昂温为它做的正式设计，它有浪漫式的住宅设计，和富裕的呆板单调的生活。原来的意图是为汉普斯特德建造一个宽阔的能进行社会交往的环境，但是私人财政保证有限制，此区开始留给了中产阶级。1898 年以后，伦敦参议会开始去完成另一个 1890 年行动的任务，除了在贫民窟清除后的重建外，他们还开始要求在伦敦边缘的便宜的空地上建设新住宅，抓住机会设计密度较低的住宅区，他们在托滕哈姆、基尔布和瓦茨华斯建立了"小别墅式的住宅区"，是第一个工人阶级的郊区住宅区，第一次用公共基金建成。老的榉木住宅区（the Old Oakestate）在沃姆伍德的斯克鲁布斯是最好的，在某些方面与汉普斯特德类似。

当佩里（Clarence Perry）和其他规划设计者在芝加哥和纽约时，在住宅设计方面有进一步发展，大约在 1910 年至 1929 年之间，"邻里单位"的思想取得进展。这个问题是一个"理想"，用一些商店、学校和开敞空间任意地布局，代替典型的美国城市无个性特征的网格式街道的布局，城市被规划成一系列的紧密的邻里单位，都对整体起一分作用，但是在邻里单位内是统一的，带有一所初级学校，家庭和社会生活的焦点，在它的中心。每一个邻里单位包含大约 1000 个家庭——这个数要求支持建一所学校——它的物质的长度由 400m 的最大步行距离，或由从边缘到中心的距离来决定。每一个区内将有当地的商店、停车场、开敞空间以及最有意义的建筑，道路系统的设计，要禁止有危险的通过式交通路线。

这个时期最完善的城市理论是由法国建筑师戛涅（Tony Garnier 1869—1948），以 1901 年至 1904 年之间他的"工业城市"（Cilé Industrielle）模式提出来的。他在里昂附近的一个特殊基地上做了一个设计，采用了复杂的可使用的建筑细部，只是因世界大战未能实现，他的许多思想后来用于他设计的自己的建筑中。戛涅采用了卢斯的严谨的建筑语言，设计上最突出的是采用钢筋混凝土，证明了钢筋混凝土在简洁的、立体派的住

160

宅，和大跨度工业建筑、优美的塔和桥梁中的多用性。他的建筑上的想象力，放在他与霍华德不同类型的计划上，霍华德的设计思想基本上是两个向度的；另一个同等重要的分歧点是戛涅的社会主义，大约他的城市结构的整体已建设了。他的社会主义不是马克思的，而是蒲鲁东的社会主义，是一种否定阶级斗争，寻求通过废除私人财产创造空想社会主义的哲学。戛涅的城市规划理论有许多重要的特点：土地和建筑公共所有；要严格地控制工业、交通运输和其它建筑侵入居住环境；加强公共生活，包括公寓的供应，减少私人花园而支持公共花园；加强地区中心、运动间距，和有社区精神的其它具体的设施。戛涅鲜明的思想和设计为20世纪的社会建筑创造了持久性的形象，并影响了许多城市规划的理论。

霍华德和戛涅都试着希望和满足现代生活的基本的全部需要，把它们引入有逻辑的物质形式。独特的霍华德对于他的理论是自信的，完全认为它们要在实践中去运用。他们二人最大的失败，也许是因为最明显的一个原因，即固有的完全的乌托邦观点。维多利亚城市的最大教训，从曼彻斯特到芝加哥，尽管城市能加剧社会问题，但不是城市本身的原因，是一种影响，社会问题本身是社会斗争的产物，完全是为了土地和资源。资本主义创造了一个物质的和材料的社会，是成功的唯一范围。对社会问题其他方面的有关结论，要比物质的作用困难，资本主义为社会评论，可以去建小房子，而为了政治上和经济上的改变毫无办法。有种压力从真正的结果转向城市的作用是什么的问题，就是把问题抽象化。

抽象化的趋势还能在现代艺术和建筑中看到。例如表现主义，由于他们的才能和创造性；由于所有的他们不受束缚的艺术，从自命不凡到他们选择的每天的主观事物，然而所增加的绘画的客观性，在处理它时有色彩、光线和形式的作用，宁可用其中任何一种，也不愿让艺术具有人文的含义。在建筑方面也是如此，虽然正在净化包豪斯艺术的古典主义，和帝国的巴洛克式的过多装饰的建筑设计，这种作用已使建筑转向在空间和实体上的抽象化；坚固与空虚；光和影，但沙利文的功能主义概念仍在增长。随着这种增长，建筑学和工程学；功能和结构都被认为是建筑的十分基本的问题。长期的趋向抽象的形式主义，是艺术家对资产阶级社会最倒退的历史的反应。因为艺术家的努力保证了它将永不向这种制度挑战，也不参与其中的战斗，就是要求有更根本的措施。

七、国家与革命——第一次世界大战及其以后

　　20世纪开始时，大的艺术上的混乱，基本上是从欧洲"时代之精华"（fin-de-siecle）的重大矛盾中派生出来——不景气的经济仅偏袒富人，旧政权通过他们的地位，令人厌恶地向有权利的人倾斜，万能的工业主义把脏乱带给城市，把贫穷带给乡村，毁灭性的和无意义的外来的战争——都用覆盖帝国的巴洛克式的建筑、驰名的诗歌，以及有历史意义的绘画和雕塑装扮起来。当20世纪的艺术家向过去的艺术宣战时——向浪漫主义、新古典主义，向印象派艺术或新艺术——即使只有少数人认为它有政治上的作用，它无疑是一种社会的评论。在德国，表现主义艺术家退避到高级个人的和有感情色彩的艺术模式中，同时，在法国立体派艺术家探索创造一种新的艺术语言，对抗资产阶级利用的，为了意识形态和政治目的的插图艺术，并且逐渐转向作为纯化艺术过程的手段的抽象画。出自早期立体派的巴洛克、毕加索（Picasso）和莱热尔（Léger），发展出许多与其它不同的运动，如艺术家发展他们的思想：Amédée Ozenfant 的纯粹派，他以立体派的尺度去从事更严格和精确的"长度"的艺术；俄罗斯的马列维奇（Kasimir Malevich）的作品《至上主义宣言》（Suprematist Manifesto）（1915）是激进的"至上的"拘谨的作品的典范，例如他的"白色的矩形放在白色的场地上"（White rectangle on a white ground）；荷兰的蒙德里安（Mondriaan）和凡·陶斯柏（Van Doesburg）的新造型主义，创造了纯的直线组成的抽象的作品。在1917年蒙德里安和凡·陶斯柏参加了风格派（De Stijl），这是一个设计者协会，出版同名的有影响的杂志，新造型派，用它笔直的线条和直线组成的形式，它故意限制色彩的范围，以及它的连结，过分的重叠的平面，在早期的协会中有重要的影响，看到的有里特弗尔德（Gerrit Rietveld 1888—1964）创作的红蓝椅子（the Red—Blue chair 1917），和由万特霍夫（Rob van t'Hoff）设计的在乌得勒支的休斯特海德住宅（the Huis ter Heide 1916）。

　　相比之下，未来派艺术家篾视这种反省；资本主义社会的暴力引起反暴力。

　　我们必须创造和重建我们的现代化城市，它现在像一个混乱的造船厂……水泥的房子，铁和玻璃……，只有在它的线条和造型方面的内在的美才是丰富的，它简单得像机械那样，显得格外残忍……，必须把它从混乱的地狱的边缘挽救出来……街道将……埋入几层深的地下……。

　　这些话是1914年在米兰出版的《未来主义建筑宣言》（Manifesto dell' Archittetura Futurista）中的一部分。未来主义者小组，由艺术家马里内蒂（Marinetti）和巴塞奥尼（Boccioni）领导，包括建筑师圣伊利亚（Sant'Elia 1888—1916）和恰托尼（Mario Chiattone 1891—1957）。由于战争，圣·伊利亚的生命是短暂的，其间他们建的房子很少，但他们

1914 年制造联盟展览会

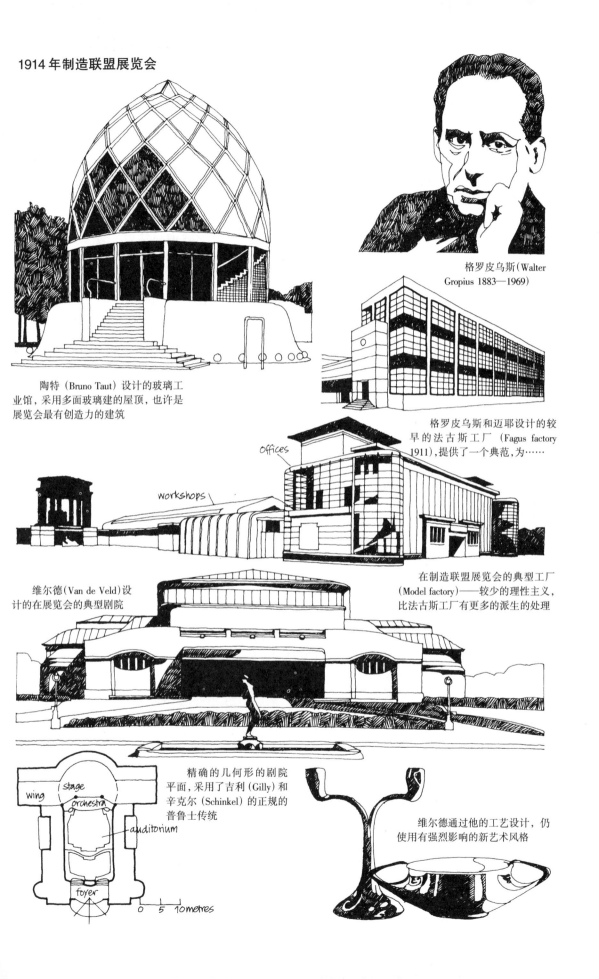

陶特（Bruno Taut）设计的玻璃工业馆，采用多面玻璃建的屋顶，也许是展览会最有创造力的建筑

格罗皮乌斯（Walter Gropius 1883—1969）

格罗皮乌斯和迈耶设计的较早的法古斯工厂（Fagus factory 1911），提供了一个典范，为……

Offices

workshops

在制造联盟展览会的典型工厂（Model factory）——较少的理性主义，比法古斯工厂有更多的派生的处理

维尔德（Van de Veld）设计的在展览会的典型剧院

精确的几何形的剧院平面，采用了吉利（Gilly）和辛克尔（Schinkel）的正规的普鲁士传统

wing
stage
orchestra
auditorium
foyer

0 5 10metres

维尔德通过他的工艺设计，仍使用有强烈影响的新艺术风格

设计的有朝气的和有影响的未来城市的绘画出版了。在建筑上，他们抵制喜爱分离主义运动（Sezession）的纪念性简单化的意大利新艺术的巴洛克的奢侈，但是，他们自主基本上的和独一无二的贡献是他们对现代城市技术动力论的强烈的辨别力，表现在办公塔楼、飞机场、电力站，和由多层人行道、公路和铁路组成的立体交通的方案中，为了坚持作用大的，与其他的不同的，然而是有诱惑力的下一代乌托邦的想象。

在科隆的工作联盟展览会（the Werkbund Exhibition 1914）代表了其它的想象实例，这次像是真实的建筑。更强调技术和用新材料形成新形式的可能性；陶特（Bruno Taut）设计的玻璃工业馆采用了多面玻璃制造的圆顶，凡·维尔德（van de Veld）设计的革新的剧院建筑的式样，和年轻的迈耶（Adolf Meyer 1881—1929）和格罗皮乌斯（Walter Gropius 1883—1969）设计的典型工厂（the Model factory）。虽然折衷主义者在设计中大多倾向赖特（Wright），管理大楼使用了直线组成的轮廓，和大面积的玻璃窗和钢框架，有了理性主义的成分，以及同一建筑师设计的，在艾菲尔德的法古斯工厂（Fagus factory 1911）所做的一样。在两幢建筑中，格罗皮乌斯和迈耶使用了独特的现代主义的，让全部结构柱离开角部的窍门，仿佛要强调外面的无承重梁的玻璃墙功能。

像许多其它的欧洲机构一样，工作联盟也被改变欧洲认识的1914年的其它事件所压倒。由于第一次世界大战改变了战后欧洲的政治力量的基础，旧政权最终毁灭，正像失去了整个年轻的一代人改变了它的社会结构一样。所有的幸存的工人、知识界和艺术家都因前线的损失，被出卖的不满的和反抗的感觉而受到根本的影响。所有之中最重要的是1917年的事件，看到世界上第一个社会主义国家的创立，因为明确表示了阶级斗争的作用，而不是人种或民族斗争的作用，对未来有一种重要的指示作用。俄罗斯的1917年二月革命废除了沙皇，成立了一个自由的政府，开始通过社会福利法，当战争结束时允诺把土地给农民。但是苏维埃工人委员会的力量在增长，要求"和平、土地和面包"，给第一次的温和的克伦斯基（Kerensky）社会主义政府带来了权力，后来，随着1917年十月布尔什维克起义（Bolsheviks）。列宁（Lenin）的第一个行动是确保与德国的和平，他的第二个行动是为满足对土地和面包的需要，开始大的社会的重建项目，没收非生存需要的所有私有财产，银行和大工业的国有化，安置在工人和农民手中的较小的工厂和农庄，并禁止雇工剥削。突然的解放对被奴役的人们来说影响是巨大的，政治的和社会的结构的重建任务，是自下而上慌忙地着手的，但是带有伟大的目的意义，知识界、艺术家、诗人和建筑师突然发现他们能够为一个重大的社会任务作出有意义的贡献。在沙皇专制统治下，他们或是对国家服务，或是无目的的生活在放任不羁的"咖啡"社团中；突然地，他们有了全部自由，并用创造像著名的构成主义这样的短命的艺术运动作为回答，用伯杰（John Beger）的话说："因为社会的创造力、信心、保证生活和综合的权力，到目前为止，已经留下了现代艺术历史方面的独特性。"

新革命的指导方针是列宁著的《国家与革命》，写于1917年十月前，随后出版。列宁为国家定义为"一个特殊的力量的组织；暴力组织是为了镇压某个阶级"。从历史上说，国家机构曾经被统治阶级决定特别是为镇压劳动阶级的；因此它不可能为无产阶级革命，只不过要推翻革命——老的国家机器必须要用新的来代替。更有用的机构例如银行和财

李西茨基(El Lissitzky)设计的内战时的布尔什维克街上的招贴画——用红色的楔子打破白色的统治(1919)

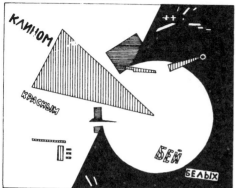

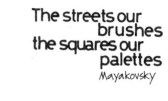

The streets our brushes the squares our palettes
Mayakovsky

李西茨基设计的构成主义作品——民众的领袖列宁(Lenin Tribune),是他在 UNOVIS 期间设计

1919 年在维捷布斯克的 UNOVIS 小组的成员

UNOVIS 设计的在维捷布斯克一工厂中的宣传鼓动牌

1920 年的塔特林(Tatlin),正在他的塔式结构上工作

塔特林塔是为纪念第三共产国际的(1920)

阿特曼设计的部分抽象装饰,在冬宫的外面,1918 年建,象征、重演 1917 年的起义

政机构应将其改造和利用，因为总的看是有益的；强制性的机构——警察、正规军和官僚机构——必须代之以人民自己的，实行他们自己的控制。这不能根据劝说；建立机构要强制，统治阶级垄断的宣传；人民自己的惰性，民主改变的思想都要取消，它只能通过"无产阶级的专政"，即特意地提出要破坏前暴君及他们盟邦的权力。这个过程可能要花费"整个一个历史的时代"，但最终这种情况将会消失；少数人要服从多数人的意愿，甚至民主，最后将被一个社会取代，不是为了多数人，而是为了每一个人，在其中人民将由于理性的讨论和赞成作出决定，并将不要强制而遵守基本的行为规范。

布尔什维克党是创造这种新社会的关键，但是它不能包打天下。革命不得不成为一种国际上的行动，要得到先进资本主义国家的工人的支持。列宁确信社会主义是必由之路，而且知道它在任何地方都不可能轻易达到，甚至在俄罗斯，今后的成功道路仍然遥远。到 1918 年，由英国、法国、美国和日本力量支持的白色反革命，已经使上百万革命者牺牲了生命。可能进行的重建的艰难的尝试已被转移，并且向静止的欧洲传播革命的机会正在减少。尽管布尔什维克党人大批被杀害，它仍然基本上保持革命在进行，并且要向人民证明新社会的现实性。最终，它只能运用政治的和经济的方法，而同时艺术家起到中心部分的作用，宣传、通讯和教育，变成了主要与艺术有关的事，如迈耶霍尔德（Meyerhold）组织群众性的节目，阿特曼（Altman）在舞台上重演在彼得格勒的冬宫的猛烈战斗；宣传鼓动牌（Agit-Prop）通过火车和轮船向各部分团体传送革命的信息；马雅可夫斯基（Mayakovsky）向露天的观众朗诵诗歌：

玫瑰和美景
被诗人贬低
决心开花
在新的黎明
为了使我们的眼睛欣喜，
这对孩子的大眼睛。
我们要创造新玫瑰，
带有丰富花瓣的第一流的玫瑰。

至上主义的色彩和技巧很快地被采用到标语广告和印刷品上，强调用于印刷品上，不仅因为印刷品上的图案有可能运用至上主义的色彩和技巧，还为了用于它的文字信息上。因为无产阶级专政永远不能发现较好的视觉上的表现，比设计者、雕刻者和建筑师李西茨基（Eleazar（El）Lissitzky 1890—1941）设计的"用红色的锲子打倒白色政权"的抽象印刷品更好。艺术家们努力反映革命的国际性的志向，并把他们的作品推向国外，但是主要任务仍然是提高国内的革命意识，和创造乌托邦的社会形象，这种形象是不可能实现的。在这些早期日子里最有意义的工作，是为庆祝第三共产国际成立，由雕塑水塔特林（Vladimir Tatlin 1885—1953），在 1920 年设计的铁塔。计划塔的高度是埃菲尔铁塔的一半，其中包括一个巨大的螺旋形框架的会议中心、广播站和所有的通讯设施，扬声器发出的声音将传到下面的群众,在多云的天气中,每天的战斗呐喊声都将射向天空,巨大设施的各部分将随着时间和季节及时地旋转。这个方案不可能是宏大的构想,好像布雷赫特(Brecht)可能曾经谈到它"具有的仅是一个乞丐能够想象的壮丽"。在当时的日子,甚至政治性的广告也不得不用木钉固定在墙上,因为没有铁钉,作胶粘剂的面粉要做面包。这座塔更像一位雕塑家思想的构成,而不是一位工程师的作品,虽然未建成,它留下了一个文艺复兴的有力的象征。

从1918年到1921年,有一个"战时共产主义"的时期,政府在苏维埃中央委员会手中,它的执行机构是政治局,受到新组建的红军和布尔什维克控制着警察局的支持。列宁认为这种强有力的中央集权制是从他原来的计划中转化而来的,但在危急的环境下是必要的。与此同时,没有艺术上的审查,列宁是宽容的,即他所谓的"无序地激动,狂热地探索新的解答和新的格言。"这样的环境已经创造出来。艺术家的各种小组活跃起来,以革命理想为中心去创造生活。1919年 UNOVIS 在维捷布斯克,由伊尔莫拉耶夫(Ermolaeva)和马拉维奇、李西茨基组织建立。同年李西茨基正在建立绘画艺术与建筑学的联系。他所谓的 PROUN 意思,是"为新艺术"的首字母缩写的,并且已建立的 UNOVIS 的早期的在1920年的荷兰和德国的工作,已对风格派(De Stijl)的思想有了值得注意的影响,和1918年时较早的自由国家艺术工作室(the Free State Art Studiors)又在莫斯科建立,正变成1920年著名的 VKHUTEMAS 艺术和技术的研究学校,是为了承担社会义务,达到普遍性和易接近性的唯一组织,它的目的是把所有的造型艺术结合起来——建筑、绘画、雕刻、图案及手工艺——在这个社团的服务中,公开它的演讲和讨论会,任何一个人只要愿意去参加都可以。它的成员包括许多重要的建筑师:维斯宁(Alexander Vesnin)、格罗索夫(Ilya Golossov)、基斯伯格(Moisei Ginsburg)、拉多夫斯基(Nikolia Ladovsky)、米尔尼可夫(Konstantin Melnikov)和西米诺夫(Vladimir Semenov)。同年,INKHUK 成立,是个艺术家协会,他们之中有:康定斯基(Kandinsky)和罗德琴珂(Rodchenko),斯蒂潘诺娃(Varvara Stepanova),波波娃(Liubov Popova)和理论家布里克(Ossip Brik)。VKHUTEMAS 和 INKHUK 提供了革命时期建筑思想上的两种主要趋向。

1923年拉多夫斯基和米尔尼可夫成立了新建筑师协会(ASNOVA),崇尚理性主义——利用新材料和新技术,合理地表现结构和建筑空间的分析。同时,维斯宁成为一个大的团结的"构成主义"领导者,最初与表现的清纯性有关——由于他们意味着脱离表现主义——并与提高结构的表现力有关,并把后者作为目标。他们包括艺术家加博(Gabo)和佩夫斯纳尔,以及罗德琴珂、斯蒂潘诺娃和布里克,还有许多艺术技校 VKHUTEMAS 的学生,包括巴斯奇(Mikhail Barsch)和布罗夫(Andrei Burov)。马雅可夫斯基和布里克,以及他们新成立的左派艺术论坛(LEF Leftist Art Front)成为这个活动的伙伴,迈耶霍德和艾森斯坦(Eisenstein)在他们的戏剧作品和影片中,第一次表现了这种构成主义的建筑。第一个重要的构成主义建筑设计就是人民宫(the Palace of the People 1922—1923),由维斯宁和他的兄弟利奥尼德设计,一个大的椭圆形观众厅,侧面是一个塔,二者之间是天线杆天棚,有通讯建筑的基本特点。

167

艺术和技术研究学校
（VKHUTEMAS）

在艺术和技术研究学校的讲师们

这是构成主义者维斯宁（Alexander Vesnin）

理性主义者拉多夫斯基（Nikolai Ladovsky）

理论家和历史学家金斯伯格（Moisei Ginsburg）

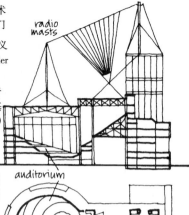

维斯宁兄弟设计的莫斯科人民宫（1922—1923）

罗德琴珂（Alexander Rodchenko），负责基础课，穿的工作服，由他妻子斯蒂潘诺夫娜设计

在指导教师拉多夫斯基指导下，莱米珂夫设计的水塔作业（1921）

科特卡尔在学校做的巴彻勒公寓设计（Bachelor flats）

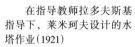

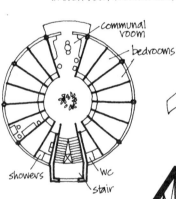

在指导教师维斯宁指导下利奥尼多夫做的 Izvestia——建筑设计的作业（1926）

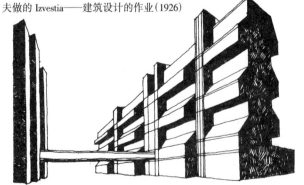

在多库查也夫（Dokuchaev）指导教师指导下，赫尔菲尔德（Helfeld）设计的艺术学校的作业（1927）

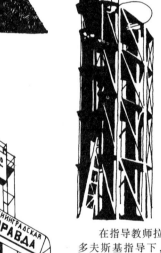

在指导教师拉多夫斯基指导下，格鲁斯钦科设计的化工厂的塔（Tower for Chemical manufacture 1922）

维斯宁兄弟设计的莫斯科《真理报》大厦（Pravda building 1923）

欧洲从未像第一次世界大战以后那样紧跟俄罗斯的革命实例。在德国,不满的士兵和工人演出了一场革命,凯泽(Kaiser)被废黜,而工人的苏维埃政权在柏林和巴伐利亚建立;库恩(Bela Kun)领导的革命在布达佩斯获得控制;甚至在英国的警察和军队都向着攻击和反抗的趋势。俄罗斯的内战有助于停止布尔什维主义的扩展,和遍及欧洲的温和主义的社会主义者团结在一起用权力去压倒造反者。在德国,艾伯特总统的修正主义的魏玛共和国(Weimar Republic,1919),提出温和主义的改革并失败,在此过程中,他既对右派也对左派让步。全欧洲保持政治上的反复无常状态,首先反映了它的不确定的经济状态。总之,战后短期充满了对经济的信心,在1922年发生崩溃以后,出现了缓慢的恢复——但是失业和萧条远未消除。

狂热的气氛产生了大的艺术活动,1921年3月当列宁推行新经济政策时,标志着一个短期的开始,在这期间与西方的联系是非常受到鼓励的,艺术家的活动进一步受到促进。巴黎曾经是前革命的俄罗斯流亡者小组暂时的集中点——主要以Diaghilev的芭蕾舞剧团为中心,包括Stravinsky、Bakst和Soutine——但1921年以后,这个新俄罗斯先锋派通过德国把构成主义思想转向西方。革命虽然由城市工人创造,曾经只可能得到农民的支持,他们都忠诚于党,革命得以保持。到了要为他们自己的未来给他们一个较大的"奖品"时,列宁希望立即增加食品生产,提高农村令人绝望的低标准的生活水平。贸易和私人所有的某些形式得到了恢复,某些工厂使其非国有化,并给以合作,以及努力使其与西方建立友好关系。当西方的政权开始对革命进行报复,实行经济封锁时,许多马克思主义者指责列宁向资本主义投降。列宁认识到新经济政策的局限性,并且不仅要把它看作是一个权宜之计,同时是有较长期的计划,即社会化、工业化、电气化和农业合作化。

康定斯基(Kandinsky)、加博(Gabo)、佩夫斯纳(Pevsner)、马来维奇(Malevich)、李西茨基(Lissilzky)和其他来自资产阶级西方的艺术家是基本的成员,欧洲的先锋派在战争及革命失败的后果中,沉浸在一种神经衰弱似的表现主义状态中,产生了比彻(Becher)和沃费尔(Werfer)的诗;凯泽(Kaiser)和托勒(Toller)的戏剧;及卡夫卡(Kafka)的小说,影响了当代的建筑。从荷兰,富有形式主义的合作化的住宅区可看到,由"阿姆斯特丹学校"(Amsterdaamse School)的建筑师克莱克(Michelde Klerk 1883—1923)和克雷默(Piet Kramer 1881—1961)建造的,他继续了伯拉格(Berlage)设计的用砖表现的传统,这样的建筑有在Zoanstraat的Eigenhaard住宅(1913—1921)、阿姆斯特丹的Henriette Ronnerplein公寓(1921—1922)和在阿姆斯特丹南部的公寓群(1918—1923),这二者是为Dageraad的住宅协会设计的。在德国,它可能被看作是门德尔松(Erich Mendelsohn 1887—1953)用曲线组成的表现主义,他设计了许多工厂、飞机库,尤以在波茨坦的爱因斯坦天文台(Einsteinturm 塔(1921))著名。密斯·凡·德·罗(Ludwig Mies van de Rohe 1886—1969)为"玻璃摩天大楼"做了许多设计(1919—1921)。甚至格罗皮乌斯已暂时放弃了他较早的犹豫的手法,向理性主义发展,偏向锯齿形的表现主义的在魏玛的纪念碑,这是纪念开始于1919年3月

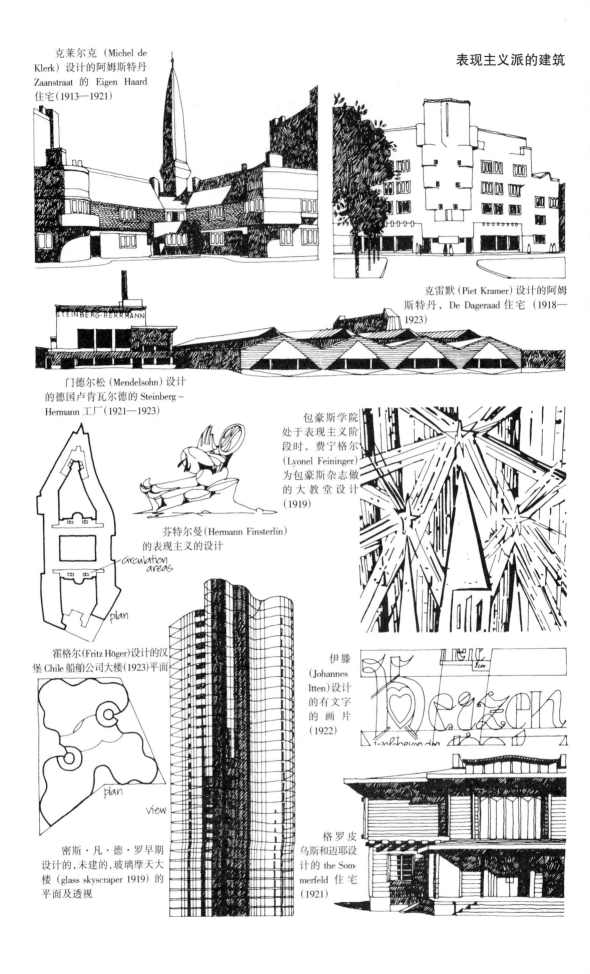

克莱尔克（Michel de Klerk）设计的阿姆斯特丹 Zaanstraat 的 Eigen Haard 住宅（1913—1921）

克雷默（Piet Kramer）设计的阿姆斯特丹，De Dageraad 住宅（1918—1923）

门德尔松（Mendelsohn）设计的德国卢肯瓦尔德的 Steinberg - Hermann 工厂（1921—1923）

芬特尔曼（Hermann Finsterlin）的表现主义的设计

包豪斯学院处于表现主义阶段时，费宁格尔（Lyonel Feininger）为包豪斯杂志做的大教堂设计（1919）

circulation areas

plan

霍格尔（Fritz Höger）设计的汉堡 Chile 船舶公司大楼（1923）平面

伊滕（Johannes Itten）设计的有文字的画片（1922）

plan

view

密斯·凡·德·罗早期设计的，未建的，玻璃摩天大楼（glass skyscraper 1919）的平面及透视

格罗皮乌斯和迈耶设计的 the Sommerfeld 住宅（1921）

起义时的死者。

　　同年，格罗皮乌斯接替凡·维尔德，任魏玛美术和工艺学校的校长。他重新给学校起名为"包豪斯"(Bau haus)，"bau"这个校名指出了"要建设"的目标，不是像许多建筑一样作为参加的设计者。从全部课程开始都建立在手工的基础上，采用新艺术运动的传统，而不是工作联盟的。大的方面，通过在前面的基础课程的影响，根据直觉的内容包括由埃滕（Johannes Itten）负责的，设计态度是类似宗教信仰。格罗皮乌斯保持的基调还是表现主义——胜过杜斯柏（Theo van Doesburg），他是一位评论的客座讲师。

　　然而在1922年两项重要的艺术上的事件有助于改变包豪斯，一是在杜塞尔多夫举行的先锋派艺术家的国际会议，在会上凡·杜斯柏和李西茨基共同带来了他们在纯形式和忠于结构的值得尊重的思想，要建立新的国际的构成主义。另一个是安排在柏林的苏维埃设计重要展览会，由俄罗斯文化部长卢纳卡尔斯基为首，展览会创造的直接的总的影响不仅在构成主义方面，而且在于它形成的社会目的。格罗皮乌斯赞成修正自己的观点，并彻底检查包豪斯的方针，重新设置课程否定表现主义并加强理性的设计，用了"不是大教堂，而是居住的机器"的口号。当在俄罗斯，其目的是与所有生产性的艺术之间形成联系的时候，虽然与艺术技校 VKHUTEMS 不同，包豪斯直到1927年已经没有建筑学的功课。在许多员工中委以重任的是康定斯基和匈牙利籍的工程师纳吉（László Moholy-Nagy），他替代了 Itten。莫霍里·纳吉已经是一位热情的构成主义者，带来了一套严谨的方法，使基础课可以与在艺术技校（VKHUTEMAS）的罗德琴珂（Rodchenko）的训练相比较。在接下来的几年中，俄罗斯和德国的设计在发展中是紧密并行的，像罗德琴珂、斯蒂潘诺娃、泰特林和波波夫从美术转到家具设计、供热设备和大规模生产的服装，纳吉正在为包豪斯的设计者与德国工业之间的实际的合作，在魏玛铺设基础。

　　在纯艺术的意义中，构成主义是创新的和有影响的：艾森斯坦的蒙太奇的革命化的影片制作；迈耶霍尔德设计的剧院，在 Piscator 和 Brecht 有了它的影响；罗德琴珂和李西茨基的绘画设计，特别是他们利用印刷术和摄影技术，被许多欧洲的设计者发展，包括在包豪斯的莫霍里·纳吉。德国建筑师们被从一个表现主义者较为一个构成主义者的风气而震惊，著名的格罗皮乌斯和迈耶以芝加哥论坛报办公大楼的设计项目(the Chicago Tribune office building 1922)，密斯·凡·德·罗用他设计的"钢筋混凝土办公大楼设计"(1923)和"用砖砌的农村住宅设计"参加竞赛。

　　当建筑表现的出发点成为建筑上的现代运动的基本点时，对俄罗斯构成主义的建设问题给予了明确的关注。和未来主义者一样，构成主义者赞美技术，而未来主义者在资本主义的含义内发展他们的思想，寻求加强技术作用的方法，构成派成员注意到技术的可替换作用，在技术中的社会价值，来自以前的商业价值。它们的社会的约定意思并不相同：制造联盟的设计者考虑从他们工作的政治后果中退出；或者与像风格派那样的避开道德上的解释的清纯化运动。俄罗斯学者还是面对西方的设计者对艺术的现实性，同时带有进步的政治的目的。尽管这种途径不需要找到一般地支持。例如凡·杜斯柏，对于他在构成主义的纯视觉方面自然是可以接受的，有争论的是反对"委派的艺术"在基本原则以上，即艺术是在阶级问题之上的："我们需要的艺术既不是无产阶级的，也不是资产阶级的，因为艺术有足够强的发展力量去影响整个文化，而不是由社会的条件去影响"。莫霍里·纳吉说过许多同样的话，要求构成主义自身的普遍性，即超越阶级斗争，他说："构成主义既不是无产阶级的，也不是资本主义的。构成主义是原生的……基本的、精确的和全世界的。"

在俄罗斯，也有某些在现代艺术与进步的社会政治之间思想同义方面的异议。某些传统主义的设计者，例如舒瑟夫（A. Schussev），试着采用一些新方法，而其他的如福明（I. Fomin）和佐尔托夫斯基（I. Zholtovsky），当在建筑方面的所有的资源都是杰出的时候，他很快施行了新古典主义。某些有异议的现代主义者，著名的诗人谢克洛夫斯基（Viktor Shklovsky）和形式主义学派，试图像凡·陶斯柏那样脱离政治的宗旨，集中在构成者，并考虑排斥后者。但是对布尔什维克的构成主义者而言，阶级斗争虽然是在艺术创作过程中的基本要素，可是不像未来主义者，他们的态度不是极端的。必要的极端的艺术真的仅是革命本身，此后强调的是重建，以及要创造一种与工人阶级的对话。受教育的程度，总的来说，构成派运动的中产阶级知识分子与工人、农民统一，在欧洲的经验中，试着去与工人农民共同生活是唯一的办法。自然，在一个正在挨饿的农民或住着坏房子的工厂工人的社会中，可能要质问，要探索复杂的现代艺术与工农的关联问题。而与革命相比，艺术或多或少总是与其自身的外部的正规的过去经历有关联。革命和艺术二者的目的，是要为创造一个新社会去工作，而不是去产生一个落在时代后面的现成的社会。列宁说："现在，一个非资产阶级形式的国家第一次出现，我们的机构可能是相当的不好，但他们说第一台蒸汽机被创造出来时也不好……，问题的实质就是现在我们有蒸汽机。"上千家资产阶级报纸登载："新闻报导关于在我们国家的工人们忍受恐怖、贫穷和遭受的事情—— 一直要坚持到全世界所有的工人都被苏维埃国家吸引过来"。

过了几年，大多数西方的建筑师和评论员都看到，现代建筑已与社会主义联系起来。那些反对现代主义或马克思主义的，或对二者都反对的人，利用这个机会使它们互相怀疑，但是那些人看到社会主义是未来的希望，现代建筑是向前的一种设计途径。危险摆在一个代替另一个的设想之中，即重建城市可以单独地创造一个较公正的社会，或者说革命的建筑的产生能够避免社会革命的必要性。

这是法国建筑师让纳雷（Charles-Edouard Jeanneret 1887—1965）采取的态度。当一位纯粹派画家让纳雷与奥赞范（Ozenfant）有紧密联系时，他们一起创办了《新精神》（L'Esprit Nouveau）（1920）杂志，在其中他们发表了数篇阐述他们的设计哲学思想的成功之作。他们综合出许多独特的思想：总的讲是否定过去的风格；他们自己的后立体派的态度是净化形式；古代希腊的谐调比例的理论；一种有成就的现代结构和机械工程师的积极性；人类进步的空想的意义。让纳雷对《新精神》杂志的贡献，以笔名勒·柯布西耶，作为《走向新建筑》一书于 1923 年出版（Vers une Architectiure）。作为一个新的社会秩序的决定因素，它是一个支持现代建筑的宣言。把伟大的有潜力的现代技术，和

在构成主义以前,前柯布西耶—让纳雷(Jeanneret)设计的Schwob别墅(1916)位于Chaux – les – Fonds

奥赞范(Ozenfant)和勒·柯布西耶(Le Cor – busier)1923年在埃菲尔铁塔

在1922年秋季展览会上,被描绘的早期Citrohan住宅。

1922年建于巴黎的,第一个理性主义的建筑,Ozenfant工作室。勒·柯布西耶设计

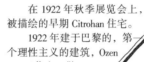

1922年秋季展览会上还看到勒·柯布西耶的城市主义思想的表现,在为有三百万居民的现代城市设计中,有塔楼的有益的视野和快车道

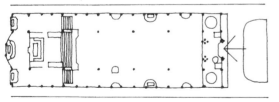

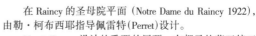

在Raincy的圣母院平面(Notre Dame du Raincy 1922),由勒·柯布西耶指导佩雷特(Perret)设计。

Matté -Trucco设计的重要的屋顶,在都灵的菲亚特工厂(1920—1923)。

在奥利的巨大的飞机库(1916—1923),由Engène Freyssinet设计

太少的人从现代技术中获益之间的矛盾，归因于社会动乱的时期，勒·柯布西耶试着去展现，如何推荐新建筑形式去创造新的生活方式，以及如何用标准化的大量生产的高质量住宅去消除社会的不平等，他说这种方法"能避免革命"。

勒·柯布西耶的少数战前为资产阶级设计的住宅正在引起人们的兴趣，但已经派生，在贝伦斯缅怀往事的新古典主义的脉络中。在与战后接着存在的后革命时期，他的新理论在许多理性的工程中变得更加清晰，证明了他的思想适应性大，一方面有 300 万居民的城市规划；另一方面有私人住宅的细部设计；首先意识到两种规模的想法之间的关系：小的是大的一个组成部分，而大的是作为由小的组成的产品。在 1922 年巴黎秋季展览会中，他展出了他的"现代城市"的规划（Ville Contemporaine），用高层、高密度中心；非常有经验的交通网络；加强空间和绿化，规划带来田园城市的思想和重要的大城市的思想。勒·柯布西耶从霍华德（Howard）、加尼尔（Garnier）和圣·伊利亚（Sant'Elia）那里受到一些启发，然而在他的现代城市的想象中，比上述任一个人都想得综合和全面。

同时，他在进行住宅设计，利用现代技术提供基本的"阳光、空间和绿化"的要求，这也是现代城市生活常常失去的。他所谓的"Maison Citrohan"的设计由一简单立体派住宅构成，装有大面积的玻璃，两层高的起居空间，所有内部的自由平面是由钢筋混凝土结构划分的，住宅架在混凝土柱或木柱上，让风景在建筑下面贯穿起来。他运用勒·柯布西耶这个名字设计的第一幢建筑，是奥赞范的巴黎工作室（1922），和让·纳雷在巴黎的住宅（1923），此两幢建筑证明了 Citrohan 住宅的结构和空间的概念，以及用一种全新的思想语言提供的国内建筑。

勒·柯布西耶认识到钢筋混凝土的巨大潜在发展趋势。他赞美他的现代工程的作品，特别是佩雷特（Perret）与他共事一段时间，并且所建的 Raincy 的一些用混凝土的圣母院（1922）证明在这种大的精美的建筑中，这种材料是可以被采用的。在《走向新建筑》中，他引证赞成汽车和飞机工程师们直接处理功能性的问题，并且引证结构工程师，仅仅是他们已经把这种处理方法用在建筑上，例如特鲁科（Giacomo Matté-Trucco）设计的屋顶，正试验跟踪都灵的菲亚特汽车公司（Fiat）（1920—1923）；弗赖辛特（Freyssinet）和利蒙辛（Limousin）设计的在奥利的椭圆形的飞机库（1916—1923）然而勒·柯布西耶不是构成派，作为一位雕塑家和画家，他处理建筑从形式主义出发，并且永不会过分地受绝对的忠实结构的理论的影响。他认为钢筋混凝土足够用于创造现代性的外观，如果正确的空间和形式能被包容同样可用传统材料，例如砖，而大楼表现得都像混凝土建的，它们都没有错。

在俄罗斯只有构成派和理性派的艺术家在为革命工作，在这个国家的机构中，正在创造现代艺术的不寻常的地位。西方的倒退是真的，历史主义的设计者继续为国家服务，先锋派被怀疑，因为在城市建筑中，它的抽象建筑没有足够清晰的风格，去创造所要求的联系，或者因为它想成为布尔什维克，或者两个原因都有。但是，虽然他们一直是占少数，现代主义有它的战士。在 1920 年莱瑟比可能正为《新精神》杂志撰稿，他说："我们的飞机和汽车，甚至自行车按照各自的方式都是完美的。我们需要把这种为了有完

历史主义的用途

勒琴斯（Lulyens）设计的伦敦世界大战死难者 Cenotaph 纪念碑（1919—1920）

斯科特（Scott）设计的利物浦 Anglican 大教堂，世界上最大的哥特式教堂，始建于 1903 年，最近完成

勒琴斯设计的伦敦纪念性巴洛克式的英国住宅（1920—1926）

Mewès 和 Davis 设计的伦敦 Ritz 旅馆中的冬季花园（1903—1906）

芝加哥的 Wrigley 大楼（1921—1924），由 Graham、Andevson、Probst 和 White 设计

虽然明显带有前柯布西耶设计的精神，赖特设计的 Millard 住宅（1923），在帕萨迪纳，是结构上的创造，赖特不属于历史主义的范畴

Hood 和 Howells 设计的哥特式风格的芝加哥论坛报塔楼（Chicago Tribune Tower 1925），是在 1922 年设计竞赛获胜，对手是许多大胆的设计

美结果的志气带入住房建筑的所有不足和等级的……。将涉及到风格的模仿……不仅在它自身方面不合理，而且它阻塞了真正发展的任何可能的道路。"他是批评低级的巴洛克和简单化的古典主义作品，是一直被商业性的建筑师实施的，好像自维多利亚时代以来，没有社会的改变一样。Mewès 和戴维斯（Davis）设计的许多旅馆被认为是用了意大利宫殿的风格（1922—1929）；在勒琴斯设计的也是很多的建筑中，如米德兰银行（the Midland Bank（1922—1929）和大量的英国办公大楼（officeblock Britannic House 1920—1926），以及许多学院派式的战争纪念碑设计，像勒琴斯设计的伦敦的世界大战死难者（Cenotaph）纪念碑（1919—1920），和布洛姆菲尔德（Blomfield）设计的门宁门（Menin Gate 1923—1926）在伊普尔都是对伟大战争的官方的回应。

在英国，此刻已经认为哥特式风格不适宜用于另外的公共建筑，而不是不适宜于教堂，其中最明显的例子是巨大的利物浦教堂（始建于1903）由斯科特设计（Giles Gilbert Scott），他是原来哥特复兴主义者的孙子。也许在哥特传统方面最好的当代的欧洲建筑是 Ragnar Östberg 设计的斯德哥尔摩市政厅（1911—1923），美丽的广场和简单的用传统材料的设计，砖外墙，铜的屋顶，用马赛克装饰的丰富的室内。在美国，为了给摩天办公楼润色，还继续运用哥特式风格。由于雷厄姆（Graham）、安德森（Anderson）、普罗布斯特（Probst）和怀特（White）设计的芝加哥 Wrigley 大楼（1921—1924）用了巴洛克式的装饰。但在参加芝加哥论坛报的设计竞赛被选中，优先于卢斯（Loos）、格罗皮乌斯和迈耶的，是一个哥特式风格，由胡德（Hood）和豪厄尔斯（Howells）设计的方案。勒·柯布西耶宁愿选择这个简单宏伟的芝加哥高"粮仓"，"让我们听听美国工程师们的评议。让我们当心美国的建筑师"。

柯布西耶苛刻地评论可能也包括赖特，他一直在经历他的"巴洛克"时期，他设计中的丰富的装饰，虽然与建筑的结构高度地结合，但确实是没有与纯粹派相符合。1922年赖特在东京建成了纪念性的帝国饭店，随后的一年，漂亮的装饰性的米勒德住宅（Millard houses），在加利福尼亚州的帕萨迪纳建成。更合勒·柯布西耶口味的是建筑—工程师卡亨（Albert Kahn）设计的玻璃工厂建筑（1922），是为密执安州迪尔伯恩的福特汽车公司所建的一座宏大的功能性钢框架和用玻璃覆面组装的大尺度简洁的车间。

美国与欧洲相比，工业很少萧条，并且总体失业率较低——1923年和1929年间平均为3.9%，与同期的英国11%相比，好于英国。其结果是，形成联合组织。扩大大生产的结果有一个总的转变，即从由冈珀斯（Samuel Gompers）为首的美国劳工联合会（AFL）控制的联合系统——在手工业基础上组织起来的，结合了占优势的工匠和建筑工人——转向在制造工业中，建立在按工作场所组织基础上的系统。其关键人物之一是福斯特（William Foster），他在芝加哥组织了一个网状的系统，并领导了堆料场工人的罢工（1917），和钢铁工业工人的罢工（1919）。在俄罗斯革命后的那几年，反联合的行动变得更加强烈；私人武装被雇用去破坏罢工，包围领导人使其受害，甚至温和的美国劳工联合会也被打上"布尔什维克"的标记。

工业生产率继续提高，汽车工业特别地经历着一个唯一迅速成长的时期。汽车排泄

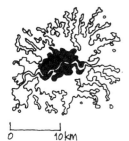

1860 年到 1920 年间，伦敦郊区沿着郊区的铁路线和人工开的路发展起来

在英国内战时，典型的郊区发展情况

典型的较早的郊区发展设计，为了靠近铁路，连在一起的住宅紧密地布置在郊区铁路站的步行距离内

典型的较后的郊区发展，设计得靠近汽车道，住宅之间有宽的空间，并提供停车场

1912 年邮票上的伦敦地铁

斯坦（Stein）和赖特（Wright）设计的新居住小区（始建于 1929）

典型的郊区住宅布置，每一幢住宅一边是"公共"边，一边是"私有"边

每一幢住宅从两个方向出入

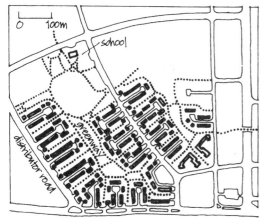

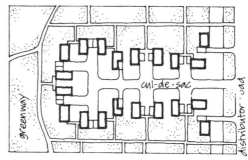

都市的郊区与拉德本镇

典型的拉德本（Radburn）镇住宅布置，自行车道和人行道保持分离

物开始影响环境，差不多立即被鼓励到郊区去进一步发展。在维多利亚时代，郊区的发展是由周围的铁路车站推动的，内战时的郊区呈现低密度，分散的模式，形成了由汽车带来的增加的可通达性,恰好福特的目的是因汽车所有者的社会范围拓宽而要增加市场，所以房地产经纪人寻求把房产主的关系拓展到一种宽松的有效的社会部分。开发者莱维特（Abraham Levitt）在内战期间，开始了一个小计划，在长岛建造了中产阶级住宅，而且当市场发展后，大量生产的廉价建筑也有可能发展，他的郊区居住区在数量和社会范围方面都有了增长。

即使最好的居住区，提供的社区建筑和户外空间都是不足的，因为其虽有社会的价值，但对开发商是无益的。与有规划的居住区相比，更糟的是一系列的无计划开发，即开始沿着主要的人工的公路蔓延，住宅与当地的交通乱糟糟地挤在一起，正在创造污染的、有噪声的，或是不安全的生活与工作条件。1920 年代期间，斯坦（Clarence Stein）和赖特（Henry Wright）二人提出的在新泽西州拉德本（Radburn）镇的设计，为纽约城市住宅有限公司解决了这些问题。他们的设计建立在佩里（(Perry）邻里原则上，提出了一个间隔 300m 的主要路网，两路之间是居住区。主要的道路将保证过境交通，当地的交通从一边进入一个区，利用一条死胡同，胡同是短距离的，中心部分不布置交通，要与景观组合专用为游戏空间和步行路线，通向主要道路，并把一个区和另一个区联系起来。住宅不面向主要道路，镇的任何部分都能走到，不用在主要道路上行走，或甚至在行走时遇到汽车。拉德本（Radburn）镇仅仅建了一小部分，但是它创造的原则是所有后来关于在居住区中汽车问题思考的起始点。郊区同时存在的事物说明了资本主义正在运行。资本主义创造了汽车，卖给公众，作为提供易接近的一种新的舒服的举动。这种因素依次创造了郊区和它的问题，并引导拉德本（Radburn）的设计者试着去克服它。它还影响到老的城市中心，没有大面积的重建，不能取得大量的交通。任何一种方法，汽车都要可靠的在建筑和土地方面的资本投资，创造一个物质的环境，汽车在它的转动中，为了生存是必不可少的。在广泛的意义中，在西方经济中，它都同样变得必不可少，它开始依靠保持运转的生产线和流动的燃料油。资本主义有自身永存的作用，即要求继续成长，仅仅需要最基本的措施就是打破它的恶性循环。

1923 年列宁发表了他的短文"论合作化"，提出为社会主义未来的三项任务。第一，是警惕，防备官僚主义化，即最好能创造一个"为了人民"，而永不偏于人民。第二，发展农民合作和工人控制的工业，要保证人民控制他们自己的生活——单独能引向社会主义。第三，是要创造建立在合作工作的基础上的社会；将发现：一个真正的文化革命。许多干扰的表现之中，即这些任务贯彻将有的困难，是日益增加的斯大林（Stalin）的权力，列宁看到斯大林对民主的威胁，试图撤换他。当列宁于 1924 年初逝世，斯大林自由地建立他个人的权力。过了几年，新经济政策继续有效，并继续为重建任务出谋划策。

1925 年，许多构成派建筑师与左派艺术论坛 LEF 共同组成了另一个协会现代建筑师联合会（Union of Contemporary Architects），在莫斯科和列宁格勒。维斯宁是主席，成员之中有他的兄弟利奥尼德（Leonid）和维克托，以及巴希（Barsch）、布洛夫

构成主义的设计

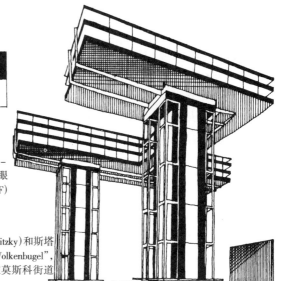

罗德琴柯为表现 Dziga – Vertor 的概念 "电影院—眼睛" 设计的新经济政策 (LEF) 杂志的封面和广告

李西茨基 (Lissitzky) 和斯塔姆 (Stam) 设计的 "Wolkenbugel"，为了把办公室架在莫斯科街道的上空 (1924)

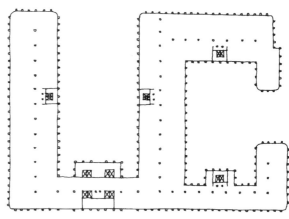

金斯伯格为莫斯科纺织品大楼竞赛设计的建筑平面 (1925)

艾森斯坦的蒙太奇——一系列无关的想象，剪辑在一起形成有意义的戏剧性的连续镜头，在 "敖得萨的进程"，来自影片《战舰波将金号》

利奥尼多夫 (Leonidov 1902—1959) 及他的杰作构成派设计 (立面、平面) 列宁学院 (1927)，是他在艺术和技术学校最后一年所作

他的学生作的设计模型

view of model

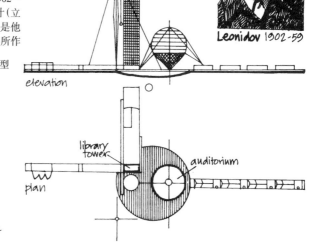

Leonidov 1902-59

elevation

plan

library tower

auditorium

（Burov）、梅尔尼科夫（Melnikov）、格罗索夫（Ilya Golossov）和杰出的年轻的利奥尼多夫（Ivan Ilich Leonidov 1902—1959）。金斯伯格（Ginsburg）成为这个集团的杂志《现代建筑》(Contemporary Architecture）的编辑，勒·柯布西耶也为它作贡献。OSA 成功地把构成主义的思想扩展到国内和欧洲，通过出版它的成员为莫斯科许多重大的建筑竞赛作的设计，产生了特别的效果，其中有：维斯宁、梅尔尼科夫和格罗索夫设计的《真理报》大楼（the Pravda building 1924）；维斯宁和梅尔尼科夫设计的 Arcos 百货商店（1924）；金斯伯格和格罗索夫设计的纺织品大楼（the House of Textiles 1925）；维斯宁设计的国家电报大楼（the State Telegraph building 1925）。李西茨基继续稳步地与欧洲建筑师联系，特别是通过他与荷兰理性主义者 Mart Stam，1924 年在 "Wolkenbugel" 为巨大的架在城市街道上的水平式摩天楼的项目设计中的合作。在艺术和技术学校的罗德琴柯和在包豪斯学院的布鲁尔的工作开始平行前进，在 1925 年，二人设计了最早的例子是板式空心钢管框架的家具。俄罗斯影片制造者们的工作在西方产生了大的影响，特别是他们发展的纪录技术。《震撼世界的十天》(Ten Days that Shook the World）这本书，由美国的共产主义者里德（John Reed）逼真地描述了十月革命，在所有宣传工具的报导技术中创造了兴趣，在电影制片方面，它为 "电影院—眼睛" 的 Dziga-Vertov 概念的表现，和他的影片 "人与电影摄影机"（The Man with the Movie Camera）(1929）打下了基础，同时，艾森斯坦（Eisenstein）导演的利用真实场景、业余演员和纪实风格剪辑的影片如《战舰波将金号》(Potemkin）(1925），与柏林和好莱坞的不自然的现代影片形成明显的对比。

对于俄罗斯左派而言，巨大的重建工程安排在前面是自然的。通过金斯伯格的特别影响，现代建筑师联合会变得令建筑师感到不满，它继续追随越出常规的意见，越过作为分离哲学的 "理性主义" 或 "构成主义" 的有关优点，与它关系不紧密的设计者，开始用一种被追随的 "风格" 去处理现代主义。任务的严重性需要严格的方法。金斯伯格说现代建筑不应要求所有的设计都倾向于 "风格"，它是一个功能主义的问题：理性的规划，现代的结构技术，标准化和部分的预制装配及建设过程的工业化。利奥尼多夫的技术才能的远见大多存在于这时的世界上的任何一位建筑师中。他为莫斯科列宁学院作的设计，是他在艺术与技术学校期间工作的最后一年期间准备的，是典型的构成派建筑：它主要组成由一个巨大的球形的礼堂和一个细长的塔式图书馆连接，侧面是附属建筑。这种几何形的单纯化思想；在基地上各种因素的微妙的安排；和建立在主要利用钢的拉力基础上的结构概念，使设计很好地优于任何时代，并创造了与学院派的建筑思想形成最明显的对比。

第一幢重要的构成派建筑确实建成，在西方是自相矛盾的：在 1925 年装饰艺术的巴黎展览会中，梅尔尼科夫设计的苏维埃馆，是一个简单的几何形设计，利用平展的墙和大面积的玻璃。具有勒·柯布西耶的 "新精神" 的馆——甚至是较简单的，建立在 Citrohan house 基础上的立体派建筑——明显地被划分为仅有的理性主义的例子。大多数其它的馆和他们的展品，都采用了 1920 年代流行的风格进行设计，对它们，展览会给予它 "装饰派艺术 Art Deco" 的称号。在经济发展的高峰期，Deco 是国家流行的和影片生产者的

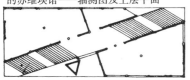

梅尔尼科夫设计的构成派风格
的苏维埃馆——轴测图及上层平面

勒·柯布西耶设计的纯粹派风格
的"新精神"馆，影响了住宅设计的试验

With one or two other exceptions,
like the pavilions designed
by Stael and Behrens,
the rest of the 1925 Exposition
was devoted to
Arts Decoratifs
or Art Deco

展览期间典型的装饰派艺
术"Art Deco"人工制品，有旭日
形雕刻的 Pye 无线电收音机，和
一个"Meyrowitz"钟，具有后来在
图坦卡蒙国王"Tutankhamnn"坟
墓中发现的古代埃及风格

Art Deco soon became a
vogue style for
modern buildings—

艾伦 (William Van
Alen) 设计的纽约克莱斯
勒大楼 (the Chrysler build-
ing 1929)——典型的装饰
派艺术"Art Deco"大楼

展览会展示的豪华客
厅，Ruhlmann 设计

Mather 和 Weedon 设计
的伦敦，莱斯特广场超级电
影院——"Art Deco"Odeon

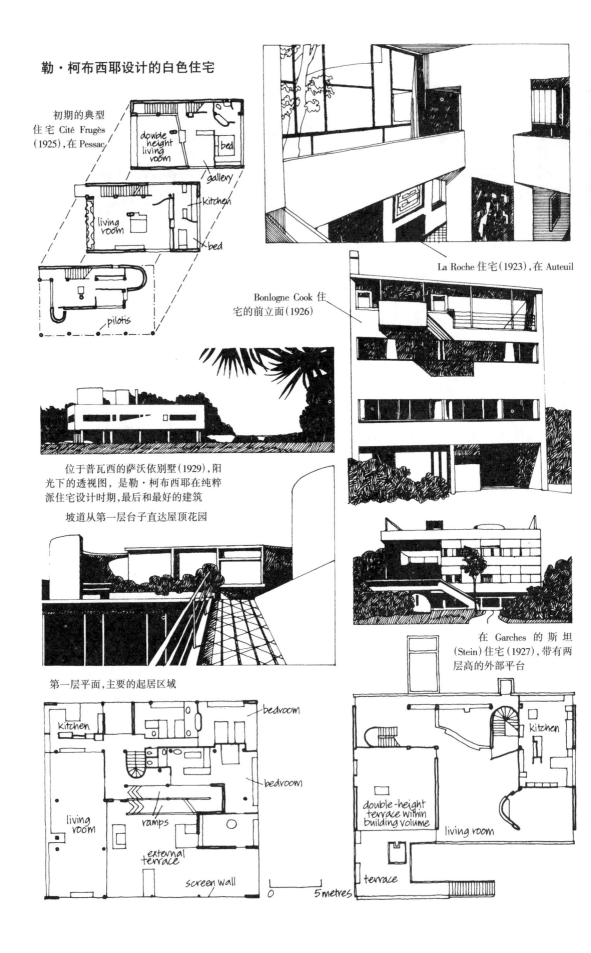

勒·柯布西耶设计的白色住宅

初期的典型
住宅 Cité Frugès
(1925),在 Pessac

double height living room

bed

gallery

kitchen

living room

bed

pilotis

La Roche 住宅(1923),在 Auteuil

Bonlogne Cook 住宅的前立面(1926)

位于普瓦西的萨沃依别墅(1929),阳光下的透视图,是勒·柯布西耶在纯粹派住宅设计时期,最后和最好的建筑

坡道从第一层台子直达屋顶花园

在 Garches 的斯坦 (Stein)住宅(1927),带有两层高的外部平台

第一层平面,主要的起居区域

kitchen

bedroom

living room

ramps

bedroom

external terrace

screen wall

0   5 metres

kitchen

double-height terrace within building volume

living room

terrace

风格派

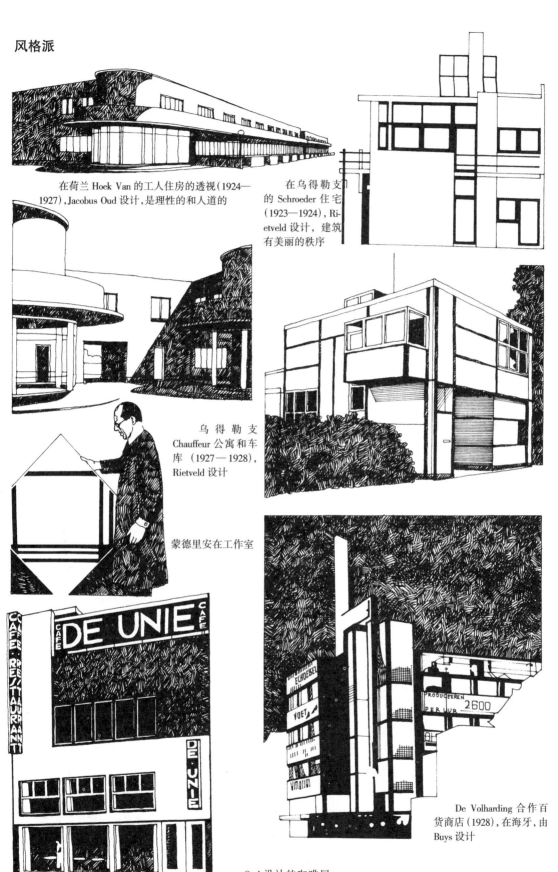

在荷兰 Hoek Van 的工人住房的透视(1924—1927),Jacobus Oud 设计,是理性的和人道的

在乌得勒支的 Schroeder 住宅(1923—1924),Rietveld 设计,建筑有美丽的秩序

乌得勒支 Chauffeur 公寓和车库(1927—1928),Rietveld 设计

蒙德里安在工作室

De Volharding 合作百货商店(1928),在海牙,由 Buys 设计

Oud 设计的咖啡屋(1924—1925),在鹿特丹

风格，是现代豪华的旅馆和诺曼底班船上的交谊室的风格。在较普通的水平上，它影响了每一个设计，要求直到精密的想象，从超级影院和新郊区住宅，到珠宝、钟表和无线电装置。在家具中，工人的质量常常很高，创造性的利用国外的木头，像椴木和檀香木，为了完成得平滑和漂亮的纹理。多样化的风格的创造包括响亮的色彩，和巴克斯特（Bakst）设计的俄罗斯芭蕾舞的模式，埃及基本图案的普及化是由于1923年打开的图坦卡蒙（古埃及第十八王朝国王）Tu-tankhamun的坟墓，以及阿兹台克人的象征的产生是由于1926年出版了劳伦斯（Lawrence）著的《自夸的撒旦》（The Plumed Serpent）。

尽管国际评奖团认为"新精神"馆应得奖，后来在法国展览会当局的妒忌与坚决要求下撤销。当在装饰艺术展览上勒·柯布西耶计划把该馆炸毁时，由于这种反应他部分地责备自己；但是一般来说，现代建筑正遇到日益增长的反对，许多现代建筑带有商业利益，从工业化转而使用传统的材料或技术。勒·柯布西耶设计的馆在风格上与梅尔尼科夫设计的相似，他们与其它的不相似，虽然勒·柯布西耶的设计几乎无长处，还使得随便责备他们是布尔什维克主义成为可能。然而，他的作品继续招致强烈的批评，贯穿了1920年代。他与他的表兄弟皮埃尔·让纳雷（Pierre Jeanneret），在波尔多附近的Pes-sac为工人及他们的家庭做了小型住宅的设计（1925），遭到许多当地人的反对，他设计的1920年代的令人满意的三幢主要建筑，有在布洛涅的Cook住宅（1926），在Garches的斯坦（Stein）住宅（1927）和在普瓦西的萨沃依住宅（1929），在优美的住宅中，勒·柯布西耶都用了现代建筑能提供的豪华的空间去使他的资产阶级业主满意——仅被责备逐渐损害了传统的价值。

荷兰阿姆斯特丹学院继续它的工作，贯穿1920年代，但理性主义者小组与在鹿特丹的风格派协作，正获得国际意义。它的最重要的工作是由Rietveld设计建造的在乌得勒克郊区的小住宅，这个工作似乎把现代建筑外形上的可能性进行了概括。Schroeder住宅（1923—1924）好像是蒙德里安设计的，有三个向度上的画。它的墙、地面、隔墙、幕墙、窗子被处理得简洁平整，某些不透明的地方运用了新造型派的色彩，一些透明的、所有重迭或互相搭接的位置在右角，创造的内部空间是互相渗透的，或者借助于挑篷而扩大，阳台伸到街的外边。Oud设计的在鹿特丹的咖啡店的立面（1924—1925）受到抽象画的影响，而他设计的在Hoek van Holland的工人住宅区（1924—1927），在功能以及抽象的形式方面都进行了构想。

到1920年代中期，理性主义已经形成了它为英国设计的方法，在北安普敦，为工业家Basset-Lowke，贝伦斯（Behrens）设计了简洁的立体派New Ways住宅。它是建于1926年，英国经济生活关键的一年，在住宅的建设中试着要解决由于财政危机而下降的工人生活标准问题。在英国历史中，劳动者第一次用总罢工作为其向应，英国经济崩溃，生产下降，英国政府削减工资和公共花费的政策，纯粹是暴露其对危机深度的理解的偏差，因西方资本主义是作为一个整体正在经历危机。在欧洲的其他国家有另外的解决办法。在意大利，法西斯主义思想，被罗科和金泰尔传播，由1922年掌握政权的墨索里尼从事实现。于是这位领导者宣称法西斯主义在这个国家的法律上和道德上是至高无上的，

We wish to glorify War— the only health-giver in the world—militarism, patriotism...beautiful ideas that can kill...

Marinetti 未来主义者与他的未来主义宣言

圣伊利亚设计的 Citta Nuova 车站表现了未来主义的特征

意大利的法西斯主义

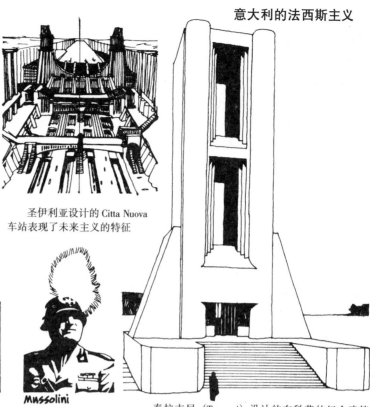

泰拉吉尼设计的漂亮的科莫 Casa del Fascio(1932—1936)

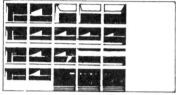

Mussolini

泰拉吉尼设计的第一个重要作品 Novocomum 公寓(1928),位于科莫

泰拉吉尼(Terragni）设计的在科莫的纪念建筑（Monument to the Fallen 1930），清楚地表现了圣伊利亚设计的影响

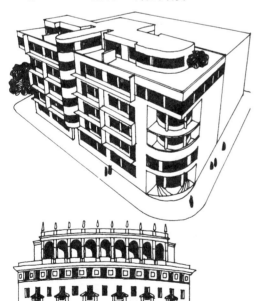

墨索里尼对重建罗马的构想，要在 1942 年向世界展现法西斯主义的成就，为罗马的扩建打下永久的基础。

此平面由 Rossi、Piacentini、Vieti 和 Pagano 设计，仅仅建成一部分

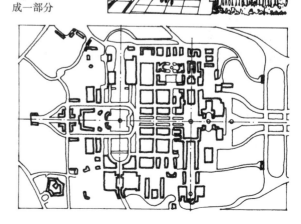

墨索里尼官方的学院派，表现在 Piacentini 设计的旅馆中,建于罗马

并统一这个国家的意愿，还被说成必须权力集中去达到社会稳定和国家的训练有素。重要的公众的工作突然变成主要要创造就业，和表现这个国家的思想。墨索里尼本人偏爱古典主义和纪念性的布局，他计划开辟几条供列队行进的道路通过罗马，或者建造体育场去赞美健康的和适合的法西斯年轻的政权，这个计划从传统的建筑师那里得到了真正的回答，如值得注意的在罗马的 Piacentini 和 Del Debbio 和在米兰的著名的"900"小组。

但是自从马塔—特鲁科（Matté-Trucco）设计了菲亚特工厂，并把理性主义介绍到意大利，就有可选择的方法。Gruppo Sette，是一个理性主义建筑师的协会，其中心在米兰和科莫——协会中最重要的建筑师有 Luigi Figini（生于 1903）、Gino Pollini（生于 1903）和泰拉吉尼（Giuseppe Terragni（1904—1942）——协会建立于 1926 年。这个团体追随意大利人诺夫森托（Novecento）的思想，试图结合富有可塑性又具 20 世纪技术的巴洛克传统。在他们协会创立的宣言中，他们攻击未来主义"愚蠢、自毁的狂怒"，提出代之以"神志清醒和智慧"的建筑，因此"传统自身要改变，采取新的面貌，只有少数的人能认识到它"。他们的灵感来自多样化，如苏维埃构成主义和柯布西耶的"走向新建筑"，但是他们个人的思想是与法西斯主义一致的。争论和引起周围兴趣的是官方建筑师的选择，官方采用特殊的风格是为宣传的目的，协会成功地获得了几项政府的委托。泰拉吉尼设计的第一幢建筑是在科莫的 Novocomum 公寓（1928），一种丰富的立方体和圆筒体，实和虚的构图，与格罗索夫设计的，在一年前建成的莫斯科工人俱乐部，具有惊人的相似性。

在德国，法西斯主义的力量也在成长。1923 年早产的啤酒店暴动只不过是纳粹秩序的预示。他们的思想在 1925 年发展成出版的《我的奋斗》第一册（Mein Kampf），一本难于理解的混合的种族的废话和政治洞察力的书。这个国家计划创造一个建立在"雅利安"人种的优越性，和它的典范，德国人民的政权；这种秩序要维护这种主要人种的至高无上，通过它未来的权力给它提供生存空间，使它在其中能得到发展，和它能控制的帝国。基督教徒、共产主义者、俄罗斯人、斯拉夫人尤其是犹太人，按照这个计划的都要被清除。同年，埃伯特（Ebert）总统届满，并由保守的欣登伯格（Hindenburg）代替时，纳粹主义向成功迈出了重要的一步；欣登伯格恢复了对普鲁士贵族大地主的纪念，政治上向右转，为希特勒（Hitler）通过合法手段取得权力创造了条件。由于右派的鼓动，畏惧布尔什维克的情绪如此强烈，以致把资产阶级驱赶到希特勒一边，有意拒绝去认识他向他们提供的十分清楚的是什么。当政治在共产主义和纳粹主义两极分化时，站在中间变得很困难。左翼断言艺术发展到了一个被切割的边缘，有格罗茨（Georg Grosz）的讽刺画；哈特菲尔德（John Heartfield）的尖锐辛辣的摄影——蒙太奇，和布雷赫特（Brecht）/韦尔（Weill）杰作的成功，如"普通的桃花"（Kleine Mahagonny）（1927）、"低级趣味的歌剧"（Dreigroschenoper）（1928）、和"柏林的安魂曲"（Berliner Reqiem）（1928）。在所有这种反对中，种族性的纯艺术理论，一方面是颂扬英雄和纪念性的，另一方面是拙劣的文艺作品和民间的艺术，都是被"纳粹"的主要艺术理论家农伯格（Paul Schultz-Naumberg）和他们宣传的"民族主义观察员"报道所推动。

魏玛共和的一些意图，由它的支持者温和主义的 SPD——和包豪斯的理性主义的建筑师们——他们处在这些极端之间。他们一步步努力去达到社会进步的，没有革命，似乎如此称心如意。政府主办了在柏林、策勒的住房建筑的计划——以及值得注意的是在法兰克福，在城市建筑师厄恩斯特·梅（Ernst May 1886—1970）的直接领导下——试图解决向劳动阶级提供理性生活条件的明显的社会问题。建立国际现代建筑协会（简称CIAM，全名 Congrès Internationaux d'Architecture Moderne），早期的会议在瑞士的 La Sarraz（1928）和法兰克福（1929）召开，试图宣布建筑的国际主义，卓越的狭隘的政治态度，和对社会进步的关心。1927 年组织联盟的展览会，由密斯·凡·德·罗组织在斯图加特的魏森霍夫召开，是一个严肃的试图要表现真的现代建筑公共性的愿望，在一个小公园中聚集了许多住宅单位，特别是由卓越的列为建筑天才的建筑师的设计，包括贝伦斯（Behrens）、浓尔齐格（Poelzig）、马克斯（Max）和布鲁诺·陶特（Bruno Taut）、乌德（Oud）、斯塔姆（Stam）、密斯·凡·德·罗、格罗皮乌斯和勒·柯布西耶，尽管有许多近代的看法，没有看到表现主义，似乎不怀疑社会进步与理性主义是同义的。甚至门德尔松在斯图加特（1927）和开姆尼茨（1928），为 Schocken 公司做的百货大楼设计中，用的是对称理性主义的手法，用了简洁的形式结合丰富的细部，竟然获得接近理性主义的结果。“新闻客观性”的教条，这种新的客观性，虽然原来与这个时期的纪录影片有关，这种典型似乎建筑中也存在。

1924 年魏玛包豪斯学院招致来自保守的城市和省级当局不友好的注意，主要因为难以承认的共产主义协会及其工作，这年末学校被迫关闭。许多更进步的城市委员会与格罗皮乌斯探讨并决定把学院移至德绍，在那里他有了唯一的机会去创立一幢新建筑来表现包豪斯的建筑哲学。德绍的包豪斯建筑（1925—1926）是现代运动关键的建筑之一。格罗皮乌斯在基地上安排了三幢楼——工作车间，设计学院和学生宿舍——应用了经过研究的非规则的关系，逻辑性的次序设计了各种空间，立面的处理使玻璃和混凝土墙面适宜于它们后面的房间的功能。自从格罗皮乌斯试图在阿菲尔德和科隆运用理性主义以来，他的思想有大的发展，就是说几乎每一件关系到建筑的事都要指出构成主义的影响，不是要否定第一个重要的现代理性主义建筑实际建造的成就，不论是在东方或西方。包豪斯的课程也进行了重新设置。伊滕的基础课由纳吉（Moholy-Nagy）和阿伯斯（Josef Albers）接任。他强调摆脱手工工艺去进行机器生产，许多以前的学生，其中精于印刷术的拜尔（Herbert Bayer）；家具设计者布劳耶（Marcel Breuer），留下教书，为发展独特的正在成长的包豪斯风格作贡献，当 1927 年格罗皮乌斯委派瑞士建筑师梅耶尔（Hannes Meyer 1889—1954）担任一门新建筑课程时，包豪斯风格在内部已有异议。梅耶尔是一个共产主义者，他用一种科学的态度去解决问题。他发现包豪斯不科学，过分正规，太内向并缺乏与社会的经常联系。确实，学院工作的科学方面要加强，格罗皮乌斯首先委派了他。

紧跟包豪斯，理性主义逼近。杜伊科尔（Johannes Duiker 1890—1935）以他在 Hilversum 设计的 Zonnestraal 疗养院（1926—1928），作为某种重要的现代建筑师出现，同时风格派的构成主义发展了，表现在里特维尔德（Rietveld）设计的在乌得勒支的车库和公寓（1927—1928）和拜斯（A. W. E. Bays）设计的 De Volharding 合作商店（1927—

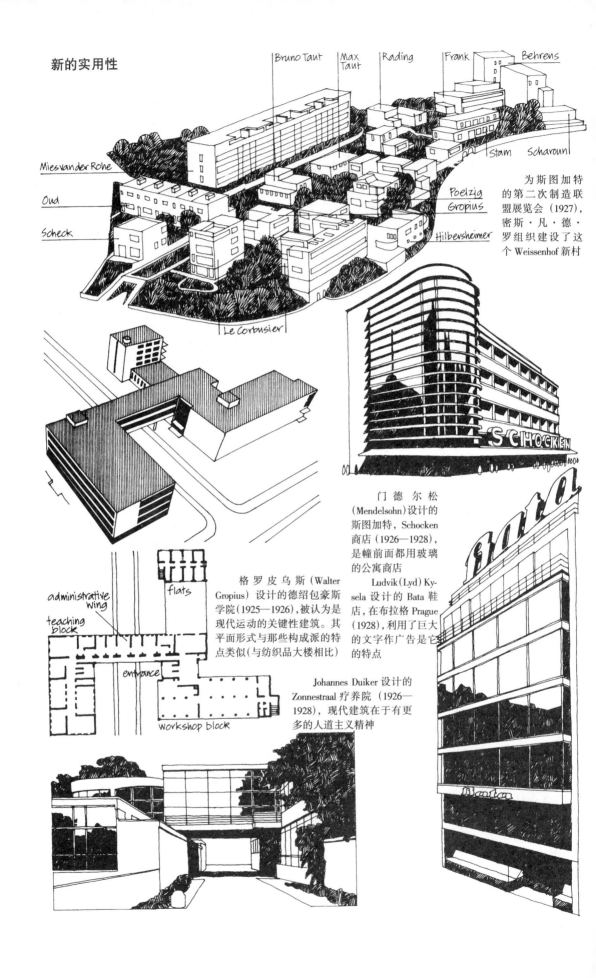

新的实用性

Bruno Taut
Max Taut
Rading
Frank
Behrens
Mies van der Rohe
Oud
Scheck
Poelzig
Gropius
Hilbersheimer
Stam
Scharoun
Le Corbusier

为斯图加特的第二次制造联盟展览会（1927），密斯·凡·德·罗组织建设了这个 Weissenhof 新村

S CHOCKEN

administrative wing
teaching block
flats
entrance
workshop block

格罗皮乌斯（Walter Gropius）设计的德绍包豪斯学院（1925—1926），被认为是现代运动的关键性建筑。其平面形式与那些构成派的特点类似（与纺织品大楼相比）

门德尔松（Mendelsohn）设计的斯图加特，Schocken 商店（1926—1928），是幢前面都用玻璃的公寓商店

Ludvik（Lyd）Kysela 设计的 Bata 鞋店，在布拉格 Prague（1928），利用了巨大的文字作广告是它的特点

Johannes Duiker 设计的 Zonnestraal 疗养院（1926—1928），现代建筑在于有更多的人道主义精神

Bata

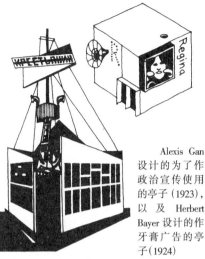

艺术与技术研究学院
与包豪斯学院

1920 年代和 1930 年代期
间，俄罗斯与德国的联系

Alexis Gan
设计的为了作
政治宣传使用
的亭子 (1923)，
以 及 Herbert
Bayer 设计的作
牙膏广告的亭
子 (1924)

Lindig 设计的包豪斯
咖啡具，是大量生产的瓷
器 (1922 — 1925)，以 及
Malvich 设计的杯子，为罗
蒙诺索夫 Lomonosov 工厂
生产所用 (1923)

在罗德琴科 Rod-
chenko 直接指导下，布
劳耶 (Breuer) 设计的
"Wassily" 椅子，用皮革
和钢管制成

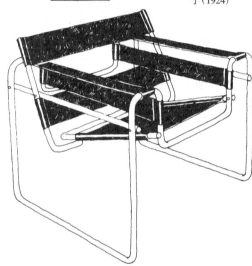

典型的悬臂椅
由塔特林 (Tatlin) 设
计 (1927)，"MR" 型
的悬臂椅由密斯·
凡·德·罗设计
(1926)

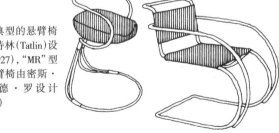

印刷艺术，李西茨
基设计的是为艺术技
术学校每年使用，Her-
bert Bayer 设计的是 "通
用型" 的 (1925)

1928)。当门德尔松设计百货商店，还有凯泽拉（Lyd Kysela）设计的在布拉格 Bata 商店（1928）和商业馆（Commerce House 1928）时，商店建筑在运用有创造力的方法方面利用现代的玻璃，提供了特殊的机会。

列宁逝世后，托洛斯基（Trolsky）和斯大林（Stalin）争夺领导权，斗争在他们之间进行，一方面是地方民主和国际社会主义的"永久革命"日益增加，另一方面，社会主义在一个国家中的官僚和集中化也在日益增加。1929 年托洛斯基被流放，标志着俄罗斯革命的结束，和社会主义在所有地区的名存实亡。由于推行第一个五年计划（1928—1932），结束了列宁的新经济政策 NEP，大规模的发展项目，目的在于开发国家的资源，开发落后地区，和同等重要的各类工业。在此基础上成立集体农庄或集中的农庄——由国家所有，国家管理运作，这个系统要求夺取农民土地和消灭富农阶级。它还必须去清洗老布尔什维克党，一直坚持马克思和列宁思想的革命者，将被职业的官僚们所代替，后者效忠于斯大林，并被他完全控制。

现代建筑师联合会提出合并所有的建筑团体，用共同的任务把他们联合起来，但不同的意见超过了合并的目的和方法，阻止了联合。这些问题在增加，表现在 1929 年全苏无产阶级建筑师联合会成立（简称 VOPRA，全名 the All-Russian Union of Proletarian Architects），攻击构成派太左，太关心技术和实验，不够"无产阶级"。五年计划期间，实验性建筑继续在建，但它的时代正在告终。利奥尼多夫继续他的杰出的但未能实现的设计，是参加莫斯科 Centrosoyus（合作的）设计竞赛——实际上勒·柯布西耶获胜，他的优美的构成派设计由莫斯科建筑师建成，从 1929 年拿到设计方案，到 1934 年建成，好像勒·柯布西耶不加渲染地评论，"一个对材料不足的挑战，被五年计划实现了。"梅尔尼科夫（Melnikov）设计的 Russakov 俱乐部（1928—1929），及他自己的住宅（1929），都在莫斯科建成。巴希（Barsch）和西纳夫斯基（Sinavsky）建成一座天文馆（1929），巴克欣（Barkhin）设计的 1927 年的 Izvestia 大楼，被格罗索夫设计的优秀的真理报大楼（1930—1934）追随。后来在 1930 年，艺术与技术学校被关闭。同年，列宁曾反对过的个人崇拜，由于在红场上陵墓的建成，斯大林已把它赠与了列宁本人。舒金夫提出了一个厚重的，纪念性的无表情的新古典主义的设计，表明这一类的建筑又兴起了。

发展项目突然使建筑师有必要考虑以最大可能的规模，不仅要建设矿山、工厂、加工厂和动力站，而且还要在荒地上建设全新的公社。在以前，结合紧急任务和试验的机会，能产生充满活力的结果；城市理论的发展具有在西方史无前例的速度和信心。同时，当欧洲和美国还处于混乱，没有方向，以及在西方对经济指标的概念几乎不知晓时，苏联的计划经济为逐渐形成物质规划的方法，提供了机会和需要。

俄罗斯的城市规划有许多独特的特点。这些之中第一重要的是要发展和变化，这个概念曾经出现在西方，然而永远也没有成为规划实践中的具有重要意义的特点——至少在整个萧条的几年中。1912 年工程师和规划师西蒙诺夫（Vladimir Semenov 1874—1960）已经出版了《城镇的福利规划》（The Welfare Planning of Towns），在有关的新城和现有的城市中检验了这种思想。革命以后，它一直很少被注意，当它被纳入苏维埃规

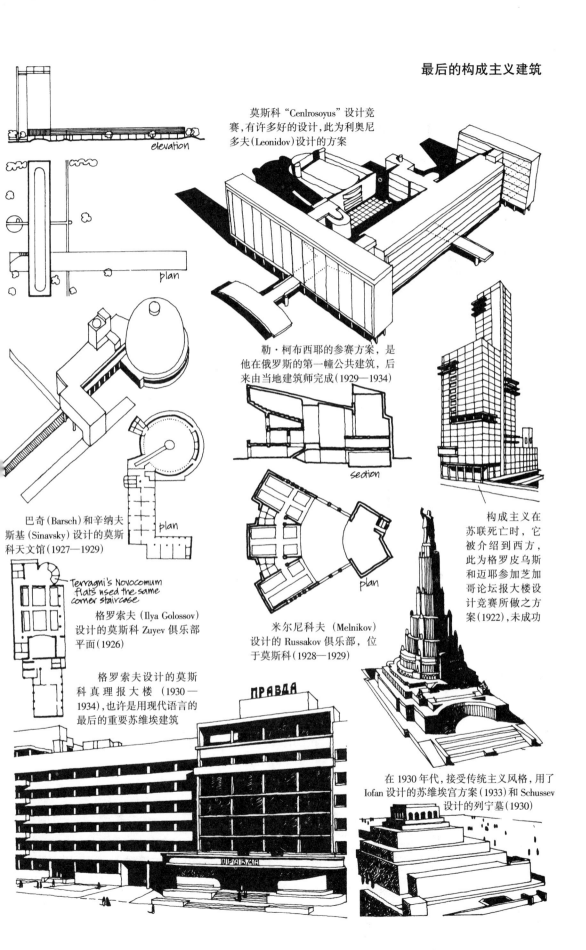

elevation

plan

莫斯科"Cenlrosoyus"设计竞赛,有许多好的设计,此为利奥尼多夫(Leonidov)设计的方案

plan

勒·柯布西耶的参赛方案,是他在俄罗斯的第一幢公共建筑,后来由当地建筑师完成(1929—1934)

section

plan

构成主义在苏联死亡时,它被介绍到西方,此为格罗皮乌斯和迈耶参加芝加哥论坛报大楼设计竞赛所做之方案(1922),未成功

巴奇(Barsch)和辛纳夫斯基(Sinavsky)设计的莫斯科天文馆(1927—1929)

Terragni's Novocomum flats used the same corner staircase

格罗索夫(Ilya Golossov)设计的莫斯科 Zuyev 俱乐部平面(1926)

米尔尼科夫(Melnikov)设计的 Russakov 俱乐部,位于莫斯科(1928—1929)

格罗索夫设计的莫斯科真理报大楼(1930—1934),也许是用现代语言的最后的重要苏维埃建筑

ПРАВДА

在 1930 年代,接受传统主义风格,用了 Iofan 设计的苏维埃宫方案(1933)和 Schussev 设计的列宁墓(1930)

苏维埃城镇规划的原理
可发展的设计

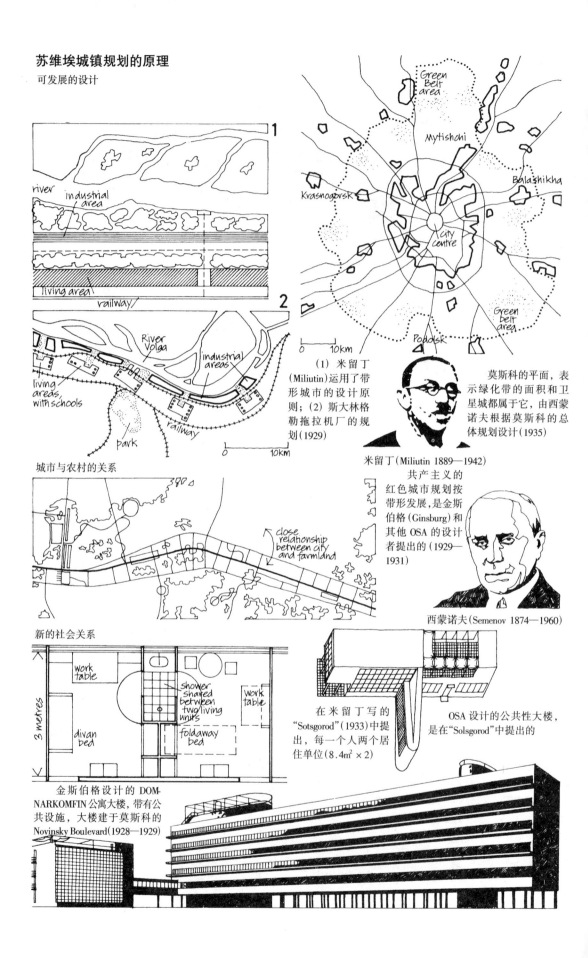

（1）米留丁（Miliutin）运用了带形城市的设计原则；（2）斯大林格勒拖拉机厂的规划（1929）

莫斯科的平面，表示绿化带的面积和卫星城都属于它，由西蒙诺夫根据莫斯科的总体规划设计（1935）

米留丁（Miliutin 1889—1942）

共产主义的红色城市规划按带形发展，是金斯伯格（Ginsburg）和其他 OSA 的设计者提出的（1929—1931）

西蒙诺夫（Semenov 1874—1960）

城市与农村的关系

新的社会关系

在米留丁写的"Sotsgorod"（1933）中提出，每一个人两个居住单位（8.4m² × 2）

OSA 设计的公共性大楼，是在"Solsgorod"中提出的

金斯伯格设计的 DOM-NARKOMFIN 公寓大楼，带有公共设施，大楼建于莫斯科的 Novinsky Boulevard（1928—1929）

划理论的总体中，由米留丁（Nikolai Miliutin 1889—1942）随后发展了。米留丁是金斯伯格的朋友和合作者，他的《Sotsgorod》（1933）和《苏维埃建筑理论中的基本问题》（Essential Questions of Theory in Soviet Architecture）（1933）都受到西蒙诺夫的影响。在《Sotsgorod》中的副标题是"社会主义城市建设的问题"，米留丁概述了他的发展型规划的思想，特别是他的带形城市的著名建议。马塔（Mata）设计的城市允许扩展，但是没有体现土地分区制的思想，加尼尔（Garner）和勒·柯布西耶的城市规划创造了分区制，但是没有充分地安排处理扩展的问题。米留丁把这两个思想结合到一个简单而有效的设计中，他建议一个沿干道发展的带形区宽度为几百 m，但不限定长度，分 6 个平行区：铁路区；工厂区（包括车间、仓库、研究和技术机构）；一条绿色走廊带有沿着它的主要快车道；居住区，包括公共建筑、当地小行政区的办公建筑、门诊所、儿童之家和幼儿园；带有公园和运动场的娱乐区，理想的话，还可包括为娱乐区和运输服务的湖和河流；农业区带动植物园、分配用地和牛奶房饲养场。带形的原理被应用于向马格尼托哥尔斯克、斯大林格勒的土地发展，形成几个另外的新拓展的住宅区。现有的城市，特别是人口增长的莫斯科——从 1917 年的 170 万人到 1935 年的 370 万人——已经是出众的，需要另外的处理。1931 年决定限制最大的现有城市的成长，西蒙诺夫设计的莫斯科 1935 年的总体规划，是世界上最早的城市规划，提出了限制城市扩大的"绿带"，同意向外发展卫星城。

苏维埃规划的第二个重要特点，是它涉及城市和农村区域之间的关系，这个问题早在 1846 年就被马克思和恩格斯提出，在他们著的《德意志意识形态》中，提到"城市与农村之间的对立"，创造了"人口分化的两个大的阶级"，以及"能够存在只因为是私有制的结果。镇压是在劳动分配下，在有限制的活动强加于人的情况下，个人征服的最粗暴的表现——镇压即使一个人成为受限制的城市动物，使另一个人成为受限制的农村动物，并且在他们的利益之间，每天还在创造冲突。"从意识形态上看，提供一种可选择的方法是重要的。两种主要的西方的方法都被否定，两种中的集中的政策，即加强城市开拓的效果，和增加城市和农村之间的紧张，还有一种是分散，提出逃避现实的，田园城市的自由空想，同时不能把不停的城市和开拓的农村这个双重的问题分开解决。追随马克思和恩格斯，米留丁提出要把分散人口的工作建立在"工业化的农村"上，根据五年计划的目标，农村整个经济结构的大改变，最终引起城市的改变，好像一个过了时的资本主义现象，将会破灭。利奥尼多夫设计的未能实现的马桥尼托哥尔斯克规划，和米留丁设计的斯大林格勒拖拉机厂是一个紧密结合的例子，即计划把工业生产与农业生产紧密结合。

第三，也许是所有中最具有重要意义的是完全建立了社会主义理想构成的新的社会关系，使公共生活和工作成为建筑的出发点。基本的居住单位是"生活的细胞"，一个睡眠的和保持私人拥有的地方，它将被一个完整的服务范围支撑，集中化的效率和社会的相互作用：餐馆、洗衣房、托儿所、俱乐部、图书馆、修理店和运动设施。公共生活将把妇女从家务中解放出来，并对健康和儿童教育予以特别的关注。早在 1924 年维斯宁（Leonid Vesnin）已经为公共生活设计了建筑，并且在巴奇和其他人在马格尼托哥尔斯克

（1929），和西蒙诺夫在斯大林格勒（1929）的住宅区设计中都有类似的例子。但是真正的典型是金斯伯格设计的美好的 DOMNARKOMFIN 公寓式住宅（1928），建于莫斯科，供政府的工人居住，是一幢长的矩形板式大楼，它的简单的立面，表现了在立面后面生活的小室重复的特点，这种简洁、平整的美学就是格罗皮乌斯的德绍包豪斯。在苏联和西方之间有许多互通的思想：勒·柯布西耶和金斯伯格之间的友谊，毫无疑问地影响了创造者设计的 Centrosoyus 大楼；布芬耶（Breuer）、迈耶（Hannes Meyer）和陶特（Bruno Taut）对俄罗斯的访问；梅（Ernst May）和斯塔姆（Mart Stam）在马格尼托哥尔斯克的工作，他们的法兰克福实验常常是优秀的；甚至以资本家福特（Henry Ford）为首的生产线原则都影响了苏维埃的工业，然而，认为建筑要旨是相同的这一假定是错误的。总之，西方建筑师正在利用形式要形成一种技术的状态，苏维埃建筑师是社会的成员；包豪斯设计是用重复的方法去表现功能，而 DOMNARKOMFIN 公寓式住宅要表现新的苏维埃社会的公共性。

苏联与西方之间的不同因西方经济的衰退而明显突出了。早在 1920 年代相当欣慰的情况下，在工业方面的投资因市场不能承受而减缩，当价格的腾升突然回落，以及 1929 年华尔街垮台时，西方的经济学家感到惊奇并受到震动，无法解释他们所看到的在资本主义发展历史上的失常现象。某些人试图要说明在这个时期投资机会突然消失的原因：人口下降，有节约成本效果的新技术的引入，或是美国的边界消失了。其他人，包括经济学家舒普特尔（Schumpeter）、和库利奇（Coolidge）、胡佛（Hoover）二人，谴责福利国家的激进和"反资本主义"的癖好——共和党的、保守的和成功的一位商人——相信在他作为总统的任期内（1929—1933），他可以带来商业社会的理性主义。他相信在资本主义的理想中："我们是愉快的人民——统计资料证明，我们要比地球上任何一国的人民，有更多的汽车、澡盆、煤气灶、长筒丝袜、银行账户。"这种态度得到社会评论员们的大力支持，如比尔德（Beard）、维布伦（Veblen）和杜威（Dewey），他们鼓吹"工业的进步主义"，和证明受支配的工人对工厂机器的需要。福特说过"组织得好的工厂"，结果是当危机到来时，可以"减少考虑部分工人的必要性，并把工人运动降低到最小的程度。"胡佛声称：不健全的欧洲经济拖跨了美国，虽然他还相信欧洲因美国新垄断主义而在作公平交易，他鼓励美国从欧洲出来的孤立主义。他认为福利是邪恶的；用饥饿对付美国——像 1929—1931 年期间某些人作的——比用博爱，道德的力量去削弱它更好。结果，在经济危机时期，它追随大多数西方统治者的样子，企图维护商人的利益，脱离最需要的社会支持。

萧条的影响是不平衡的，穷人挨饿，较小的资本家破产，较大的资本家继续获利。在最困难的几年期间，在纽约和芝加哥，摩天大楼似雨后春笋般地出现：阿林（William van Alen）设计的克莱斯勒大楼（the Chrysler building 1929）；霍拉伯德（Holabird）和鲁特（Root）设计的帕尔莫利夫大楼（Palmolive building 1929—1930）；施里夫（Shreve）、拉姆（Lamb）和哈蒙（Harmon）设计的帝国大厦（the Empire State building 1930—1932），以及被哈里森（Harrison）和阿布拉莫维茨（Abramovitz）规划的洛克菲勒中心（the Rockefeller Center，始于 1930），包括 RCA 大楼，国际大厦（International building）和时代－生活大楼（Time- Lifebuilding）。独特的产生逐渐向上变细的轮廓又往回收到连续的楼层上是城市区域规范所要求的。随着超过"芝加哥论坛报"的设计的风格的争论，现代主义已接受了摩天大楼，虽然它是现代主义的装饰派艺术（Art Deco），而不是理性派，它展现在克莱斯勒大楼流线型的金属尖顶上；在帝国大厦入口大厅的巨大的"阳光突现"的设计上；在洛克菲勒中心；在无线电城音乐厅的连续的曲线上。

在不列颠，优美丰富的装饰派艺术（Art Deco）出现在有声望的商业建筑，像吉尔伯特（Wallis Gilbert）设计的胡佛工厂（1932—1935），和弗莱彻（Banister Fletcher）设计的 Gillette 工厂（1936），此二厂皆在伦敦西部。它还成为每一个 Savoy、Essoldo、剧场区 Rialto 和 Odeon 可接受的风格，超级电影院在好莱坞的怪念中消失在现实性的生活中。逃避主义是对萧条的普遍的回答，甚至其中有那些自称为社会主义者的人。在 1900 年，韦布斯（Webbs）已经说到资本主义曾经解决了生产问题，留给社会主义的是要保证在一定条件下的利益平等的分配。当经济衰退时，工党认为它的作用就是帮助促进生产；列宁主义的目的是利用工人正义的愤怒，打碎国家机器并代替它是不容忽视的。"社会主义"，期望人民之间进行协商，反对所有的明显的对抗。在不列颠现代运动成长时期，较好地逐步进行改革的思想，最初是通过行善。在 1932 年建筑师科茨写道："像重要的人道的建筑师和新制度的物质一样，我们没有更多的去关心正式的"风格"问题，它是今天社会和经济问题在建筑上的反映。"他表明了进步的资产阶级的思想家的广泛的观点，即社会的转变可以通过物质的改变来进行。

现代建筑在数量上的发展是缓慢的，有罗伯逊（Robertson）和伊斯顿（Easton）设计的伦敦园艺厅（Horlicultural Hall 1928），采用了曲线型的钢筋混凝土屋顶；泰特（Thomas Tait）为克里托尔机械公司设计的，在埃塞克斯的 Silver End 的立体派住宅（1927—1928）；康奈尔（Amyas Cnnell）设计的漂亮的柯布西耶住宅、海伊和奥弗住宅，建在白金汉郡（1929—1930）；伦敦有玻璃幕墙的每日快讯公司（Daily Express office）（1930—1932）由埃利斯（Ellis）、克拉克（Clarke）和威廉斯（Williams）设计；以及威廉斯（Owen Williams）为在诺丁汉郡的博茨药品公司设计得杰出的混凝土工厂建筑（1930—1932）。1932 年，亚当斯（Adams）、霍尔登（Holden）和皮尔逊（Pearson）建造了在北伦敦的阿尔诺斯。格罗夫车站，是伦敦地铁许多漂亮的建筑之一。当伦敦的运输改变时，在皮克的指导下，建造了一个好名声的有启发性的赞助人的设计。除了新车站，它的现代建筑技术结合了对传统伦敦的景观的利用，皮克还赞成利用现代印刷技术，雇佣那时最好的广告艺术家，主持 STL 样式的伦敦的公共汽车（1933），和 1937 年地下铁道全部车辆的设计。伦敦的交通由于它的先进性得到建筑师和评论的广泛的赞扬，因此物质方面设计的高标准与同等的社会进步是紧密相连的，30 年代期间在发展郊区时，普遍缺乏对伦敦交通作用的认识，一种相反的社会现象是有同样多的评论发表了猛烈攻击的意见。

郊区的发展，在跟随勒·柯布西耶和涉及他们自己的城市中心住宅的进步的西方建筑师们看来，只是一种可以接受的可供选择的方案。遍及欧洲社会主义城市当局建设的

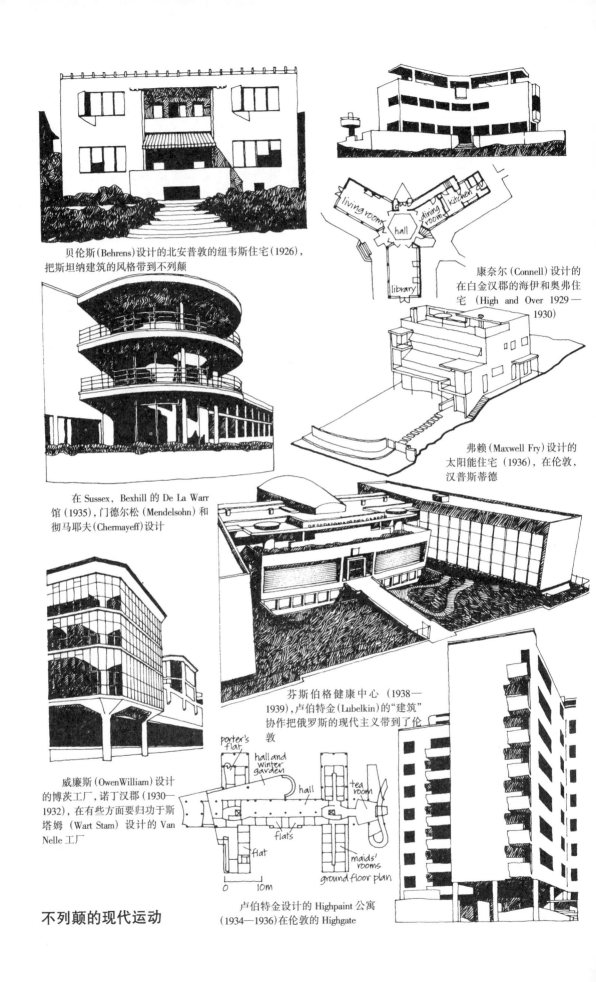

贝伦斯(Behrens)设计的北安普敦的纽韦斯住宅(1926)，
把斯坦纳建筑的风格带到不列颠

living room
hall
dining room
kitchen
library

康奈尔(Connell)设计的
在白金汉郡的海伊和奥弗住
宅（High and Over 1929—
1930)

弗赖(Maxwell Fry)设计的
太阳能住宅(1936)，在伦敦，
汉普斯蒂德

在 Sussex，Bexhill 的 De La Warr
馆(1935)，门德尔松(Mendelsohn)和
彻马耶夫(Chermayeff)设计

芬斯伯格健康中心 （1938—
1939)，卢伯特金(Lubelkin)的"建筑"
协作把俄罗斯的现代主义带到了伦
敦

porter's
flat
hall and
winter
garden
hall
tea
room
flats
flat
maids'
rooms
ground floor plan
0   10m

威廉斯(OwenWilliam)设计
的博茨工厂，诺丁汉郡(1930—
1932)，在有些方面要归功于斯
塔姆（Wart Stam）设计的 Van
Nelle 工厂

不列颠的现代运动

卢伯特金设计的 Highpaint 公寓
(1934—1936)在伦敦的 Highgate

Piccadilly 线路上的一个车站——阿尔诺斯·格罗夫站（1932），亚当斯（Adams）、霍尔登（Holden）、皮尔逊（Pearson）设计

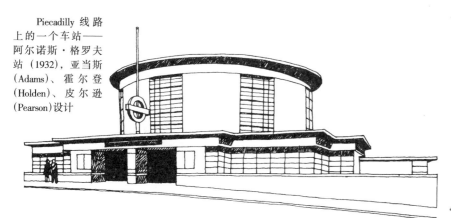

"Tube"车厢的内景（1937）

在 Piccadilly 线霍尔本站的自动扶梯

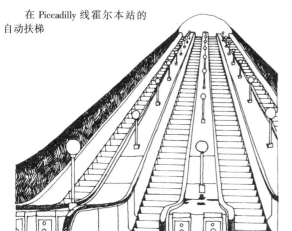

为运输公司特别设计的伦敦交通标志和 Gill Sans 铅字字样

UNDERGROUND PICCADILLY

埃普斯坦（Jacob Epstein）设计的"Night"雕塑，放在运输公司前的室外场地上

修改过的 STL 型公共汽车，最初是 1933 年设计的

沃利斯（Wallis）、吉尔伯特（Gilbert）和帕特纳（Partner）设计的 Stockwell 公共汽车库，采用了钢筋混凝土薄壳屋顶，覆盖面积 8000m²

公共住宅

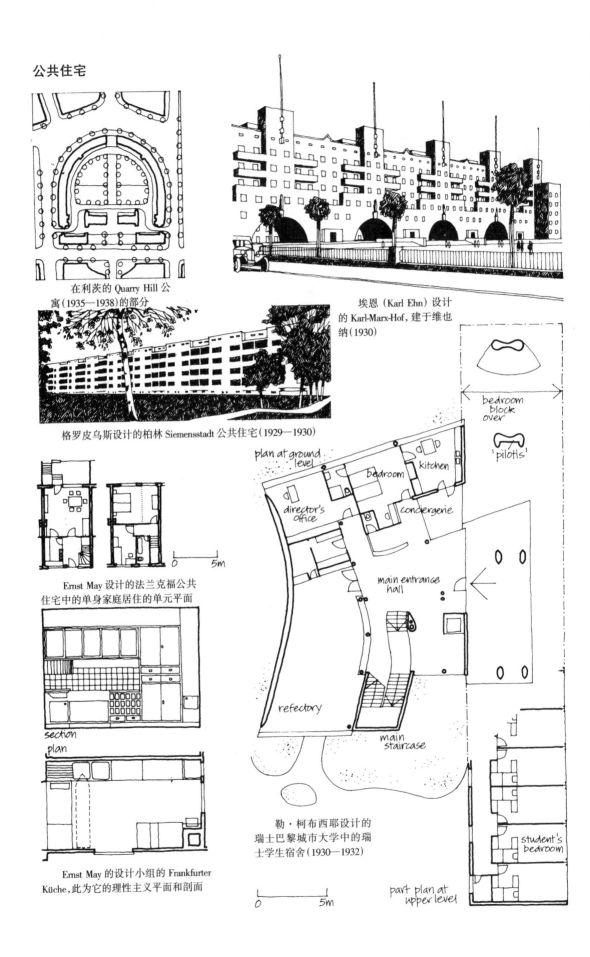

在利茨的 Quarry Hill 公寓(1935—1938)的部分

埃恩 (Karl Ehn) 设计的 Karl-Marx-Hof, 建于维也纳(1930)

格罗皮乌斯设计的柏林 Siemensstadt 公共住宅(1929—1930)

Ernst May 设计的法兰克福公共住宅中的单身家庭居住的单元平面

0   5m

Ernst May 的设计小组的 Frankfurter Küche, 此为它的理性主义平面和剖面

section

plan

plan at ground level

director's office

bedroom

kitchen

conciergerie

main entrance hall

refectory

main staircase

bedroom block over

'pilotis'

student's bedroom

勒·柯布西耶设计的瑞士巴黎城市大学中的瑞士学生宿舍(1930—1932)

0   5m

part plan at upper level

住宅区，几乎都是由不知名的城市建筑师或工程师设计的，几乎都采用伦敦市议会（LCC）的传统，是长长的带着普通楼梯间，沿着公寓走的矩形板楼。在不列颠，最有雄心的工程在利兹，那里的夸里·希尔公寓（Quarry Hill flats 1935—1938），有 1000 户，建在 10ha 的基地上。其中达到一定规模并使人感到有尊严的，从建筑学上看最好的是在维也纳的卡尔马克思住宅（1929—1930），由城市建筑师埃恩（Karl Ehn）设计。到那时为止，在理性主义的原则上，很少设计大的住宅区，现在像朝圣一样渴求设计者。同梅（Ernst May）在法兰克福的创作一样，它们还包括乌德（Oud）设计的鹿特丹 Kiefhoek 居住区（1925—1929），格罗皮乌斯和沙朗（Scharoun）设计的柏林 Siemensstadt 住宅区，马克利乌斯（Sven Markelius）设计的在斯德哥尔摩的居住区在"集中"的原则上带有公共的设施，在巴黎的城市大学（Cité Universitaire），勒·柯布西耶设计的瑞士学生宿舍（the Pavillon Saisse，1930—1932），证明了用一种统一设计的全范围的现代特点，即重复设计的卧室大楼的前立面用玻璃，以实墙结束，底层升起架在墩子上，自由形式的公共楼紧贴在下方，用塔式玻璃楼梯间相连。像比其早四年建的金斯柏格设计的 DOMNARKOMFIN，这个瑞士学生宿舍是个清楚的公共生活的标志。虽然这种社会的假设不必要从一个地方传到另一地方，但对工人阶级住宅区的设计，上述设计有值得注意的影响。

许多重要的国际展览有助于建立普通公众对现代建筑的兴趣和讨论，热心的或讥讽的主题。1929 年的巴塞罗那展览会，值得注意的是密斯·凡·德·罗设计的德国馆，一种现代主义手法的力量，建筑中最豪华的材料——如镀铬的钢和磨光的大理石——被用来创造了最简洁的和最精美的形式。1930 年的斯德哥尔摩展览会由马克利乌斯和保尔森（Dr Paulsson）组织，大型设计由阿斯普伦德（Erik Gunnar Asplund 1885—1940）完成，他设计的乐园式的酒店，带有钢构件和玻璃，集中体现了所有现代建筑师想做的事，这个展览也体现了对未来城市的观点，一个城市景观的完成区，证明了各种形式、纹理、颜色都有可能用现代的材料和方法去完成。1931 年纽约展览会，给广大的美国观众带来了现代运动，特别是在东海岸，引起了相当大的兴趣。希契科克（Henry Russell Hilchcock）和约翰逊（Philip Johnson）合著的书，给了展览会上的建筑一个新的名称"国际式建筑"（The International Style）。

作者确认了一定的特征，即把国际风格从过去的那些风格中区别开，它们涉及所包围的空间，宁愿注意容量而不是数量，在设计的式样方面宁愿取规律性而不取对称的，并且否定任意的表面装饰。在欧洲这些原则早在 1930 年代就成为许多重要建筑值得考虑的等级的典范，和在设计中充分利用玻璃外墙面与外部封闭空间之间总的完整性的确定标准，并且在建筑中结构本身展现得清晰，形成有规律的和视觉上的秩序。在德国，有国际风格的建筑包括柏林的门德尔松设计的哥伦布建筑公司（Columbushaus office 1921—1923），陶特（Max Tant）设计的在法兰克福的贸易联合公司（1929—1931）。在荷兰，是杜克设计的阿姆斯特丹的航空学校（Open Air School 1928—1930），杜多克（Willem Marinus Dudok 1884—1974）设计的鹿特丹 Bijenkorf 百货商店（1929—1931），以及鹿特丹的漂亮的 Van Nelle 烟草工厂（1927—1930），是布林克曼（Johannes Brinkman）和维卢

门德尔松（Mendelsohn）设计的哥伦布大楼（Columbushons 1921—1931）建在柏林，对欧洲的商业建筑设计有强烈的影响

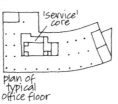

陶特（Max Taut）设计的贸易联合大楼（Trade Union House 1929—1931），建在法兰克福。有网格的建筑形式暴露出结构框架，是另一种有影响的特点

杜多克（Willem Dudok）设计的鹿特丹 Bijenkorf 百货商店（1929—1931），采用了简洁的风格派的设计手法，大面积的玻璃有高度的自然采光，可以适应多种用途

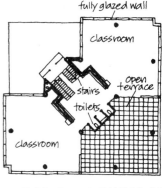

杜克尔（Duiker）设计的阿姆斯特丹的航空学校（Open Air School 1928—1930），四层教学楼典型的上层平面，阳光和通风形成了这个设计的重要的特点

布林克曼（Brinkman）和维卢格特（van der Vlugt）设计的鹿特丹 Van Nelle 烟草工厂综合楼（1927—1930），这个漂亮的设计原理上类似斯塔姆（Mart Stam）在包豪斯学习及以后在俄罗斯工作的主要创作

格特（L．C．van der Vlugt）与斯塔姆联合设计。荷兰的经验概括了国际主义的国际风格的成长，到 1929 年阿姆斯特丹学校事实上已不存在，像一个小组，风格派已随凡·多斯伯格的离开去了巴黎而解散，荷兰的现代主义受理性派支配，已被现代运动的主流同化。

　　1930 年代早期，法西斯主义和斯大林主义的成功，已在艺术和建筑方面产生了国际主义的影响。集团和整个运动被解散和消失了。这个空白由其它带有更政治性的可信性来填充。现代运动的扩大是个讥讽，希特勒对世界最重要的文化性贡献，其结果是他疯狂地讨伐反对他的年轻人、新的遵奉者和左派。当纳粹政权成长时，社会上的进步因素更加受到孤立。当布雷赫特（Brecht）把自己的艺术提高到更生动更感人时，SA 开始要破坏他的演出和迫害他的支持者。纳粹已经常常用怀疑的眼光注视现代运动。魏森霍夫展览已出现了他们种族纯洁性的宣传，建筑的平屋顶和白墙允许用照片去拙劣的模仿"荒野别墅"，用阿拉伯人和骆驼去完成。包豪斯也遇到了困扰，格罗皮乌斯在 1928 年退休，他的位置由梅耶尔接替，梅耶尔的社会主义观点不能得到德绍当局的接受，特别是当他鼓励学生去参加政治活动的时候。1930 年，他被迫辞职并由密斯·凡·德·罗代替，密斯的目的是寻找一种与纳粹调和的办法。尽管他们对现代设计是一般的态度，而对包豪斯则特别，除了在 1926 密斯自己曾经设计了一个纪念烈士卢森堡和李卜克内西的纪念碑——虽然是为了建筑上的和人道上的原因，而不是政治上的原因这个事实，他希望让纳粹相信他的建筑是脱离政治的，并要建立一个共同存在的基础。但是在 1932 年，当纳粹党成为德国最大的政党时，德绍在纳粹控制之下，学校被强迫搬到柏林。希特勒在 1933 年任总理，给了他国家之首和总司令两项绝对的权力，使得他能威胁德意志国会同意进行体制改革。那一年建立了盖世太保，他的官邸开工，包豪斯永远地关闭了。当希特勒开始清除党内持不同政见者，迫害犹太人和中止公民权力时，任何一个被怀疑有左派观点的人留在德国几乎是不可能的。1933 年布雷赫特搬到布拉格——后来到美国，弗尔（Weill）和伦杰（Lotte Lenja）搬到巴黎，格罗茨（Grosz）搬到纽约。布劳耶和门德尔松去了伦敦，第二年格罗皮乌斯随后也去了。密斯试着留下，但在 1937 年他接受了约翰逊的邀请到芝加哥任教，格罗皮乌斯和布劳耶与他一起越过大西洋，同时门德尔松搬到帕勒斯坦。那些继续留下的人，为此付出了他们的艺术、个人自由，有时候还付出了他们的生命。

　　虽然斯大林主义政权强硬地反对人权，表示自由和进步的思想，使得他们不醒悟过来而长期留在那里是不可能的，而在苏联工作的西方人不能回到德国，梅最后到肯尼亚，迈耶到了瑞士，斯塔姆到荷兰。在德国官方开始一方面赞成传统主义和"社会现实主义"的纪念性，倾向于表现爱国主义和生活积极的一面，另一方面赞成表现"朴实的镰刀"（faux-naïveté）那种农民风格的艺术。构成主义作为左派、太抽象和形式主义而被通告废除，传统的艺术家，几年以后，在革命未触及到的地方，欣慰地回到了新古典主义的行列中。一个新的建筑师小组，由学院派的福明（Fomin）、佐尔托夫斯基（Zholtovsky）和塔马尼安（A．Tamanian）领导，处于显要地位，和某些构成派如布洛夫（Burov）或格罗索夫（Ilya Golossov）开始用学院派风格进行设计，那些如利奥尼多夫不愿这样作就即难以委任。其他人如金斯伯格、李西茨基和维斯宁斯，虽然用更多的不显露自己的方法继续工作，作些教学写作或家具设计，但是没有重要的工程。李西茨基写的《俄罗斯：建筑的世界革命》(Russia：An Architecture for World Revolution) (1930) 是试图总结前十年的和处于现代主义状况的建筑成就。但是现代运动高潮到来的同一年，革命的献身于共产主义的马雅柯夫斯基被公开地被谴责为"小资产阶级左派"，并且自杀身亡。他的死标志着献身于未来的文化的事实上的结束，献身于创造可替代的国家的文化事实上的结束，以及它被利用传统主义去夸大和使国家机器永存的一种文化所代替。

1929 年和 1930 年，苏联农民用罢工和烧焦土地反抗集体化及其迫害，富农破产的结果丧失了大多数农业方面的最好的技术员，带来饥荒和农产品工业的毁灭。第二个五年计划（1933—1937）也加强了在城市生活方面的作用。工业化创造了无产阶级，但是和增加工人的权力不一致，斯大林的官员们正在变成一个新统治阶级，永存的资本主义状态。工人们受剥削，拿很低很低的工资，失去他们反抗的权力和不允许他们改变工作。内战的结果，在 1929 年有 3 万政治犯，到 1933 年有 500 万，到了 1942 年有 1500 万囚犯。西蒙诺夫的城市规划工作在莫斯科继续进行，但米留丁的思想得到的支持不多，他因曾与金斯伯格协作，和现代运动受到谴责，他的带形城市主要的灵活性概念对集权中心官僚机构不利；它的不能共存的平均主义带有对现政权正在赞同的社会主义的歪曲。正像莫洛托夫在直接反对革命的原则的情况时说："布尔什维克的政策要求有反对平均主义的坚决斗争，平均主义是阶级敌人的帮凶，是社会主义的敌对因素。"

外国的共产党现在期望采取斯大林的路线——宁愿支持俄罗斯，而不愿去开展国际革命。在悲惨的西班牙内战的溃败中（1936），他们为反对共和的利益工作，并对佛朗哥长枪党的胜利负有部分的责任，即谴责了西班牙倒退的 10 年，和粉碎加泰隆人政治上和文化上的复兴。俄罗斯的共产主义保持了对那些欧洲知识分子的支持，他们不愿承认已变为反革命的力量，或者是那些为法西斯效力，阴谋破坏国际革命的人。

1930 年代期间的俄国革命的社会主义思想，和德国社会民主的利他主义，虽然二者几乎都已消逝，但继续形成了进步的欧洲建筑师的思想。在英国的俄罗斯人卢贝特金 (Berthold Lubetkin) 和彻马耶夫 (Serge Chermayeff)，把艺术技术研究学校的经验，带来与德国的设计者交流，但是总的社会条件不同，不可能创造真正的社会主义建筑。不少的公共的委托出现：康奈尔 (Connell)、沃德 (Ward) 和卢卡斯 (Lucas) 的在伦敦的肯特宅邸，为 St. Pancras 住房建筑协会设计 (1935)；门德尔松和彻马耶夫设计的 De La Warr 娱乐馆，在贝克斯希尔 (1935)，为剑桥教育当局设计的伊平顿别墅学院 (1936)，设计者为格罗皮乌斯和弗赖 (Fry)；以及卢贝特金设计的漂亮的健康中心 (1938—1939)，是为芬斯伯里社会主义伦敦政治团体设计的。但是全部工作都由业主私人的住宅产业组成，像门德尔松和彻马耶夫 (1936)，格罗皮乌斯和弗赖 (1936) 在 Chelsea 设计的住宅；弗赖设计的太阳宅邸 (Sun House 1936)；康奈尔、沃德和卢卡斯设计的 Frognal 66 号 (1938)，以上两建筑皆在 Hampstead。豪华公寓如：科茨 (Wells Coates) 设计的在 Hampstead 的 Lawn Road 公寓 (1934) 和在布雷顿的 Embassy 法院 (1935)；以及卢贝特金设

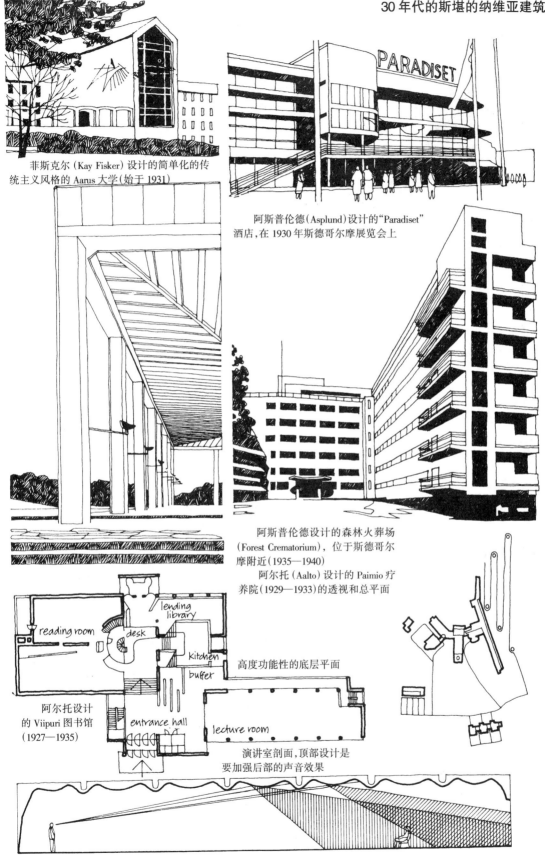

菲斯克尔 (Kay Fisker) 设计的简单化的传统主义风格的 Aarus 大学(始于 1931)

阿斯普伦德(Asplund)设计的"Paradiset"酒店,在 1930 年斯德哥尔摩展览会上

阿斯普伦德设计的森林火葬场 (Forest Crematorium),位于斯德哥尔摩附近(1935—1940)

阿尔托 (Aalto) 设计的 Paimio 疗养院(1929—1933)的透视和总平面

reading room
desk
lending library
Kitchen
buffet
entrance hall
lecture room

高度功能性的底层平面

阿尔托设计的 Viipuri 图书馆 (1927—1935)

演讲室剖面,顶部设计是要加强后部的声音效果

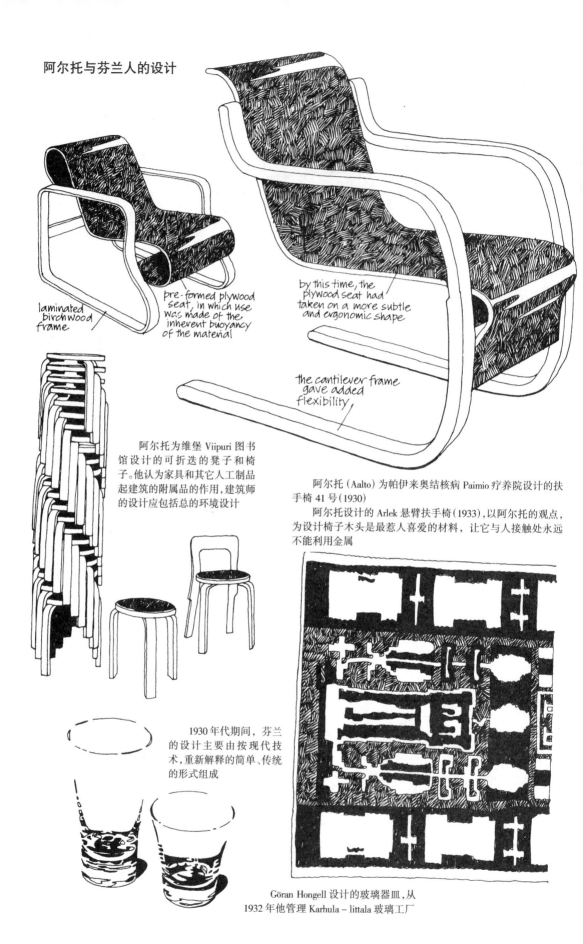

laminated birchwood frame

pre-formed plywood seat, in which use was made of the inherent buoyancy of the material

by this time, the plywood seat had taken on a more subtle and ergonomic shape

the cantilever frame gave added flexibility

阿尔托为维堡 Viipuri 图书馆设计的可折迭的凳子和椅子。他认为家具和其它人工制品起建筑的附属品的作用,建筑师的设计应包括总的环境设计

阿尔托 (Aalto) 为帕伊来奥结核病 Paimio 疗养院设计的扶手椅 41 号 (1930)

阿尔托设计的 Arlek 悬臂扶手椅 (1933),以阿尔托的观点,为设计椅子木头是最惹人喜爱的材料,让它与人接触处永远不能利用金属

1930 年代期间,芬兰的设计主要由按现代技术,重新解释的简单、传统的形式组成

Göran Hongell 设计的玻璃器皿,从 1932 年他管理 Karhula - littala 玻璃工厂

计的在海格特的 Highpoint（1934—1938）。用这样的方法创造一种交易者社会的思想，有一种自我妄想的因素。

在此期间，斯堪的纳维亚的国家正向着社会民主的空想社会主义稳步行进。总之，他们已进入了一个自由和巩固的时期，挪威和瑞典已达成协议于 1905 年独立；芬兰已从俄国独立出来，其新政亦得到承认；丹麦于第一次世界大战后，从德国收复了石勒苏益格。在交战期间他们繁荣了经济，如：瑞典的农业和制造业；挪威的商业贸易；芬兰的林业产品和丹麦的日用工业。每一个流通的自由的资产阶级国家要保证满意的劳动力和促进生产力，完成有效的社会责任。福利和教育的标准反映在工人住宅区的建筑、公共建筑和学校建筑方面。在瑞典社会民主主义者控制着 1932 年以后连续的政策，大约在同时，建筑上的现代运动是作为社会进步的视觉表现而建立。每个国家较老的风格，以不同的方式采用，或为了满足新的要求而被取代。在丹麦，本特森（Ivar Bentsen）和菲斯克尔（Kay Fisker 1893—1965）设计的传统砖建筑，与克林特（Peler Klint）设计的高水平的表现主义的哥本哈根 Grundtvig 教堂（1920—1940），都达到了顶峰，当 1931 年菲斯克尔开始 Aarhus 大学设计时，建立起一种新的建筑尺度——后来该项目由 Møller 和 Stegman 接替——即把传统砖技术与一种新的简单的和精确的方法结合起来。阿斯普伦德（Asplund）在瑞典的现代作品，开始时与 1930 年的展览会结合，他设计的在 Gothenburg 的法院扩建项目（1934—1937），和靠近斯德哥尔摩的漂亮的森林火葬场（1935—1940），表现得越来越有力。

所有的建筑师之中最重要的是芬兰建筑师阿尔托（Alvar Aalto 1898—1976），像阿斯普伦德和其他建筑师一样，他受的是古典主义的训练，而在 1920 年代后期，运用的是现代主义。他最初的"白色"时期的最重要作品是维堡（Viipuri）图书馆（1927—1935）、图尔库 Sanomat 报业公司（1929—1930）、帕伊米奥结核病（Paimio）疗养院（1929—1933），和 Sunila 纤维素工厂及相连的住宅（1936—1939）。阿尔托采用国际风格，甚至在他生涯的最初阶段，尽管芬兰的事实是有高度地方化的经济没有大规模的生产，并且建筑是传统地依靠木头，但是他不屈服并有高度的信心，也许很少像斯堪的纳维亚国家那样对待传统。

在美国，事实与此相反，尽管经济萧条，垄断资本主义在成长，其规模、工业的理想主义和由垄断资本控制的集中化日益增加。所有经济部门，特别是落后的农村和内城区域，都成了累赘，变得更糟的问题是由经济萧条引发的高失业率。1933 年罗斯福（Roosevelt）任总统，决定挽救资本主义。他的方法是建立在英国经济学家凯恩斯（Keynes）著的《就业、利息和货币通论》 （General Theory of Employment，Insterest and Money）（1936）的基础上，成为罗斯福的"新政"的圣经，大量联邦的项目以勇敢的精神介入工业，不要说鲁莽、试验。保守的人评论新政是共产主义的特权，事实上这期间，与工人阶级的斗争是加强而不是减弱。FERA 工程向穷人提供了国家长期贷款，为了减少失业和饥饿，而反联合立法留下了残酷和高失业。联合要求"公正，不是施舍"，温和主义的美国劳工联合会（AFL），有建筑业和手工业联合，受新的战斗性的工业组织大会支配（1936），表演了共产主义领导的罢工，在极困难的汽车、钢铁、纺织和橡胶工业，

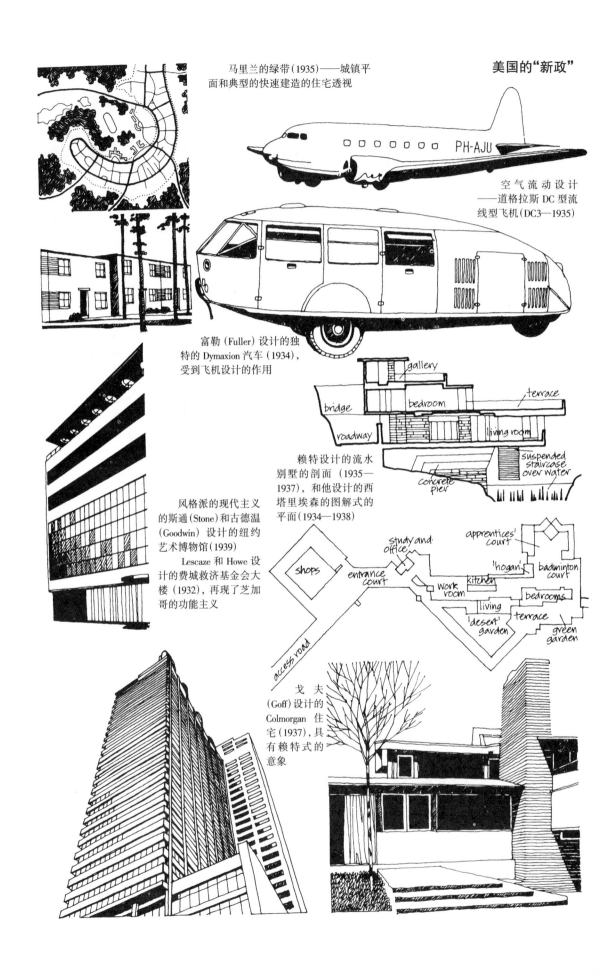

马里兰的绿带(1935)——城镇平面和典型的快速建造的住宅透视

美国的"新政"

空气流动设计——道格拉斯 DC 型流线型飞机(DC3—1935)

PH-AJU

富勒 (Fuller) 设计的独特的 Dymaxion 汽车 (1934)，受到飞机设计的作用

gallery

terrace

bridge

bedroom

roadway

living room

赖特设计的流水别墅的剖面（1935—1937），和他设计的西塔里埃森的图解式的平面(1934—1938)

suspended staircase over water

concrete pier

风格派的现代主义的斯通(Stone)和古德温(Goodwin) 设计的纽约艺术博物馆(1939)

Lescaze 和 Howe 设计的费城救济基金会大楼 (1932)，再现了芝加哥的功能主义

study and office

apprentices' court

shops

entrance court

'hogan'

badminton court

kitchen

work room

bedrooms

living

terrace

'desert' garden

green garden

access road

戈夫 (Goff) 设计的 Colmorgan 住宅(1937)，具有赖特式的意象

并在雇员中煽动相反的议案。通用汽车公司宁愿一年花费一百万美元，用于雇佣侦察和破坏罢工的人。

1920年代后期，有关建筑的迅速发展曾经忽视穷人的需要，尽管在1930年代期间，在建筑活动方面总的看是下降的，但是"新政"使某些区域有重要的进步。市民保护联合会的成立（1933）创造了新工作，并通过重新造林和防止水灾，进行了许多控制性工程，在马里兰州的绿化带，就是由联邦安居部门建立的三个新开辟的花园郊区之一。面对动力公司强烈的反对，国有的田纳西河流域管理局被建立（1933），要求去开垦国家的最落后的区域之一和荒芜的区域，返回了9万 km² 的土地去进行工业和农业生产。它的紧急的建设项目促使设计者去发展大量的有独创性的住房类型，用车拖的活动住房可以被拖到一个位置，房屋的部件从工厂制成后，可运到工地组装并且只占用很少的时间。

应用生产线的技术去造建筑是个很有吸引力的思想，有许多建设者从现在变得高度复杂的汽车和飞机制造中学习。1930年代期间，波音和道格拉斯公司的工作，在1935年DC-3的生产中达到顶峰，它的受应力的表皮结构与较早的飞机设计的框架和支柱形成对比。克莱斯勒和通用汽车对早期的权威的福特汽车提出了挑战，关系到设计者富勒（Buckmtnster Fuller）和格迪斯（Norman Bel Geddes）的气流设计，或为了大众市场把"流线型"用于汽车设计。虽然使用是为了功能原因，如1934年富勒设计的Dymaxion小汽车，声称节约50%的燃料，但为了表现其现代性和速度，一般应用更表面性的"时髦"技术。

有才能的当代建筑师，例如约翰逊（Philip Johoson）和斯通（Edward Stone），虽然在现代设计的主流中，广泛地更多地接受风格主义，而不是更严格的欧洲的功能主义。最好的一面是他们设计的建筑很少教条主义，最差的一面是太表面和太任意。格迪斯设计的通用汽车公司综合楼，海威斯和霍里佐斯大楼（Highways and Horizons）是1939年纽约世界贸易大会的成功，它的光滑的和非常有经验的未来城市的意象，与阿尔托设计的严格的说教式的芬兰馆形成对比，它被设计得促进国家的木材工业和保持生活方式。

在坚持新领域的工业化竞赛的神话中，赖特仍然是最有说服力的建筑上倡导者之一。是他为考夫曼（Edgar Kaufmann）设计的流水别墅（Falling water 1935—1937），建在宾夕法尼亚州的贝尔朗，一幢住宅悬挑在瀑布之上，是他最好的作品之一，具有独创性的结构和戏剧性的处理方法。西塔里埃森（Taliesin West 1934—1938）在菲尼克斯附近，在亚利桑那州德塞特，是赖特自己的冬季住宅、工作室和车间，一个公共的家，在那里他能和周围的追随者在一起；偏僻的风景和用红木作梁的有机建筑，粗帆布的遮篷及粗糙的块石，为赖特的手工技术创造了一个镶嵌得适当的房屋。他的学生之一是戈夫（Bruce Goff，生于1904），他设计的科尔摩根住宅（Colmorgan house 1937），在伊利诺斯州的Glenview，是一种赖特式的概念，用挑出的屋顶与砖石墩子相对照，但他继续发展了他自己的有创造性的有机风格，采用自由形式的平面和自然的材料"作基础"。

在1930年代末和1940年代初到美国的密斯·凡·德·罗、格罗皮乌斯、门德尔松和布劳耶以及彻马耶夫和加泰隆（Catalan）人的现代主义者塞特（José Luis Sert，生于

1902)，推动了国际式建筑的发展。格罗皮乌斯、布劳耶和塞特在马里兰州，剑桥工作，密斯·凡·德·罗在芝加哥，在那里他开始设计 Armour 学院的校园，即后来的伊理诺斯工学院。较早的美国建筑师学习欧洲风格的实例是莱斯卡兹（William Lescazo）和豪（George Howe）为费城救济基金会设计的塔式办公楼（1932），是一幢与纽约现代装饰派艺术（Art Deco）摩天楼不同的明显的结构表现主义建筑。赖特设计的流水别墅是另一种——他最近表现国际风格的方式；而在欧洲的设计者来了以后居第一位的与国际风格统一的例子，是斯通和古德温（Philip Goodwin）设计的纽约现代艺术博物馆（1939），具有理性的平面和包含功能的简单表现的立面。

在德国，因现代主义离开后空缺的左派，已由希特勒的建筑师特鲁斯特（Paul Ludwig Troost）和斯皮尔（Albert Speer）补上，用官方的纳粹的方法设计出的建筑，没有能与在科莫的特伦格尼（Terrangni）设计的漂亮的 Casa del Fascio（1932—1936）相比，代之的是与罗马帝国相联系的第三帝国，厚重的派生的新古典主义风格。在纳粹主义诞生地巴伐利亚早期的例子，有特鲁斯特设计的慕尼黑德国艺术馆，是建立在辛克尔（Schinkel）设计的 Altes 博物馆基础上的；还有他未完成的像罗马圆形剧场似的，在纽伦堡（Nuremburg）的议会大厅；为纪念 1932 年暴动时被杀害的 16 位"英雄"的慕尼黑荣誉馆（Temples of Honoux）；以及斯皮尔设计的在纽伦堡（Nuremburg）的 Zeppelin 运动场，是一个为纳粹党集会用的礼仪性的场所。希特勒还有一个纪念性的运动场是特别为 1936 年的柏林奥林匹克运动会建设的。在集会场所和奥林匹克运动场后面的社会精神气质，在宣传性的 Leni Riefenstahl 影片中获得了"意志和柏林奥林匹克的凯旋"（Triumph of the Will and Berlin Olympics），它与斯皮尔为 1934 年纽伦堡（Nuremburg）集会场所设计的"安放在舞台"（mise-en-scène）的探照灯，是在这个政权生产的传达可怕的漂亮的蛊惑人心的宣传和大量的歇斯底里的艺术之中极少的真正的创作。总之，纳粹的艺术是审慎的平庸的带有强烈的种族主义（Volkisch）因素，其建筑的形式取自于遍布德国为党的工人建造的"Hansel 和 Gretel"的住宅。斯皮尔设计的主要项目是与希特勒合作设计的柏林重建的规划，结合了广阔的行列式的道路、凯旋仪式用的拱门，和一个巨大的 200m 宽的圆顶大厅，但它因 1939 年希特勒侵略捷克斯洛伐克和波兰而被搁置。

第二次世界大战大大地促进了技术的发展，虽然把有用的副产品用于了平民社会，主要的是破坏性的力量。例如结构，从富勒（Buckminster Fuller）的探索和沃利斯（Barnes Wallis）进入"大地测量学"而获益，富勒的研究用于重量轻的圆顶建筑的构成，而后者用于飞机机身的设计。米切尔设计的喷火式战斗机，设置了按空气动力学设计的新的标准，在战时的压力下生产的，怀特尔（Whittle 设计的喷气发动机，在接着而来的年代中发展后有大的作用。战争对通讯技术给予了大的动力，特别是雷达和第一次证明了原子的裂变的可怕作用的结束了战争的原子弹。即使设想了喷气推进器和核能的社会收益，在社会或经济作用方面，为了用于战争它们在财政上和人道上的花费永远是"不合算"的，仅仅军事工业综合体本身是受益的。

剩下的事实就是这种技术的进步是在战时形成的，因为在国家的规模上调动工业和

特鲁斯特(Troost)设计的慕尼黑德国艺术馆，是建立在辛克尔 (Schinkel) 设计的 Altes 博物馆的基础上

斯皮尔 (Speer) 与希特勒 (Hitler)正在讨论一个规划

特鲁斯特设计的未完成的纽伦堡议会厅，是建立在罗马圆形剧场的基础上

特鲁斯特设计的慕尼黑荣誉馆(Temple of Honour)

斯皮尔和希特勒为柏林提出的圆顶大厅，但永不会建

在科隆、党的工作者的住宅

斯皮尔设计的礼仪性的 Zeppelin 运动场入口在纽伦堡

第二次世界大战

Wellington 轰炸机的大地测量学网格，和喷火式战斗机的空气动力学结构，以及其它的飞机促进了战后的结构的思想

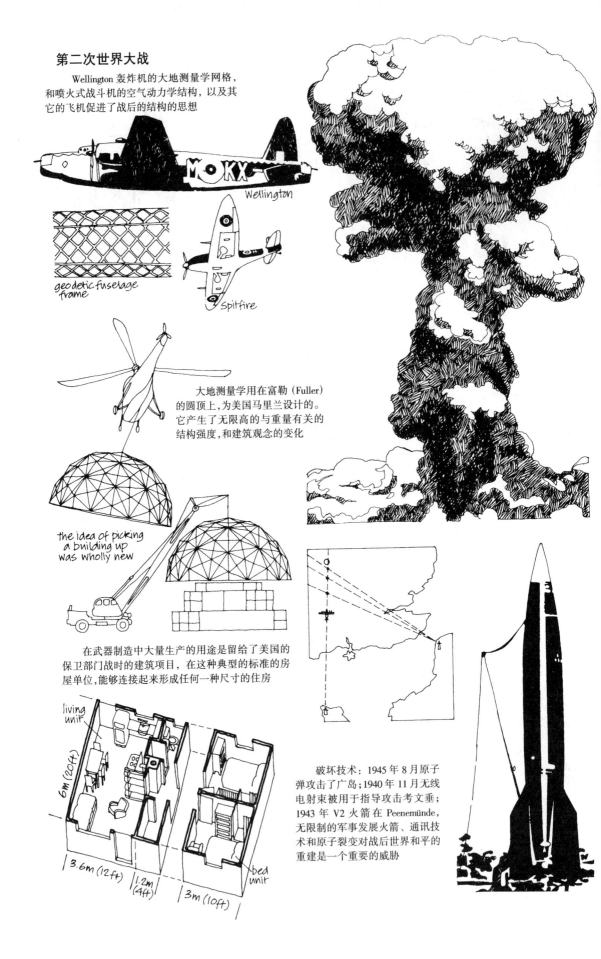

Wellington

geodetic fuselage frame

Spitfire

大地测量学用在富勒（Fuller）的圆顶上，为美国马里兰设计的。它产生了无限高的与重量有关的结构强度，和建筑观念的变化

the idea of picking a building up was wholly new

在武器制造中大量生产的用途是留给了美国的保卫部门战时的建筑项目，在这种典型的标准的房屋单位，能够连接起来形成任何一种尺寸的住房

living unit

6m (20ft)

3.6m (12ft)   1.2m (4ft)   3m (10ft)

bed unit

破坏技术：1945 年 8 月原子弹攻击了广岛；1940 年 11 月无线电射束被用于指导攻击考文垂；1943 年 V2 火箭在 Peenemünde，无限制的军事发展火箭、通讯技术和原子裂变对战后世界和平的重建是一个重要的威胁

控制中央的经济是政治上可以接受的，政府认为能够用在和平时期不愿采用的方法，大量的花费和戏剧性的减少失业。在第二次世界大战最初的几个月期间广泛地这样认识，高水平的中央控制、投资、就业以及社会内聚力用于和平时期年代的可能性，被看作是重建社会、保证萧条年代的贫民窟生活、贫穷和相对贫穷永不再发生的一种方法。

Ossip Zadkine 设计的纪念性雕像，象征鹿特丹的复活，下图是城市中心的重建

rail network

central area

main industry

residential areas

Lijnbaan shopping mall   new Bijenkorf store

road network

high density housing area

university

business areas

government centre

cultural centre

low density housing area

Costa 和 Niemeyer 设计的巴西利亚的规划，是一个形式主义姿态的规划，在它的方法上，可与巴洛克式的凡尔赛宫和华盛顿相比

战后伦敦未来的规划，现代建筑研究会（MARS）小组设计了一个新的带形城市

Forshaw 和阿伯克隆比（Abercrombie）设计的官方的伦敦群的规划

私人企业的 Reston 新镇，弗吉尼亚是中产阶级生活的天堂

plaza

marina

八、多姿多彩的新世界——第二次世界大战及其以后

被毁于第二次世界大战的许多大城市，是过去的社会罪恶集中的中心，和城市未来希望的中心。尽可能地快速而有效地重建鹿特丹、华沙、德累斯顿、考文垂、斯大林格勒和广岛成为重要的事情，同时要处理上百万死者的圣骨匣，好像这种纪念将保证这个世界有一个更令人振奋的未来。在考文垂的被燃烧而毁灭的中世纪大教堂，和在广岛的带有钢拱肋圆顶的工业和科学博物馆，它曾令人费解地经受住了爆炸，它们作为纪念物而被保留。在德国和波兰，集中营提供了令人心碎的印记。在达昌（Dachau）一个象征耶稣基督的苦难和死的赎罪的小教堂建立起来用于纪念死者，而集中营本身，其中所有的丑恶与悲惨，提供了纳粹主义令人回忆的事物，比特罗斯特（Troost）和斯皮尔（Speer）作的任何一项崇高的工作令人的记忆更牢固。

重建的规划甚至在战争的最初几年间就已进行了准备，它是惯常的明智的重建的部分，即如此多的毁坏不仅提示了重建的需要，而且还提供了一个机会，去创造与他们记忆中的萧条的战前那几年相比，更加美丽和有秩序的城市。阿伯克龙比（Partrick Abercrombie）设计的伦敦郡规划早在 1943 年就准备了，在闪电战（Blitzkreig）期间，工人阶级住的东伦敦遭到破坏，现在成为阿伯克龙比建议重建的中心部分；有大量的停车场和花园；以及适度的居住邻里的规划，将与经济萧条年代贫民窟的条件形成鲜明的对比。这个规划的最重要的特点是绿带，即用绿带控制城市向外的增长，将城市中多余人口安置在距中心 50km 呈圆状的新城中去。

阿伯克龙比的规划是建立在方便，而又试图保留伦敦的老的特色的基础上；有一个在很多方面更激进的规划，即要把这个城市改变成超出共识以外的规划，由现代建筑研究会的（MARS）建筑师和规划师小组在 1941 已经准备好；国际现代建筑协会 CIAM 在英国的分支机构，提出了一个把老的同心圆城市改为带形模式的新形式的建议。一条起中心区作用的主要干线，工业和运输路线将沿泰晤士河东西方向布置，垂直于肋状的居住区发展，被枝状的开敞空间分隔，将给城市的心脏带来葱翠和可增长的土地。带形的规划思想，把城市和农村紧密联系起来是俄罗斯方面的概念。通过计算，重新构筑城市的形状所需的巨大花费，比减少运输的费用和地价还多，但是现代建筑研究会的规划仍然是一个研究的成果；与所有大城市相同，经济力量要求保留伦敦的老形式，这种要求无法阻挡。

国际财政要求宣布城市发展的方案。战后西方经济最有重要意义的特点，对于竞争对手，甚至在经济和政治权利上卓越的单一的国家而言，是国际合作的增加。最大的多

国组织开始称赞忠于无国界的好处，并追求他们通过国界的目的，利用和解雇国际劳力和国际市场，其目的是维护他们必要的利益，而不是为了在当地的作用。国际合作促进了战后数十年来的技术"革命"，像通过自动化作为降低劳动费用的手段。为了总的政治上的稳定而联合，当有严重的反对革命时，要进行复杂的工作，在东西双方都鼓励国际军事工业综合体的发展，和出售高水平的通讯技术，监督的和毁灭的技术。因为高技术对资本主义扩张是必需的，月球探测器、协合式超音速客机、和核动力的功效是公众颂扬的，证明我们生活在一个"技术的年代"，尽管在全球范围内的大多数人没能从高科技中获得裨益，其中最好的是站在了"适用"技术发展的道路上，而最坏的是被工业部门错误地利用了有害的成果。

北方资本主义和它的技术成果，已被在第三世界中的大多数人感受到，在那里他们已直接地改变了农村和城市的经济。如在 19 世纪时那样，在农业方面，正在下降的雇佣水平，已将大量的人驱赶到大城市，在新的工业中寻求工作。但是，和 19 世纪的工厂制度不一样，新增加的现代工业和技术倾向提供的工作越来越少。结果是失控的都市化与相联系的长期失业，贫穷和使人沮丧的生活条件，遍及第三世界的城市。

在发达的世界中，控制城市发展，实行分散化的官方的政策，战后不久，在面临财政集中形成的上升的压力下，政策开始失灵。城市作为国家和国际的交易中心而继续扩展，并开始雇用大量的办公人员，需要支撑它们的服务业工人，采用分散政策的城市当局发现他们的工作人员，不得不从离得很远很远的地方来，每日通勤通过绿化带，这个绿化带把他们所在的卫星城和郊区与工作中心分隔开。最大的城市现在位于整个区域的经济中心，甚至开始联接，成长为巨大的集合城市，像 600km 长的，波士顿与纽约相连，费城和华盛顿相连的城市蔓延带。

战后城市的经济功能，与其说是工业中心，不如说是商业中心。随着公路运输的速度和效益的增加，继续在昂贵和拥挤的城市中心设置工业在经费上变得不经济，因此，代之以工业的发展趋向于远离中心的郊区，和增加的新城镇。许多国家在战后的几年中，有大量的城市建筑项目。除了像科斯塔（Costa）和尼迈耶（Niemeyer）设计的巴西利亚，和柯布西耶（Le Corbusier）设计的昌迪加尔这种不寻常的情况，这两个项目是设想为行政管理中心，和像弗去尼亚州的雷斯顿（Reston）卫星城，以及瑞典的法斯塔（Farsta），设计得像华盛顿和斯德哥尔摩郊区宿舍的再现，大多数新城镇都有工业存在的理由。财政来自多种渠道：基蒂马特城市公司来自私人企业；在 Haute Garonne 的图卢兹－le－Mirail 来自图卢兹母城；在南澳大利亚的伊丽沙白城来自国家政府的财政；还有荷兰、以色列、日本和英国的新城镇都来自国家政府的财政。新城镇能够提供有效的现代化工业厂房，和低花费的服务，以及用有担保的现代住宅，有吸引力的，甚至是奢华的环境，去吸引年轻的技术工人和他们的家庭。许多英国的新城镇，从斯蒂夫尼奇到米尔顿·凯恩斯，工作是这样的成功，以致他们使许多城市的许多工业和工作都空闲着，许多他们的最有技术和能力的工人离开以后，在舒适的郊区的中产阶级和城内的穷人之间的两极分化在社会中增加。在新城镇中工人的"资产阶级化"，使他们与城市中的贫民之间的距离更远。城市贫民有无技术的移民、老人，经常住的是坏房子，在不断地剥夺下，使所有的贫民与有关的富裕的其他地方的人对比更加强烈。

通过电影、书刊和各种媒介，通常都知道富裕的郊区的典型是洛杉矶。到1940年，由于其他地方很少能达到的郊区，洛杉矶成了各方面都得到赞美的范例；有平稳的气候，室外生活空间处于海滩和山脉之中，建造得豪华有效的住宅，优雅的生活方式，是一个适合于汽车需要的速度和灵活性的有生气的城市，洛杉矶排除了横行于欧洲大陆的一个城市应该是什么样的概念。洛杉矶是巨大的和蔓延的，面积有200km²左右。它存在惯常意义上的互不相干的建筑形式、商业中心道路和停车场占2/3土地。恰恰与高密度的欧洲城市中心相反，代之以自己的由快车道系统提供的内在的结构体系。这里没有任何一种一致的建筑风格；个人主义要求无限的新奇和多样化，并鼓励许多有才能的建筑师，为了追求自己满意的社会，去发现创造生活环境的新途径。它们之中，有在圣巴巴拉，纽特（Richard Neutra）设计的特里梅因住宅（Tremaine house 1947—1948），和他自己的在布勒沃尔德的银湖住宅（Silver Lake 1932），以及埃姆斯（Charles Eames 1907—1978）为他自己在圣莫尼卡的住宅（1949），采用了工业的构件。在陡峭的倾斜的山麓小丘上建造房屋的问题，在劳特纳（John Lautner）的开姆斯菲尔住宅（Chemosphere house 1960）的建造时遇到，采用了从中心柱伸出支撑的蘑菇状结构，这种结构还用于埃尔伍德（Craig Ellwood）设计的住宅，特别是他在贝弗利希尔斯的黑尔住宅（Hale house 1951），和他的在洛杉矶西郊的史密斯住宅（Smith house 1955），一个单层住宅架在另外的两层钢框架上。虽然它们是按照加利弗尼亚的气候和景观的条件构想出来，但许多这样的住宅的建筑风格源自东部海岸的，在那里欧洲的移民，在他们的新美国人的关系中发展了现代主义运动的思想。密斯·凡·德·罗（Mies van der Rohe）在伊里诺斯技术学院校园里，建立了设计得很漂亮的钢和玻璃的盒式建筑馆，是一种受欢迎的建筑形式，这种形式是由约翰逊（Philip Johnson）在他自己的纽卡纳住宅（New Canaan，CT. 1949），和密斯自己的在伊里诺斯州普莱诺 Plano. IL 的法恩斯沃思住宅（Farnsworth house 1950）中使用。格罗皮乌斯（Gropius）和布鲁尔（Breuer）继续在康涅狄格州和马萨诸塞州的住宅设计中发扬理性主义的风格；他们培养了年轻的美国设计者如约翰逊（John Johansen），在康涅狄格自己的住宅中带有他们的风格特色。

在中西部，由于对比，施维克赫（Panl Schweikher）设计的在斯科茨代尔的厄普顿住宅（Upton house）是被赖特早期设计的西部的 Taliesin 住宅的风格的激励，同时赖特的追随者戈夫（Bruce Goff）发展了有他自己个人因素的风格，并被认为在俄克拉荷马州的诺曼，贝文格住宅（the Bavinger house 1950—1955）的风格最好。索莱里（Paolo Soleri）和米尔斯（Mark Mills）在他们位于亚利桑那州凯夫克里克 Cave Creek，AZ. 的德塞特住宅（Desert House 1951—1952）的设计中也追求类似的风格，同时钦佩戈夫的格林（Herb Greene）在俄克拉荷马的诺曼，建造了他自己的住宅（1960—1961），他们的蹲伏状的设计，非常好地表现了一些巨大的渡鸦在大草原上的情景。

这种质量和特征的住宅在大面积的郊区中相对是珍贵的，这种郊区在某一城市边缘成长起来，得益于汽车的普遍的销售。与洛杉矶不同，许多城市不能让很多人拥有汽车。郊区可以设计得让汽车行驶，但是许多城市中心却不能，它需要的是扩充和建设郊区铁

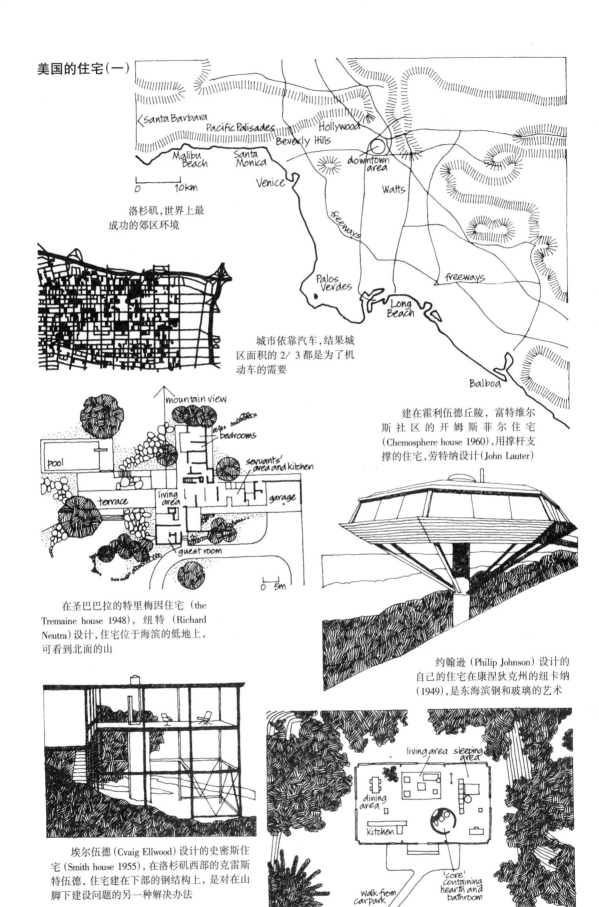

美国的住宅(一)

洛杉矶,世界上最
成功的郊区环境

城市依靠汽车,结果城
区面积的 2/3 都是为了机
动车的需要

建在霍利伍德丘陵,富特维尔
斯社区的开姆斯菲尔住宅
(Chemosphere house 1960),用撑杆支
撑的住宅,劳特纳设计(John Lauter)

在圣巴巴拉的特里梅因住宅(the
Tremaine house 1948),纽特(Richard
Neutra)设计,住宅位于海滨的低地上,
可看到北面的山

约翰逊(Philip Johnson)设计的
自己的住宅在康涅狄克州的纽卡纳
(1949),是东海滨钢和玻璃的艺术

埃尔伍德(Cvaig Ellwood)设计的史密斯住
宅(Smith house 1955),在洛杉矶西部的克雷斯
特伍德,住宅建在下部的钢结构上,是对在山
脚下建设问题的另一种解决办法

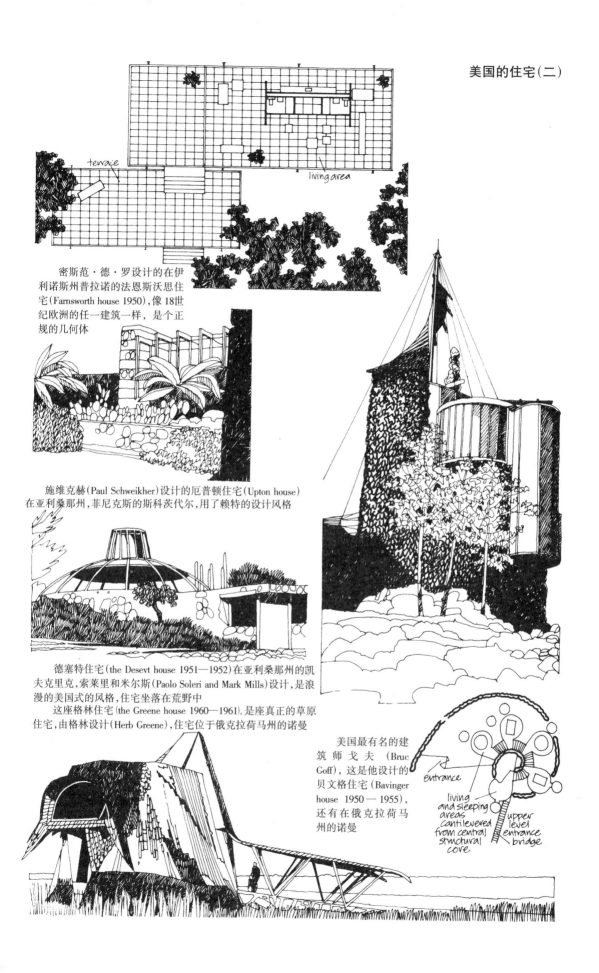

terrace

living area

密斯范·德·罗设计的在伊利诺斯州普拉诺的法恩斯沃思住宅(Farnsworth house 1950)，像18世纪欧洲的任一建筑一样，是个正规的几何体

施维克赫(Paul Schweikher)设计的厄普顿住宅(Upton house)在亚利桑那州，菲尼克斯的斯科茨代尔，用了赖特的设计风格

德塞特住宅(the Desevt house 1951—1952)在亚利桑那州的凯夫克里克，索莱里和米尔斯(Paolo Soleri and Mark Mills)设计，是浪漫的美国式的风格，住宅坐落在荒野中

这座格林住宅(the Greene house 1960—1961)，是座真正的草原住宅，由格林设计(Herb Greene)，住宅位于俄克拉荷马州的诺曼

美国最有名的建筑师戈夫 (Bruc Goff)，这是他设计的贝文格住宅(Bavinger house 1950 — 1955)，还有在俄克拉荷马州的诺曼

entrance

living and sleeping areas cantilevered from central structural core

upper level entrance bridge

路，运载用长期车票出入商业区的人。与伦敦、巴黎和纽约的老铁路并肩的，是莫斯科、蒙特利尔和米兰的战后地铁系统，以及旧金山和香港的"快速转运"系统。虽然在最大的城市中，有90％的人乘公共交通来往于两地之间，但公共交通仍然要去适应城市中心商业上的道路运输，和基本上使用汽车的人的需要，不仅在财政上这种复杂的交通系统的维护经费常常是巨大的，而且没有效率，还对环境和城市景观造成恶劣的作用。

城市面貌开始改变的另一个因素是巨大的财政上的利益，这是从战后商业的发展开始自然增长的，这种变化比在城市历史上的任何时期都更迅速。因为城市中心是资本投资的方便出路，土地是稀有的资源，在中心区需要工作空间、生活空间，它是为工作人员中的低收入，不能住到郊区和乘车来此工作的人使用的；还需要学校、医院和娱乐场所。显然，为此要建立一个公平的方法，有关社会的重要的所有竞争要求许多国家发展一个土地利用规划制度，内容包含最多和经常提及的规划制度的例子，是1947年颁布的英国城乡规划法，在实践中，这种规划制度是国家的一个有力的支持。在资本主义经济中，投资的原则开始去支配社会的需要。这个制度不加鉴别地接受不顾事实的重新发展的原则，即允许土地的价值不受控制地逐步上升，过分地集中在物质上，而不顾新发展的社会效益。在土地的竞争中，大的投资者获胜，豪华住宅、商店区，以及最特别的办公楼的建造，就是获胜的结果，面临着欢迎在他们国家扩大投资比例的计划，每一位当地的官员都倾向放松对建筑密度的限制；和取消对建筑高度的控制，于是新一代的塔式大楼出现，1930年代纽约有特色的摩天楼由长方形的板式大楼所代替，这种大楼用了几乎无特点的玻璃"表皮"，看似未结束的设计是减少不合理的需要，为办公和公寓中许多重复的楼层提供一个合逻辑的经济的方法。玻璃幕墙在冬天散热，夏天吸收辐射热；建筑常常要进行繁重地维修，取暖和通风方面要耗费大量的能源。经济的使用空间要形成进深大的场所，如果建筑相应地加大进深，安排许多工人在离窗子有一定距离的地方工作，则他们永远要在人工的光线下工作。

许多塔楼是极其优美的，如果在建筑师的总的概念中是温和的和缺乏创见的，会把钱花费在细部和比例上。贝拉斯基（Pietro Belluschi）设计的俄勒冈州，波特兰公正储蓄和贷款协会大楼（Equitable Savings and Loan Association of Portland OR 1948），是最早有玻璃幕墙的建筑之一，赖特为在威斯康星州，拉辛的约翰逊制蜡公司设计的实验塔楼（the Johnson Wax Company at Racine WI 1947—1950），是一个有高度个性的变形体，在楼中闪闪发光的不是片状的玻璃，而是派热克斯玻璃管。密斯设计的在芝加哥湖滨道860和880号的豪华公寓（1948—1951）是他自己的优美的钢和玻璃美学的发展。香烟盒状的板式大楼成了一种普通的形式；勒·柯布西耶和其他人设计了在纽约的联合国秘书处大楼（the United Nations 1947—1952），斯基德莫尔（Skidmore）、奥因斯（Owings）、梅里尔（Merrill）设计的利华大楼（the Lever Company 1952），以及密斯和约翰逊二人为西格拉姆公司（the Seagram Company，1958）设计的大厦在纽约，是座板式大楼，西格拉姆大厦（the House of Seagrem）的设计是漂亮的，外表很紧凑，不仅是用了大理石、青铜、染色玻璃为外饰面，还为它所在的派克大街奉献了一个大比例的公共活动广场。这种慷慨的赠予，成了许多后来建的办公塔楼受尊敬的特点，从S. O. M设计的在纽约的

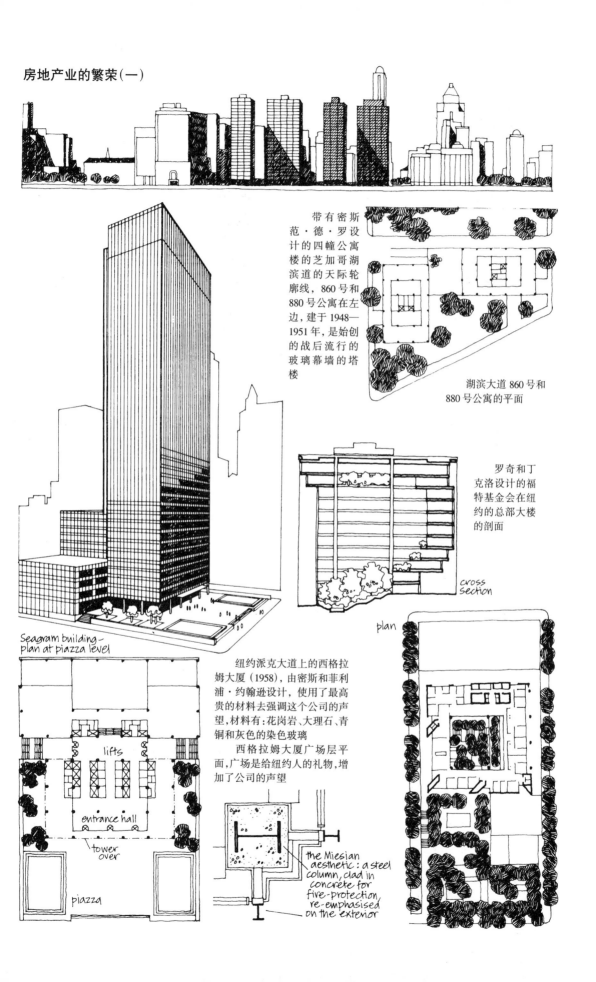

房地产业的繁荣（一）

带有密斯范·德·罗设计的四幢公寓楼的芝加哥湖滨道的天际轮廓线，860号和880号公寓在左边，建于1948—1951年，是始创的战后流行的玻璃幕墙的塔楼

湖滨大道860号和880号公寓的平面

罗奇和丁克洛设计的福特基金会在纽约的总部大楼的剖面

cross section

plan

Seagram building-plan at piazza level

lifts

entrance hall

tower over

piazza

纽约派克大道上的西格拉姆大厦（1958），由密斯和菲利浦·约翰逊设计，使用了最高贵的材料去强调这个公司的声望，材料有：花岗岩、大理石、青铜和灰色的染色玻璃

西格拉姆大厦广场层平面，广场是给纽约人的礼物，增加了公司的声望

the Miesian aesthetic: a steel column, clad in concrete for fire-protection, re-emphasised on the exterior

Hentrich 和 Pelschigg 设计的在杜塞尔多夫
的菲尼克斯塔楼（Phoenix Tower 1957—1960）

雷维尔（Revell）和帕金（Parkin）设
计的多伦多市政厅（Toronlo City Hall
1958—1965）

main
columns

米兰皮瑞利大楼（Pirelli
building）是建筑师 Gio ponti 与结
构工程师 Pier Luigi Nervi 之间，
具有紧密的伙伴关系的结果

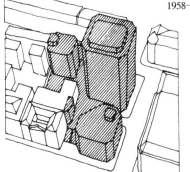

艾莉森（Alison）和史密森
（Peter Smithson）为伦敦"经济学家"
报纸（The Economist）设计的大楼，建筑阻断
了传统的街景，形成了一个广场

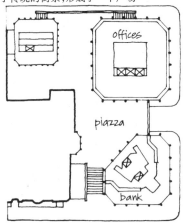

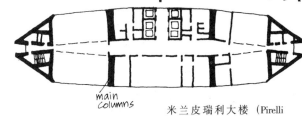

格雷厄姆（Graham）、安德森（Anderson）、普
罗布斯特（Probst）和怀特（White）设计的芝加
哥湖塔公寓（Lake Point tower 1968），包括了豪
华公寓和商业办公部分

联合化工大楼（Union Carbide Building 1957—1960），和有雕刻的曼哈顿大楼（Chase Manhattan Building 1957—1960），到艾莉森（Alison）和史密森（Peter Smithson）设计的伦敦的"经济学家"报业（The Economist）大楼（1962—1964）。

在米兰，建筑师 Gio Ponti（1891—1979）为皮瑞利公司（the Pirelli company）设计了一幢优美的板式办公楼（1955—1959），在设计中经过仔细考虑，企图从重复使用了很久的玻璃幕墙中解脱出来，创造一种有限的满意的形状，建筑固有的形式部分地取决于 Ponti 的理性主义的平面，部分地取决于 Pier Luigi Nervi（1891—1979）的富于想象的结构。它附近的 Torre Velasca 大楼（1956—1957）由强有力的 BBPR 设计，在摩天大楼设计方面有较大的发展。与密斯的方法相比，他的建筑上的无派适合于不记姓名的多风格特征，米兰人的哲学属于较早的，资本主义初期阶段所考虑的用处，成为创造有优秀文化意义的历史的参考。战后，富裕的罗马、都灵和米兰的资产阶级在电影、文学、和设计方面支持较小的艺术复兴的增长。家具设计变得富有想像力和稍微有点令人不能容忍，像透明的可膨胀的椅子，和可弯曲的"包"（Sacco）样的椅子，由米兰的 Zanotta 厂生产，或者像 Vico Magistretti 的有点颓废派艺术和历史主义的家具，所有这些似乎是现代运动的理性主义原则的倒退。在建筑方面也是如此，与历史主义有关，Ignazio Gardella（生于 1905 年）的作品，如他设计的在威尼斯的 Zattere 住宅（1957），Franco Albini（1905—1977）和 Franca Helg，在他们设计的罗马 La Rinascente 百货商店，批评了一些城市的新艺术时期的"自由"风格。Torre Velasca 大楼的历史主义是中世纪晚期的，用悬臂托着上层，和略呈城堡形的屋顶轮廓线，使人联想到 Vecchio 的 Florentine 宫。

在中世纪时，一座高塔证明了房主的尊贵和声望，结果是有别于他的邻居。当有漂亮的细部的板式大楼发展得更普遍时，同时保持基本上的经济规模和重复时，建筑师们追求为达到较多的统一去修改基本的形状。Hentrich 和 Pelschnigg 设计的在杜塞尔多夫的菲尼克斯塔楼（Phoenix tower 1957—1960），由两个板楼组成，一大一小，并肩排列。雷维尔（Revell）和帕金（Parkin）设计的多伦多市政厅（1958—1965），也有两个板楼，它们围绕一个中心弯曲，环抱着一个会议室。格雷厄姆（Graham）、安德森（Anderson）、普罗布斯特（Probst）和怀特（White），在设计芝加哥的湖塔公寓（Lake Point tower 1968）时，又回到密斯的"玻璃摩天楼设计"的思路，设计了一个塔楼，使用了曲线的玻璃外墙。较大的摩天楼一直是由 Skidmore，Owings and Merrill 设计的 100 层的芝加哥约翰·汉考克大楼（John Hancock tower 1969），像一块碑状的巨石，它的长外形的形式由于在楼的外侧有大的对角线的抗风支撑而不显单调。然而，它在高度上被雅玛萨克（Minou Yamasaki）设计的两幢在纽约的世界贸易中心（World Trade Center 1962—1977）超过，接着又被 SOM 设计的巨大的芝加哥西尔斯塔楼（Sears tower 1968—1970），在当时世界上最高的楼超过。

最有声望影响的办公建筑是纽约，福特基金会的总部，由罗奇（Roche）、J 克洛（Dinkeloo）建筑事务所设计，是一个宽阔的十二层大楼，它的主要特点是每一层办公的开敞空间，都是一个等高的室内温室，创造这种有益健康的内部环境，原是作为对繁忙街道上的噪音和污染的一种解决办法，变成了办公楼建筑设计的特点。例如在福斯特

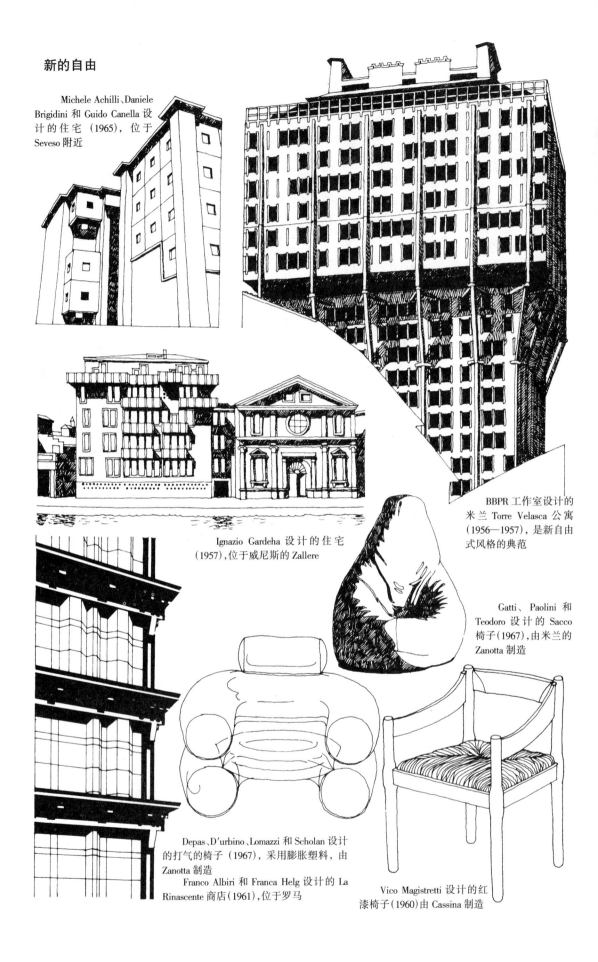

新的自由

Michele Achilli、Daniele Brigidini 和 Guido Canella 设计的住宅（1965），位于 Seveso 附近

BBPR 工作室设计的米兰 Torre Velasca 公寓（1956—1957），是新自由式风格的典范

Ignazio Gardeha 设计的住宅（1957），位于威尼斯的 Zallere

Gatti、Paolini 和 Teodoro 设计的 Sacco 椅子（1967），由米兰的 Zanotta 制造

Depas、D'urbino、Lomazzi 和 Scholan 设计的打气的椅子（1967），采用膨胀塑料，由 Zanotta 制造
Franco Albiri 和 Franca Helg 设计的 La Rinascente 商店（1961），位于罗马

Vico Magistretti 设计的红漆椅子（1960）由 Cassina 制造

(Norman Foster) 的作品中，他设计的伊普斯威奇，威利斯·费伯·杜马办公楼（Willis Faber Dumas offices，1973），和他建议的上海香港银行和香港银行的玻璃塔楼，把私人活动的区域与外部的公共空间分隔开。

在 1960 年代期间，为西部城市中心区重建的设计，达到了浪费的顶点。在蒙特利尔的 Bonaventure 区（1967），由阿弗莱克（Affleck）、德斯巴拉斯（Desbarats）、迪马科波洛斯（Dimakopoulos）、勒本索尔德（Lebensold）、和赛斯（Sise）设计，是一个商业层面积为 10 万 m² 的多层综合建筑。在伦敦由地产主提出的冒险的商业计划，开始采用由建筑师科顿（Cotton）、巴拉德（Ballard）和布洛（Blow），为在 Piccadilly Circus 的"莫尼卡"（Monico）基地（1954）做的那些设计，已经增值，由于 1960 年代中期的分离，而又联合发展的计划，履盖了整个 Covent 花园区、Leicester 广场的一部分、整个 Piccadilly Circus、摄政街的大部分、牛津街和伦敦西区贵族住宅区的大部分区域，包含了高标高的台地、人行道、人们活动的铺砌过的地面、地下通道和几百万 m² 的新商业层空间。在巴黎也是如此，尽管大多数新的发展区直接向着巨大的 700ha 的德方斯 La Défense 的内部郊区基地，此基地正好在埃图瓦勒的西边，在 Les Halles 的结业的商场，为在中心区发展仅提供了很少的机会，而许多有雄心的和不寻常的计划已经准备，结果遇到了当地增长的敌意。在巴黎、伦敦和其它地方对于再发展的重要原则的关心正在增加，巴黎和伦敦的中产阶级中的保守主义者希望保持老的建筑，当地的工人阶级社区渴望能保护中心区现存的社会结构，由于许多计划本身野心太大和无实践性，他们的希望得到了支持。在 Covent 花园，保守主义者获胜，大多数的老建筑得到保护和修整。在 Les Halles，他们失败了，巴尔泰德设计的建筑消失，取代它的是新的商业的发展，其中最重要的中心部分是由皮亚诺（Piano）和罗杰斯（Rogers）设计的 Beaubourg 高科技中心（1976）。在两种情况下，老的社会结构被摧毁了，昂贵的修复工作，对于建立在低地价基础上的地方经济而言，正如昂贵的重建一样的不利。

投机性的财产发展是资本主义工作中最坏的例子。从建筑的制度产生中能看出他们的设计不是为了满足人们的需要，而是炫耀自己的资产。由塞弗雷德（Richard Seifert）设计的伦敦办公中心塔楼（London office tower of Centre Point 1959—1963），空地保留了15 年，虽然没有建筑工人，甚至没有得到租金，土地仍在增值，借用的权在增加。和多国家的合作一样。财产投资者开始跨过国界去探索较好的财政上的回报：美国人在欧洲投资，欧洲人到美国投资，二者都在开拓第三世界人为繁荣的城市。

多数建筑师们不怀疑他们安排的任务的方向，为了评论上的喝彩和专业上的成功的缘故，可能不顾商业再发展的社会作用，甚至确信自己和其他建筑师的任务的社会价值，这个价值会给"忍耐度日"的区域以"新的生活"；也可能"探索"资本主义制度去创造公共利益。塔楼前面的广场是由于他们共同的业主，为了强烈的经济效益所想到的一种适当的回答方法。最高的建筑质量常常从不公正的社会和经济的背景下呈现出来。

战后几年值得注意的是大量的多样性的有创造力的公共建筑，和甚至超过维多利亚时代的那种技术质量。50 年来，经济萧条、政治动乱和战争已经为现代运动的理论提供了肥沃的土地，但现代运动的现实可能性是小的。现在，一个富裕的战后的社会在经济上和政治上都为现代建筑的发展提供了机会，不再有任何理由把现代建筑和社会主义联系起来。东方国家的支配权由国家资本主义控制，西方国家由垄断资本主义控制，其革命性的政策已被推到公共生活的边缘。公共的和个人的部门现在都一起连接在更复杂的经济关系的网上，其中有国家的干预，如凯恩斯（Keynes）已经提出，要增加资本主义的力量，而不是削弱资本主义的力量。这种力量的建筑表现，不论是公众的委托或是私人业主的委托，建筑的表现都应是丰富的、有想象力的，要探索现代设计在结构上和空间上的全部可能性。

战后商业上宣传资产阶级的艺术形式——特别是由于留声机和收音机的普及宣传了古典主义音乐；由于出版和电视，推销了视觉艺术——反映在音乐厅、陈列馆和美术中心的建筑方面。伦敦皇家宴会大厅（1949—1951）的建设是庆祝大英博览会百年的英国产品展览会的组成部分，它是由马修（Robert Matthew）领导的伦敦市议会建筑师小组设计的，其中包括马丁（Leslie Martin）、威廉斯（Edwin Williams）和莫罗（Peter Moro）。直到1960年代展览会的许多特点流失，被更激烈的事代替为止，听到的都是它是一种技术上的成就，它是国际风格的空间技术的展品。纽约古根汉姆博物馆（Guggenheim Museum 1943—1959）是赖特以个人的方法去展览的设计，平面是一个大的螺旋形的坡道围绕一个园顶的空间。前川国男（Kuneo Maekawa）设计的东京节日大厅（Festival Hall 1959—1961），和丹下健三（Kenzo Tange）设计的日南 Nichinan 文化中心（1961—1963）是戏剧性的纪念性的钢筋混凝土建筑，这要归功于勒·柯布西埃和构成派的日本传统木建筑。夏隆（Hans Scharoun）设计的柏林爱乐大厅（Philharmonic Hall 1960—1963），是一座丰富的表现主义艺术家的建筑，设计满足了指挥和乐队的特殊要求。纽约的林肯中心（Lincoln Certer 1957—1966）由阿布拉芙维茨（Abramovitz）和哈里森（Harrison），与在建筑事务所的约翰逊（Philip Johnson）和萨里南（Eero Saarinen）的建筑小组设计的，精心设计成了文化上的"多民族集居区"，好像要强调把美术与每日的城市生活分隔开。伦敦的变形体，还是钢筋混凝土建筑，就是南方银行综合楼（the South Bank complex），那里的皇家节日大厅扩大了，由于有伦敦市议会 LCC 设计的皇后伊丽沙白厅（Queen Elizabeth Hall）、珀塞尔寓所（Purcell Rome）和海沃德画廊（Hayward Gallery 1961—1963），以后又加了拉斯丹（Denys Lasdun）设计的国家剧院。所有之中最有戏剧性的是伍重（Jфrn Utzon）设计的悉尼歌剧院（Sydney Opera House 1956—1973），有美丽的似船帆般的钢筋混凝土屋顶，工程由阿勒普（Ove Arup）负责，歌剧院在港口的前面。具有不同类型的丰富的建筑是在东安哥拉大学的，由福斯特设计的圣斯伯里陈列馆（Sainsbury Gallery 1978），是一个优美的高技术的库房，它的传感设备采用封闭的重量轻的薄膜去改变室内的小气候。这座建筑，和许多其它流派的建筑一样，是一个公共的代表性建筑，代表一个家庭生意的成功，是长条形纪念建筑中的一种，慎重地与利他主义的广告结合在一起。

促进国际性的体育运动增长有两个原因，一是为了国家的声誉，一是通过主办运动会和从电视转播中获取利益，特别是在足球和田径运动普及性提高的情况下。在拉丁美洲国家中，英式足球给有抱负的年轻人提供了一个摆脱贫困的出路，观众的苦恼亦可从

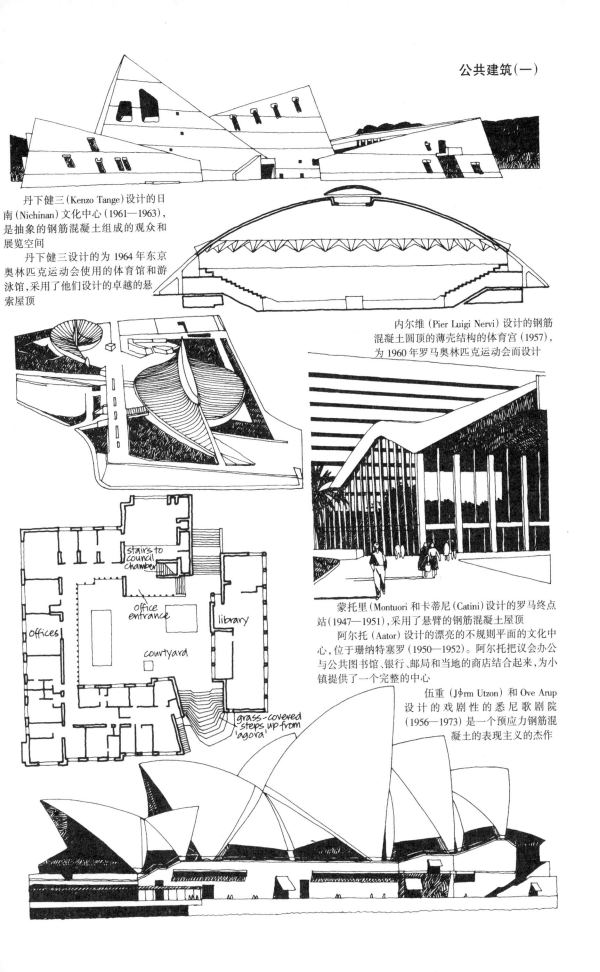

丹下健三(Kenzo Tange)设计的日南(Nichinan)文化中心(1961—1963)，是抽象的钢筋混凝土组成的观众和展览空间

丹下健三设计的为1964年东京奥林匹克运动会使用的体育馆和游泳馆，采用了他们设计的卓越的悬索屋顶

内尔维(Pier Luigi Nervi)设计的钢筋混凝土圆顶的薄壳结构的体育宫(1957)，为1960年罗马奥林匹克运动会而设计

蒙托里(Montuori和卡蒂尼(Catini)设计的罗马终点站(1947—1951)，采用了悬臂的钢筋混凝土屋顶

阿尔托(Aator)设计的漂亮的不规则平面的文化中心，位于珊纳特塞罗(1950—1952)。阿尔托把议会办公与公共图书馆、银行、邮局和当地的商店结合起来，为小镇提供了一个完整的中心

伍重(Jφrm Utzon)和Ove Arup设计的戏剧性的悉尼歌剧院(1956—1973)是一个预应力钢筋混凝土的表现主义的杰作

中暂时得到缓解，比赛几乎变成了一种宗教信仰。在里奥的 Maracaña 露天大型体育场，容纳 20 万人，是世界上最大的运动场，在墨西哥城的 Aztec 运动场，1968 年建成，是指定的最好的运动场之一。国家政府和城市结合出巨资筹办世界怀或奥林匹克比赛，有时在此过程中自己就破产了。1948 年伦敦奥林匹克运动会利用了现有的建筑，为了 1952 年赫尔辛基的比赛，林格伦（Lindegren）和 Jäntti 设计了小型的和非正规的运动场，1933 年开始，后来建成。这些运动场都被内尔维（Nervi）设计的优美的圆顶的 Palazzetto（1957）和 Palazzo del Sport 体育宫（1958—1960）超过，也被丹下健三设计的 1964 年东京优美的抛物线屋顶的运动场，和奥托（Frei Otto）设计的 1972 年幕尼黑运动场超过，该运动场有 9 万 m² 的篷帐式的屋顶挂在竖杆和钢索上。1976 年在蒙特利尔，运动会的花费逐步上升和扩大，以致引起当地的政治危机，和世界上对未来运动会的广泛的忧虑。

维多利亚文化建筑的经验教训已经通过与之联系的文学和历史传播出去，这种适当的教育是必须进行的，例如，参考美第奇家族的维拉德住宅（the Villard house）。在另一方面，现代文化建筑的表现主义，通过建筑设计的功能主义表现出来，或者通过一种抽象的表现主义，即提供拐弯抹角的，几乎对它的含义要用弗洛依德精神分析的线索表现出来。内尔维（Nervi）设计的在都灵的展览馆（1947—1949）和 Lavoro 宫（1959—1961）是纯结构的与优美的，发展为几何的抽象的形体。蒙托里（Montuori）和卡蒂尼（Catini）设计的在罗马的火车站（1947—1951），带有曲线的支撑臂的屋顶，萨里宁设计的在肯尼迪机场的环球航空公司（TWA）航空总站（1961），它的屋顶保持着一种像飞落的鸟的姿态，他设计的在达拉斯机场的航空终点站（1958—1962），它的厚重的钢筋混凝土屋顶悬浮在玻璃墙上，用不同的方式表现旅行的激动，总之是从文字参考资料中搬来的，宾夕法尼亚站就带有古代的戏剧性的联想。

建筑具有公认的政治目的，如萨里宁设计的在伦敦的美国大使馆 U．S Embassy（1956—1960），丹下健三设计的仓敷市政厅（Kurashiki City Hall 1958—1960），卡尔曼（Kallmann）、麦金尼尔（Mckinnell）和诺尔斯（Knowles）设计的波士顿市政厅（Boston City Hall 1962—1969），都展示了正规的纪念性的，和带有现代官僚式的最终令人生畏的尊严，除了它主张易接近和民主，才能继续为它投资。只有阿尔托设计的在珊纳特塞罗的小市政中心（1950—1952），用了国内的材料，和美丽的非正规的平面，接近于用人道的思想去表现建筑，这是所有政府要求而很少实现的。创造有人情味的公共建筑，还要正规有纪念性的问题，是自相矛盾的，很难解决的问题。

特别是教堂设计的真实性，在这里必须解决建筑语言问题，即不仅要表现宇宙的宏大思想，还要满足最内心深处的个人的心里需要。中世纪的设计者考虑到这点，但是现在不可能去利用复杂性、象征性、失去的哥特式建筑师的语言，在失败了的哥特复兴的建筑中要获得最初的哥特式精神，这样作的企图是危险的。斯科特（Giles Gilbert Scott）设计的利物浦大教堂（1903—1980），作为时代错误的缺乏最初的哥特式风格的例子，同时，斯彭斯（Basil Spence）设计的新考文垂大教堂（1951—1962）证明了用现代的新材料和技术而采取哥特式形式是不适当的。现代建筑师能提供什么，自然是一个理性方式的平面，而最成功的教堂是那些在作礼拜仪式的功能的作用下，解决了空间的和

公共建筑(二)

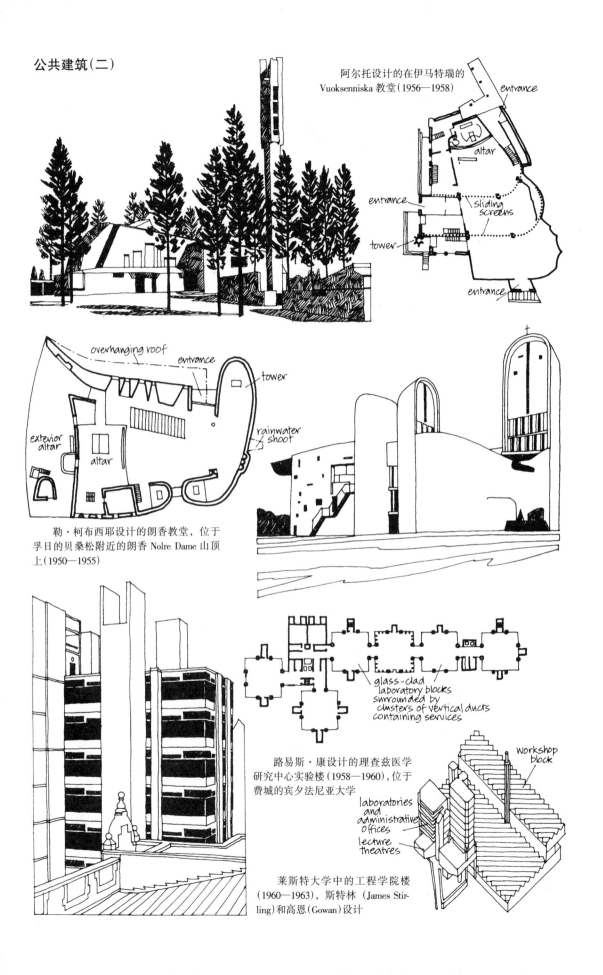

阿尔托设计的在伊马特瑞的
Vuoksenniska 教堂(1956—1958)

entrance
altar
entrance
sliding screens
tower
entrance

overhanging roof
entrance
tower
exterior altar
altar
rainwater shoot

勒·柯布西耶设计的朗香教堂，位于
孚日的贝桑松附近的朗香 Nolre Dame 山顶
上(1950—1955)

glass-clad
laboratory blocks
surrounded by
clusters of vertical ducts
containing services

路易斯·康设计的理查兹医学
研究中心实验楼(1958—1960)，位于
费城的宾夕法尼亚大学

workshop block
laboratories and administrative offices
lecture theatres

莱斯特大学中的工程学院楼
(1960—1963)，斯特林（James Stir-
ling)和高恩(Gowan)设计

力学的要求的教堂。两个最好的是多用途的建筑：阿尔托设计的在芬兰伊马特拉附近的伏克塞涅斯卡的 Vuoksenniska 教堂（1956—1958），和勒·柯布西耶设计的朗香教堂（1950—1955），位于朗香 Notre Dame 山顶上，靠近孚日的贝桑松，阿尔托设计的建筑能用屏饰再分成三个小房间，并同时用作教堂和一个社区中心，柯布西耶设计的朗香教堂，有一个内部的个人作礼拜的中心，和一个外部的开敞的上千朝圣者集聚的空间。理性的平面作了部分回答，但是一直需要创造一种象征性的语言；这两座建筑反映了在不同情况下的文化背景——一个是在北部是基督教，另一个在南部是天主教——还有建筑师自身的特点。阿尔托的方法是阿波罗人的，他的建筑是沉着的和理性的，从大的高的窗子，射进明亮的光线，他的建筑语言表达的非平凡的细部复杂性，形成一种有强烈理智的建筑。柯布西耶的方法与其对比，是酒神狄俄尼索斯的，利用形式、质地、色彩的拚凑和光束，创造大量的剧场的效果，在厚的砖石墙上镶嵌有画的玻璃板，像珠宝在洞穴中发光，厚重的鲸鱼背似的屋顶，漂浮在有窄条阳光照射的墙上。

在建筑上有成就的最重要的领域之一是在大学和学院，在为工业化的国家发展提供管理上和技术上的领导者时，大学和学院迅速地扩展。当地户主，许多较老的学院突然发现本身在战后几年较大的房地产业繁荣中有经济利益时，钱也从其它的渠道流入，如政府为了技术的未来发展或是声望而投资；成功的商业家为了永存的声望而向学院和有才能的人捐赠。在多数国家中，包括一些最先进的工业国家，基础教育缺少资金来源，但是大学——最有文化的业主——变成了供参观的场所，最好的现代建筑师能做的是一个公开的简介和一个深深的钱包。如果他们想为工作好，经济上有可能请最有名的外国建筑师，阿尔托为麻省理工学院（MIT）设计了一幢学生宿舍楼（1947—1949）；柯布西耶与塞特（Luis Sert），为哈佛大学设计了卡本特艺术中心（Carpenter Center 1961—1963）；第一流的丹麦建筑师雅各布森（Arne Jacobsen）为牛津大学设计了新的斯特·凯瑟琳学院（1959 年以前）。密斯范·德·罗在伊利诺理工学院校园规划（IIT）的控制性影响，保证了设计的一致性，其它地方，大学成了建筑的动物园，展示了国外的多样化的现代风格。在耶鲁大学，路易斯·康和奥尔（Orr）设计的艺术展览馆和设计中心（Art Gallery and Ddesign Center 1954）是一个四层高的钢筋混凝土盒子，萨里宁设计的滑冰场（1958）有一个宏大的抛物线屋顶，鲁道夫（Poul Rudolph）设计的艺术和建筑系大楼（Art and Architecture 1959—1963）是用后构成主义的一个纪念性的尝试。在剑桥大学，有新学院，如谢泼德（Richard Sheppard）设计的邱吉尔学院（Churchill College）。较重要的老建筑扩建，如鲍威尔（Powell）和莫亚（Moya）在圣约翰的工作。还有许多重要的建筑，包括沉着的、正规的，在 Gonville 和 Caius 的 Harvey 法院（1959—1962），由马丁（Leslie Martin）和威尔逊（Colim St John Wilson）设计，以及由斯特林（James Stirling）设计的采用特殊的砖和玻璃的历史学院图书馆（Hislory Faculty Library 1966—1968）。重要的新建筑在其他大学的有：雅玛萨基（Yamasaki）设计的优美的麦格雷戈会议中心（Mc Gregor Conference Center 1958），位于底特律的韦恩州立大学；路易斯·康设计的有力的功能主义的理查兹医学研究中心（1958—1960），位于宾夕法尼亚，斯特林和高恩（Gowan）设计的在莱斯特大学的工程大楼（Engineering building 1960—1963），

1930 年代汽车工厂的生产线

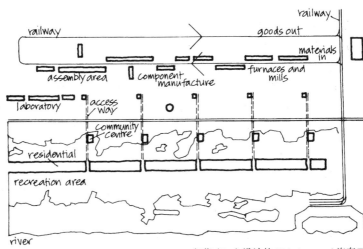

奥萨（Osa）设计的 Nizhninovgorod 汽车工厂,合理地安排了生产线(1930)

卡恩（Albert Kahn）设计的在密执安州的迪尔伯恩的福特玻璃工厂（the Ford Glass Plant 1922),工业建筑的美学决定于功能设计

Figini 和 Pollini 的合理设计,有益于工业生产过程,此为在 Ivrea 的奥利维蒂工厂(1934—1957)

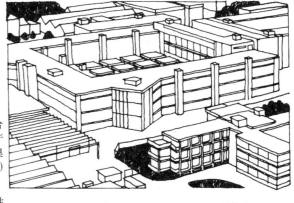

简单实用的功能性的建筑设计,想法是为了建筑上的效果,把 NASA 空间竖向组合,建筑位于佛罗里达,Urbahn 设计

GM 技术中心——水塔(1949—1955),位于密执安州沃伦,这是为了声望而做的设计,用了萨里南（Eero Saarinen)的设计

它那粗糙的工业的材料表现了它的功能；在达勒姆的邓厄姆住宅（Dunelm House 1966）由建筑师合作事务所设计；阿尔托设计的优秀的礼堂，位于赫尔辛基的波利泰赫尼克学院（the Polytechnic Institute 1963—1965）。

所有这些环境上的特殊性，目的是有助于产生优秀的人才，特别是适于工业化要依靠的人才，到1970年代，在工业化和正在工业化的国家中，科学、工程、管理、商业方面毕业的人才，占每年毕业生2/3或更多。19世纪时，在工业建筑的设计中，很少包括一位重要的建筑师——或者甚至是任何一种建筑师——除非是为了声望上的要求，或为了处理特殊的敏感性的环境问题，例如在长滩的近海的石油器械为使其能达到"可接受"要求的建筑伪装工程。萨里宁设计的在密执安州沃伦的，通用汽车技术中心（1949—1955），很清楚是属于有"声望"类的建筑。一群优美的密斯的建筑会给参观者留下深刻的印象，并给雇员带来无法估计的共同的自豪感。富勒（Fuller）设计的在迪尔伯恩的，有圆顶的福特"圆形建筑（1953），和福特的直径100m的圆顶修理车间（1958），这是为在路易斯安那州巴吞鲁日的联合油槽车公司设计的，为显著的缩短建设时间增加了优越性，通过仔细地分析工业的生产过程和设计的合理性，熟悉的设计者为雇主提供经济和效益是有可能的。建筑师合作事务所为Brynmawr橡胶工厂（1945—1952）就这样做了。当Egon Eiermann在他设计的Blumberg棉纺厂（1951）这样做时，Figini和Pollini在他们为在Ivrea的奥利维蒂多阶段建设的管理和技术中心（1934—1957）的设计中也是这样做的。Marco Zanuso在他设计的Buenos Aires工厂（1964）和奥利维蒂工厂，以及福斯特（Foster）和罗杰斯（Rogers）设计的信用电子工厂（Reliance Electronics factory 1964），该厂位于斯温登。约翰逊（Philip Johnson）设计的以色列雷霍沃特原子能反应堆，在那里他提供了防辐射的重钢筋混凝土，运用了一种古代的风格，还有一个带围墙的花园，美化了周围环境。与此相反的是真的空间运载工具的组装建筑（1962—1966）由Max Urbahn设计及工程师罗伯兹（Roberts）和谢弗（Schaefer）设计了佛罗里达州的肯尼迪宇航中心，高度达200m，能安放四枚土星火箭的建筑，是世界上最大和最昂贵的库房，设计几乎完全是为了实用，建筑上给人以深刻印象的原因，主要是因其异常大的尺寸。

自战争结束40年过去，是一个完整的经济循环，从战后的紧缩和恢复，通过1960年代无序的繁荣条件，经过1970年早期的不肯定的增长，到1970年代晚期，清楚地看出工业化世界正进入错误的自身遭受的历史危机中。灵活的、负责任的和多样化的多国联盟，总的讲已经能够在国家的政治无法预言；和严重影响当地的经济时，防止自身受到错误的影响。在另一方面，国家政府已经不能帮助，部分是由于危险的强烈性，部分是由于所有的国家的经济现在是互相依靠的和同时受侵袭的。一个国家希望去调整它的经济，能够做的仅限于在它直接控制下的区域，主要是公共的消费和福利。国家的福利仅作为一种资本主义成功的副产品继续存在，当它的资金要维护私人部分的利润水平而收回时，即在经济衰退时，福利就会迅速下降。这时期的建筑反映了这种倾向，对于国家的经济条件而言，学校医院和公共建筑是值得注意的题目，反之重大的商业和工业项目仍继续出现不受影响。资本家为自己辩护的理由常常是说他单独地创造了财富。1960年代和1970年代早期的"自由"保守主义者和社会民主主义者——从肯尼迪、约翰逊和北美的特鲁多（Trudeau），到布兰特（Brandt）、威尔逊（Wilson）以及在欧洲的希思（Heath）——主张创造的财富是为了全社会的利益；资本主义是而且应该被平均主义的方式利用。克罗斯兰（Anthony Crosland）著的《社会主义的未来》（The Future of Social-ism 1956）已经表示了这种普遍的观点，即社会的进步依靠健康的资本主义制度的维护，但是到 1970 年代末，很清楚财富不是全社会拥有，到现在为止还没有这样做，甚至在最先进的工业化国家也没有这样做。后来，思想意识经历了一个有重要意义的转变，即资本主义永远也不会被看成是平均主义的；财富的恢复，要依靠平等制度的创造；为了挽救提供福利的制度，就必须取消福利。

除了在商业和工业方面的战后大规模的投资以外，必须要注意穷人住宅和无家可归的问题，这些是要加强的，不仅是由于战争时扩大的毁坏，和对消除内战几年中的贫民窟的一般性的修整，还由于突然认识到的存在的"人口问题"。这是许多规划理论的出发点；理论是建立在不怀疑第三世界国家人口增长问题的基础上，并且人口的扩展涉及到工业化的北方，在那里宣布了有类似的增长。

发展建筑理论扩展的主要部分遇到这些实际的和设想的问题。要求较高的标准能够遇到现代工业化建筑的方法，理性建筑的设计；提供已有的土地利用规划系统后的城镇适宜的规划问题，是可以想到的。"高标准"包括用土地利用的区域，去分隔居住区和有污物的及工业污染区，一个维多利亚城市的重要问题；它还将包括引入阳光、空间和绿化，作为对它们的阴暗和粗糙的矫正方法。一个有想象力的城市出现，可以用上百万张透视图去表现，白色的用平屋顶的理性主义建筑，大量的玻璃放在有治疗作用的日光下，设置在市政绿化的特殊区域内。

把建筑都布置在一边，这种标准在多数城郊和新镇中继续看得到，但是这种规定的经济逻辑，在城市中不可能达到。高地价，工业建筑巨大投资的趋势是为了重要的商业利益，并且它的出现，是为了技术试验的合法区，保证工人阶级内城的住宅有不同的设置标准。未来主义者和柯布西耶坚持的意象，表现出对城市中心的生活倾注了精力，与感觉要求一起抓住了"人口问题"的规模，表现在建筑上就是高层建筑和高密度。因此在 1950 和 1960 年代，政府和城市当局号召实行较高的居住密度时，他们发现建筑专业把问题解决了，由于建筑行业本身的宣传作用，并准备好为高层建筑这种可看到的偏爱、高架步行道，及与之联系的"睦邻"和"社区"理论而辩护——即用了一种有效的方式把许多人安排到一块面积小的土地上。虽然对社会上的争论点进行了讨论，甚至赋予了深思熟虑的哲学上的重要性，他们很少分析在经济上的作用的事实；战后设计理论全面的智能基础基本上是可见的，建筑上的每一个成就都优先来自伟大的艺术的历史家，例如佩夫斯纳（Pevsner）和吉迪恩（Giedion），他不怀疑现代建筑能独自回答重要的问题，即建筑师的责任需要他回答的社会问题。

一般公认这种认真探索的英雄是包豪斯和国际现代建筑协会 CIAM 的建筑师，格罗皮乌斯（Gropius）、密斯和上面所有提到的，柯布西耶已经把当时在住宅设计上的思想，具体贯彻到世界大战以后最有重要意义的建筑中的一幢建筑上，即马赛公寓（Unité d'Habitation 1945—1952），这是一幢大的钢筋混凝土板式大楼，包括 17 层公寓和跨两层楼

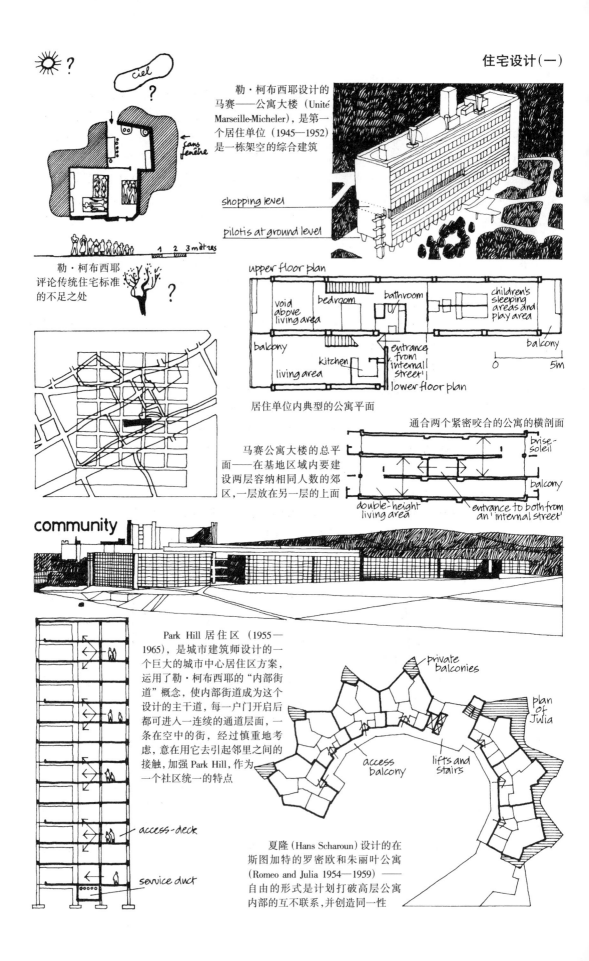

勒·柯布西耶设计的马赛——公寓大楼（Unité Marseille-Micheler），是第一个居住单位（1945—1952）是一栋架空的综合建筑

shopping level

pilotis at ground level

勒·柯布西耶评论传统住宅标准的不足之处

upper floor plan

void above living area

bedroom

bathroom

children's sleeping areas and play area

balcony

kitchen

living area

entrance from internal street

balcony

lower floor plan

居住单位内典型的公寓平面

0   5m

通合两个紧密咬合的公寓的横剖面

brise-soleil

balcony

马赛公寓大楼的总平面——在基地区域内要建设两层容纳相同人数的郊区，一层放在另一层的上面

double-height living area

entrance to both from an 'internal street'

community

Park Hill 居住区（1955—1965），是城市建筑师设计的一个巨大的城市中心居住区方案，运用了勒·柯布西耶的"内部街道"概念，使内部街道成为这个设计的主干道，每一户门开启后都可进入一连续的通道层面，一条在空中的街，经过慎重地考虑，意在用它去引起邻里之间的接触，加强 Park Hill，作为一个社区统一的特点

private balconies

plan of Julia

access balcony

lifts and stairs

access-deck

service duct

夏隆（Hans Scharoun）设计的在斯图加特的罗密欧和朱丽叶公寓（Romeo and Julia 1954—1959）——自由的形式是计划打破高层公寓内部的互不联系，并创造同一性

住宅设计（二）

不列颠工作部应急的简易住宅（1944）

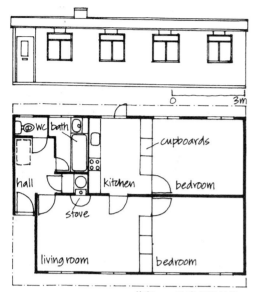

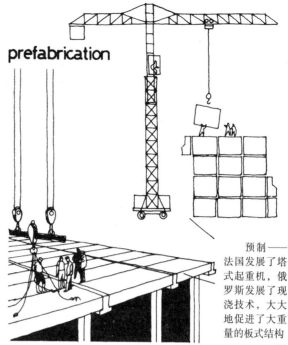

prefabrication

预制——
法国发展了塔式起重机，俄罗斯发展了现浇技术，大大地促进了大重量的板式结构

rehabilitation

修复——重建有恢复什么的问题——维多利亚式的住宅能被其他的代替吗？

late 19th century terrace in Sparkbrook, Birmingham — for privacy, community and identity this was a type of housing difficult to equal

neo-vernacular design
a primarily visual response to a social phenomenon

斯特林（Stirling）和高恩（Gowan）设计的埃文汉街住宅区（Avenham Street housing 1959），位于普雷斯顿，仿造了维多利亚式台阶式住宅在视觉上的特点（不是质量上的）

Davbourne 和 Darke 设计的利林顿街住宅（Lillington Street housing 1964），仰视图

informal 'policing'

casual contacts on the front steps

service access in street

children's play

shops and light industry part of residential community

由雅各布（Jane Jacobs）建议的对城市街道内部的研究，结果是传统的布局培育了大的社会生命力，因分区利用土地和重建方案而失去

local participation

当地的参与——埃斯金（Ralph Erskine）设计的"墙"，有比克尔，纽卡斯特人民的参加

的公寓套房，建在靠近马赛边缘的开敞的空地上。在屋顶上是自由形式的钢筋混凝土结构，包括运动设施、洗衣房、托儿所；在建筑的中部一层是当地的商店，底层升高在笨拙的墩子上，把风景融入建筑中。进入一个人工采光的"内部街"这幢建筑的每一边外墙的形式被创造性地结合起来，每一边都包含着两层高的居住空间，和勒·柯布西耶早期设计的住宅类似，并安排了一个阳台，形成与阳光、空间和普罗旺斯的室外风景绿化的联系。每一居住单元的设计采用了预制板，安装在建筑的主要的钢筋混凝土框架中，在隔声的填充材料上。尺寸的确定与采用预制板有关，是根据勒·柯布西耶设计的几何比例"模度"系统逐渐发展而成。居住单位的其它实例有建在南特（1952—1955）、柏林（1956—1957）和 Briey-la-Fôret（1957—1959）的，对住宅设计中的影响一直延续到 1970年代。

尽可能保留更多的风景的建造概念的发展是由伦敦市议会 LCC 的建筑师们采用的，如卢卡斯（Lucas）、豪厄尔（Howell）和基利克（Killick）在伦敦郊区罗汉普顿的 Alton West 庄园（1955—1959），在那里有塔楼和板楼，他们的设计很清楚地是受到"居住单位"的影响，在里士满公园浪漫的风景中，有组织的一组建筑与其它的低层民居布置在一起。鲍威尔（Powell）和莫亚（Moya）设计的伦敦，皮里克 Churchill 花园住宅区，在1951 年的竞赛中获胜，那是另一种有规则的高层板式楼群，没有浪漫的风景，但是在美好的河边基地上。因为假社会学的原因，Denys Lasdun 摆脱了板的形式，在 Bethnal Green 采用了"集合式大楼"（1954—1960），在各种各样的民居之间创造了上等水平的空间。培养和引起居民的接触和睦邻关系。在斯图加特，沙龙 Hans Scharoun 更进一步，他设计的"罗密欧"与"朱丽叶"公寓（Romeo and Julia 1954—1959）建在开敞的山顶基地上，在形式上是过分地表现主义，充满了弗洛伊德的想象力。

勒·柯布西耶构想了一种比住宅更大的住宅大楼，提供商店、社区需要的空间，和为了促使居民接触的内部交流空间。在 1950 和 1960 年代，一位建筑师考虑到自己是"总的"环境的合法控制者，是普通的事，把各种用途结合到一幢建筑内是扩大建筑控制的一个途径，这种控制超过了生活的许多方面。在设菲尔德的 Hyde Park 和 Park Hill 的优美的山顶的建设（1955—1965），的确是一个总的环境，是由城市建筑师沃默斯利（Lewis Womersley）和他的助手林恩（Jack Lynn）和史密斯（Ivor Smith）设计的，是连续的不同高度的综合板式大楼，与宽的较上层的"街道"、和封闭的把街道等都包括在内的风景区，有游戏空间，社区设施、学校、小酒店和当地的商店。试图重新创造在现代时期的城市传统工人阶级生活的综合体。一种类似的综合楼，但是更质朴宜人的设计方案被建成，由第五工作室的弗里茨（Fritz）、格伯（Gerber）、赫斯特伯格（Hesterberg）、霍斯泰特（Hostettler）、摩根索勒尔（Morgenthaler）、派尼（Pini）和索曼（Thormann）设计，建于伯尔尼（Bern）附近的海兰（Halen 1960），山坡上的低层的私人住宅群，与餐馆、商店、车库、运动设施紧密结合。霍奇金森（Patrick Hodgkinson）和马丁（Leslie Martin）设计的伦敦布伦斯韦克中心（Brunswick Center 1967—1970），由两幢退台式的板式公寓大楼组成，围着一长的步行群集场所，直接面对商店、小酒店、餐馆和电影院。大型的对称的规则的大楼，和他们强调的塔式楼多归功于 Sant'Elia，而不是勒·柯布西耶，虽然有点十足的未来主义的劲头，是与建筑的位置在布卢斯伯里的安静的角上有关。

勒·柯布西耶思想的第三个主要组成部分，是他关心的预制装配那一类许多当代的事情。战争促进了他深思熟虑地去想出在短时间内解决后勤问题的办法，除了从武器技术中学到的新的结构技术外，还有应急的军事建筑项目，英国用瓦楞铁作的弯曲的瓦建造的尼森式小屋；美国与其相同的用瓦楞铁构件搭成的半圆形活动房屋，都作出了重要的贡献。曾经是罗斯福的战时的工厂和军需品生产工人的住房项目，对于许多建筑师，包括格罗皮厄斯和布鲁尔，在快速建设和预制方面都带来了新思想，还有布里顿（Britain）设计的战后临时应急的重建项目，其中"Arcon"短期居住的单层活动房屋是无法估价的。

战后学校建筑建造的繁荣时期，英国的成就是个典范，特别是赫特福德郡和诺丁汉郡郡委员会的工作，和它们的可尊敬的建筑师阿斯林（Charles Aslin）和吉布森（Gibson），在赫特福德郡的切斯亨特小学（Cheshunt primary school 1947），是第一座设计得很有人情味的非正统的成系统的建筑，用半军事的方法建设的。比尔（Max Bill）也采用预制的方法，建造了在乌尔姆的工业设计大学（the Hochschule für Gestaltung 1950—1955），对包豪斯学派来说，是自我风格的成功者；但得到最多称赞的实例是英国的为当地特殊项目联合使用设计的（Consortium of Local Authorities Special Programme 简称 CLASP）系统，并被英国中部的许多学校建造时采用，1960 年在米兰三年一次的建筑与设计展览会上得了奖章。

大量的建筑要在短时间中建成时，预制是有用的，它可能不适宜于长期建造的项目。它有改变需要劳动的模式的作用，把许多熟练工作从建设工地转移到工厂，在气候温和的国家与北方国家相比，较少考虑到它的重要性，因在北部冬季时间较长使工地工作困难。获利最多的是构件制造商，和最大的建筑承包商，能够在新的生产方法上投资。获利最少的是较小的承包商及他们的工人，特别是那些公共劳力，当较大的承包商移进移出公共部分追求最大的利润时，公共劳力的工作波动较大。像第二次世界大战以后的许多欧洲国家，特别是当政府在支援建筑工业化的发展方面提供补助金时，获得利润的机会很少，但是不论是否有补助金，工业化的建设方法，难得发现它便宜且有好的声誉，除了像 CLASP 的最后产品以外，常常是没有利润的。

工业化的建筑，在为了取得较高的每年建设统计数字的战斗中，变成了一种政治上的武器。许多系统，如丹麦的拉森和纳尔逊（Larsen and Nielsen）、法国的凯默斯（Camus）和英国的里马（Reema）方法，有长期的成功的历史，在 1960 年代期间，作为工业化是官方鼓励的，而对制造商有意义的是要有利润，文字上的上百个新体系出现在国际市场上。60 个居住区，部分是政治上的遗赠物，部分是经济上的推销的运用。格拉斯哥（Glasgow）的红路住宅区（Red Road estate 1964—1968）中的冷酷的引层塔式楼和板式楼，由萨姆（Sam）邦顿（Bunton）设计事务所采用钢框架来固定石棉的护墙板，形成一种特殊的设计体系。英国住房建筑部设计的，在奥尔德姆圣玛丽的住宅区（1965—1967）中的环状台阶式住宅，在建造中采取了现浇混凝土板，是 12M 的耶思佩森（Jespersen）体系。它们在名声和巨大方面，仅被索思沃克委员会设计的艾尔斯伯里住宅区

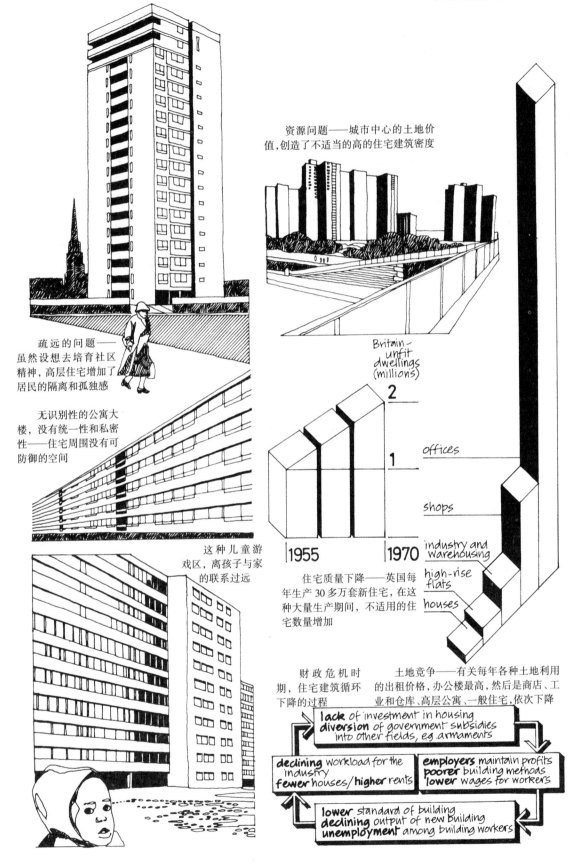

资源问题——城市中心的土地价值,创造了不适当的高的住宅建筑密度

疏远的问题——虽然设想去培育社区精神,高层住宅增加了居民的隔离和孤独感

无识别性的公寓大楼,没有统一性和私密性——住宅周围没有可防御的空间

这种儿童游戏区,离孩子与家的联系过远

Britain-unfit dwellings (millions)

offices

shops

industry and warehousing

high-rise flats

houses

住宅质量下降——英国每年生产30多万套新住宅,在这种大量生产期间,不适用的住宅数量增加

财政危机时期,住宅建筑循环下降的过程

土地竞争——有关每年各种土地利用的出租价格,办公楼最高,然后是商店、工业和仓库、高层公寓、一般住宅,依次下降

lack of investment in housing diversion of government subsidies into other fields, eg armaments

declining workload for the industry fewer houses/higher rents

employers maintain profits poorer building methods lower wages for workers

lower standard of building declining output of new building unemployment among building workers

（Ayles bury estate 1965—1970）超过。在欧洲的其他地方，类似的大发展正在形成，特别是在重型的现浇混凝土的建设方面，从巴黎郊区，在博比尼蜿蜒的大楼是世界上最长的，到莫斯科的那些住宅区，在一天中 500 个正在建设的相同的公寓可以在高度上突然增加。

工业化的建筑吸引投资是因政治和经济的原因，专业人员的参与是因为他们相信自己在预测、监管、分析方面的能力；和提出适当的解决任何问题的办法，独立的政治见解。这种观点在城市规划中同样存在，在规划中极力主张要系统化地决定成果，即领导去采用许多定量化的技术，范围从为项目表作相近的评论途径分析到利用"平衡表"、"目标—成绩表"；或成本—利润分析，去选择对问题的所希望的解答，最有抱负的一个例子，可能是为伦敦第三机场，罗斯基尔（Roskill）委员会审查的在四个可选择的基地中挑选一个作伦敦的第三机场。这种在科学的人的独立性方面的信心，和建筑与规划作为一切都趋于至善的某种（Panglossian）实行优化的信心，当 1960 年代的建筑成就开始被检验时，遇到了强烈的挫折，揭露他们在最好的所有可能的领域中，远没有达到目标。

在 19 世纪时，所有困扰在建筑上的焦点是城市内部的环境问题。尽管有新的投资和建筑的理论建立，贫民窟没有像他们应该做的消失得那么快是很明显的，同时有些建筑正在恢复，其它老房子正在倒坍并失修，形成一种破旧的便利设施，虽然这种设施定价高，肯定是贫困的内城的一部分，新来的移民值得注意，他们或者可以获得这样的住宅或者能够支付租金。还有明显的是，许多新建筑，特别是未经试验的"系统"建造的大楼，几乎损坏得很快。增加的困难还有他们提出的环境问题，勒·柯布西耶的想像力是一回事，但巨大的混凝土的拥挤的房子没有阳台，没有开敞空间，没有社区活动室或当地的商店是另一回事。在塔式大楼中生活不适的报告已经收到，还有房客因电梯故障处于孤立无援的境地；从家里到儿童游戏场的路线太远家长无法安全监督；单身老人行将死亡无人知晓的问题。故意破坏他人财物的行为问题特别地使地方当局头疼，即使在令人非常愉快的、空间广阔的罗汉普顿，在格拉斯哥的 Hutchestown-Gorbals 的孤独的阴暗的塔楼；在圣路易斯的大的 Pruitt-Igoe 公寓，或者纽约较低的东边的拥挤的多种族的居住区，情况都糟糕至极。

所有最大的困难已被提高到超过重建的重要原则问题。在追求数量的驱动下，公认一定的建筑质量正在丧失，现存的社区已破裂并分散，它们的老的街区邻里关系被破坏，保留了某种情况，例如利物浦，在城市中部，大量的旧建筑被拆除。扬（Young）和威尔莫特（Willmott）写的《在东伦敦的家庭和家属关系》（Family and Kinship in East London）(1957) 和雅各布（Jane Jacob）写的《死亡和伟大的美国城市生活》❶（The Death and Life of Great American Cities）(1961)，是两项首创的研究，在 1960 年被城市学家发现，在恢复中增长的利益比重建老的工人阶级住宅区大。建筑师的责任是从视觉角度重新发现工人阶级社区离奇遭遇。早在 1959 年，莱昂斯（Lyons），伊斯雷尔（Isreal）和埃利斯（Ellis），与斯特林和高恩，已经试图在他们设计的埃文汉街台阶式住宅中，再产

---

❶ 或可译为《美国大城市的衰亡与生机》。

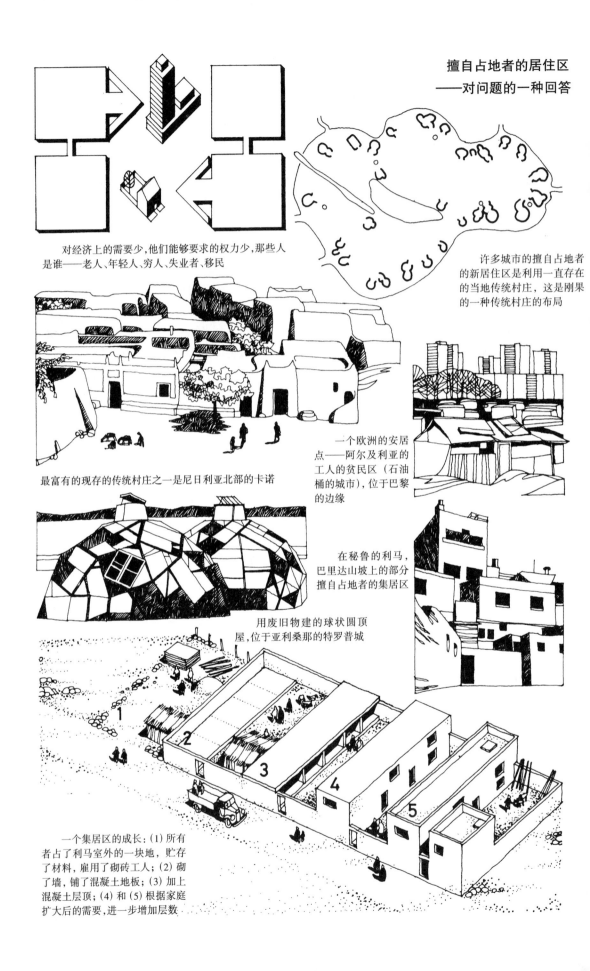

擅自占地者的居住区
——对问题的一种回答

对经济上的需要少,他们能够要求的权力少,那些人是谁——老人、年轻人、穷人、失业者、移民

许多城市的擅自占地者的新居住区是利用一直存在的当地传统村庄,这是刚果的一种传统村庄的布局

最富有的现存的传统村庄之一是尼日利亚北部的卡诺

一个欧洲的安居点——阿尔及利亚的工人的贫民区(石油桶的城市),位于巴黎的边缘

在秘鲁的利马,巴里达山坡上的部分擅自占地者的集居区

用废旧物建的球状圆顶屋,位于亚利桑那的特罗普城

一个集居区的成长:(1)所有者占了利马室外的一块地,贮存了材料,雇用了砌砖工人;(2)砌了墙,铺了混凝土地板;(3)加上混凝土层顶;(4)和(5)根据家庭扩大后的需要,进一步增加层数

生维多利亚普雷斯顿的特色。达伯恩（Darbourne）和达克（Darke）设计的在伦敦的利林顿街侧 1 号（1964—1968），带有打破的外轮廓和温暖的红色砖墙，开始设计了一个"不正确"的式样，变成了著名的"新乡土"风格，其中建筑规模小，紧密的空间和利用"自然"的材料—就是砖房—为大居住区贫乏的夸大性提供了一剂良药。坚持为了下一个十年或更长的时间的方法，形成了住宅建筑设计所承认的技术，虽然它的重要意义是可见的，并且是建筑上的而不是社会上的。

但是，在城市中有更基本的工作过程的评论。土地利用规划设想正在出现的问题增长；地区的设计被认为缺乏独创性，没有社会环境，发展是为了开发商的利益，而不是为发展社区；规划强调安排的是物质方面，能确定的数字被认为是社会方面的扩展，很少触及生活的价值，特别是"体系的方法"，具有它的不言而喻的要旨，即某些地方喜欢的答案，对每一规划问题处于隐蔽的状态，只有用逻辑去发现，违反了在基本评论家中增长的共识，就是对城市问题有"不正确"的解答，只不过答案是偏爱在另一种发展的一组，在它们之中选择政治上的而不是科学上的作用。

社会学派的"科学"提出了比建筑师所能提出的更严格地城市分析，不仅由于建立城市问题的有生气的充实的图画，而且还由于它的过于简单的"环境决定论"的评论，"环境决定论"是建筑师们到目前为止推出的解决办法。规划师和建筑师开始去进行更重要的现实的工作，而不是他们正在设计的那些有想象力的需要。它们是在利物浦的"保护"邻里活动计划（the "Shelter" Neighbourhood Action Project）；在北肯辛顿的斯温布鲁克 GLC 建筑师们的工作；和在纽卡斯尔的贝克尔，雷尔夫·厄斯金的工作，是三项忠实的试图创造满足人民需要的，他们计划要做的设计。虽然在此期间有些矛盾，许多政府开始建立城市项目。可以预言，他们之中没有一个会走得太远，美国经济办公室采用的办法是控制英国社区发展计划，当它一开始做得太激进时就被解散了。

然而建筑学、规划学和社会学毕竟是资产阶级的科学，并且除了他们试图改善这些问题以外，就从问题首先发生起，继续维持现状。1960 年代末的加剧的反抗运动，和 1970年代的反对整体的合作制度强加于专业人员，完全意味着他们可能已经处于保护的错误边缘，这种反抗的一方面是在非正规的环境中利益的增长。从在亚利桑那州的特罗普城有小圆顶的垃圾场，到伯克利的人民公园，波士顿的滕特城，对环境的评论正在由当地的人民来进行，证明他们对制度和代理人创造的压抑的环境不满意。

在第三世界的无数城市居民正在进行较大的评论，在他们的城市当局拒绝承认他们的保证时，居民们绝望地发起了重要的自发的自助运动。擅自占地是一种广泛的社会现象，从巴黎到伊斯坦布尔；从伦敦到刚果的金沙萨，而特别典型的是南美，右翼政权和种族主义的穷人之间的对比。在智利的圣地亚哥，住在木头和纸板搭的棚屋里的pobliaciones 在 1970 年发生了用暴力从城市当局那里，占领了郊区的空地，在三、四年中，他们占了整个城市人口的 1/6，变成了公认的有影响的城市结构的一部分。在国际的范围看，私自占地的集团仅仅是整个"共有行动"的一部分。官方的决定受到挑战和要求改善现状。各处被驱逐的工人阶级，受到 1968 年失败的革命的激励，及他们对资本主义社会的价值和方法提出的挑战，在东方和西方的人民学到了团结的好处。

然后，在1970年代初期，当生产过剩的泡沫经济爆发时，世界经济的另一周期性的危机到来。通过矿物燃料的突然短缺，和罗马俱乐部（the Club of Rome）的有关地球资源的有限性的警告，无论如何，要去承担这个严重的现实，这个问题开始在西方的意识中扩散。不过，有反对的观点，如为了保持增长的水平，是要扩大对替代能源的探索；还是要对增长的重要原则提出问题，和要制订一种替代的生活方式。后来的行动方向，主要的倡议者是舒马赫（E•F•Schumacher）《小的是美好的》（Small is Beautiful）（1973）的作者，由许多个人和小组协调达到有主见的结论，批评官方的政策，和决定去发现他们自己在保护能源和其他资源的实践中的解决办法。在美国和加拿大有许多这样的个人和小组，在那里过多的消耗，能被他们认为是最严重的问题。许多的实践项目之一是多伦多的"生态住宅"，一座老的家庭住宅被污染研究基金会改变了，证明了取暖技术和能源保护，废物再循环和太阳温室的效果。虽然这个项目，是典型的热情的志愿者的工作，而工业方面的倡议者名单表明了一种进一步的意想不到的转折，即官方的团体本身正在变得对保护能源有兴趣；甚至企业家们也开始把能源保护看作是一种潜在的日用品，在他们感情的基础上，对消费者作危言耸听地推销。除了少数例外的情况，由法国和加拿大政府开发的值得注意的潮汐的动力试验，瑞士和俄罗斯的继续发展的水力发电，和在波及海洋热力、风力机械和太阳能收集器方面的孤立的官方试验，大多数政府失败于夺走了保护资源的重要性，而代之以把他们的希望放在大的扩大生态危险的原子能工业上，忽视潜在的长期的效益，偏爱短期的利益去完成军事工业综合体。

当危机加深时，所有的资本主义的自相矛盾暴露得更加明显：伴随着工业国家失业率的增加，通货迅速膨胀；伴随着美国和欧洲经济共同体国家的生产过剩和倾倒食品，同时群众的饥饿威胁着第三世界；国际银行和投资建筑业形成巨大的利润时，生产性的工业迅速下降；多国联盟继续繁荣时，撤回了对不发展国家的援助；在军事方面的花费迅速增加时，切断了对医院、学校和公共建筑的投资。

建筑师和规划师用各种方式对危机作出反应。对于那些与已确定的项目有紧密的一致的事情，在经济危机时仍在坚持，资本主义希望恢复它的力量—如果有可能的话，甚至还将获益。宁愿从有保护的设计和市场中去获得更短期的利益，也不愿去争论首先使之成为需要的系统的优先权问题。盛产石油的近东成为关注的焦点，在那里资本的投资仍然是有效的，不再投资到西方。十年以前的西方建筑师们可以为城市穷人的问题而工作，现在正在为位于阿曼或沙特阿拉伯的宫殿、豪华旅馆和文化中心的设计而竞争。就是这些不能消失的问题已经明显，因为当惯常的失业增长和人民的希望消失的时候，西方内城的压力上升了；只能同安乐不能共患难的弥补方法已是不够了。

建筑的理论也正变得与真正的社会相距很远，历史学家詹克斯（Charles Jencks）已经创造了"后现代主义"时期（Post-Modernism），要描写他能够看到的正在出现的一般趋向：少关心重要的极端拘谨的现代运动的原则，而较大的兴趣在自我宽容的表现主义方面；在富有方面；在无意义的和希奇古怪的方面。没有基本的理论，沙里宁早期的设计，如他的肯尼迪飞机场终点站；文丘里（Robert Venturi）的设计，如他的吉尔德•豪斯公寓（Guild House apartments 1960），莫尔（Charles Moore）、戈夫（Bruce Goff）、厄

生态建筑
——对问题的另一种回答

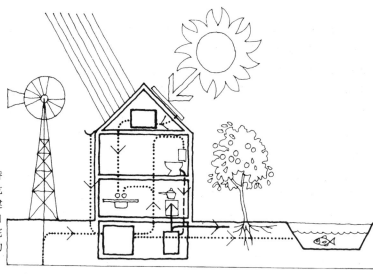

保护能源的运动寻找一种可替代的力量,去代替对生态学来说有危险的矿物燃料和原子能,要经济与建立在安全及可再生基础上的资源。自主的住宅是一种设计得可提供住宅自身所需的能量,而不是依靠昂贵的高技术

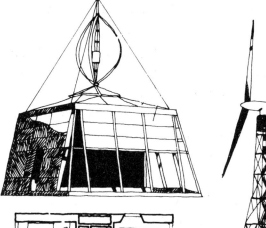

法国,拉·兰斯潮汐拦河坝,在微不足道的花费上,可提供 240MWe

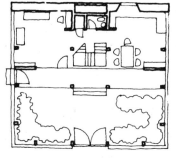

生态住宅的后部,用玻璃和黑色砖建造的太阳能吸热壁,为了收集和贮存热量

皮克(Alexander Pick)设计的试验性剑桥住宅,建造时与剑桥大学自主住宅研究小组合作。试验性的风力驱动的发电机,由 NASA 建于俄亥俄

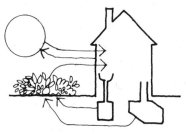

污染研究基金会设计的多伦多试验性生态住宅,用一座维利亚式别墅改造的,证明了节约能量和再循环的技术

斯金（Ralph Erskine）、博菲尔（Ricardo Bofill）、斯卡利（Vincent Scully）、克罗尔（Lucien Kroll）和其他合格的建筑师的作品，有联系的仅仅是由于他们的建筑外观上抵制了国际风格的原则。到 1970 年代中期，后现代运动已经发展到有一点假心假意地，兴趣在新古典主义风格，主要看到的是未建的学校建筑作品，和参加竞赛但由“进步”设计杂志给予经过深思熟虑地有生活共鸣的评语的作品。较后的史特林（James Stirling）的作品，以及正在建立理论的城市设计者，如卡罗特（Maurice Culot）、昂格尔斯（Oswald Ungers）和克雷尔兄弟（the Brother Leon and Rob Krier），表现出一种唯美艺术的形式主义增长的趋势。在它的最初含义中，新古典主义曾经是资产阶级名望的最终表现，建筑具有一种易读的启示，只不过是受过教育的和有特权者能读。选择这种风格，好像今天的学院式派生的，有相同的精英的姿态，主要是对鉴赏家有吸引力，他能欣赏措辞巧妙的历史的参考。资产阶级的建筑师在不久的过去曾经失败，并一直失败，在进行与城市的社会问题有关的工作的时候，但不能否认他是一位聪明的历史参考的主人。他的工作现在完全证明了现代疏远的复杂性。代替前工业社会的使用者和艺术家之间简单的个人关系的，现在是不受个人情感影响的日用品生产。结果是，充满人道的个性，已经受到狭隘的个人的知识和技巧的限制。除了人类的伟大科学的和技术的成就以外，他发现去了解他周围的社会关系永远是很困难的，这已是客观的而不是主观的，宁愿是与日用品之间的关系，而不愿去了解人之间的关系。艺术和建筑趋向于“故弄玄虚”；真实性被忽视，受委托的态度是否认偏爱无条件的项目，这种项目对艺术家的要求少，而且可以使他与社会之间保持一定的距离，这个社会是他能与之服务的社会。

逃避社会的复杂的真实性，是在 20 世纪末的普遍的经济危机的事实中，集中的失败的核心问题的一部分。政治家拒绝对社会问题进行结构性的解决办法，喜爱镇压与暴力，工业的失败，发现为了投资要用有选择的社会的有用的出路，贸易联合体的官僚们很少寻求，要他们能从资本主义制度中获得什么，而不是提出挑战，或建议有创造性的选择。人民，他们的生活和思想受到的剥削增加了；当地的文化和熟练的技巧受到的损害已经增加；取而代之的是一个谨慎的有用的合作技术，并且对有害的效果是玩世不恭的。技术专家、建筑师和规划者在这种过程的创造是浮士德的契约，一个自己的和其他人的自由贸易，是为了短期内专业能成功的缘故。

建筑上的这种态度已经受到新出现的学派的历史学家的鼓舞，理论家正寻找摆脱佩夫斯纳（Pevsner）的持续的影响，和所有那些其他的现代运动保卫者的影响，并加强它的社会作用。换言之，理性主义是一些不易接受的，不相容的某些事物的代表，而建筑的历史被重写，要包括任何一点可能对运动本身，或它的直接的先例有用的小的参考，像维多利亚的工程师们或莫里斯（William Morris）。新英雄纪念性建筑和被资产阶级的过去重新发现：辛克尔（Schinkel）、勒琴斯（Lutyens）设计的维多利亚式宅第（the Victorian mansion），里茨旅馆（the Ritz hotel）。当设计的建筑是纪念性的而不是低级建筑时；当有关个人的精神而不是共同的结果时，建筑被认为主要是风格问题。研究历史是“为了它自己的原因”，像一种稀有的专门知识从普通的生活中分离出来；像一个与政治无关的建议；不受委托的和价值自由的训练——在后面，仍然隐藏着一种政治性的有倾向性的

新历史主义

与重要的现代运动相比，它成为建筑学上尊重历史循环的轻浮设计，像 Port Grimand

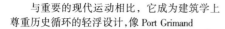

在切森特山的住宅（the house at Chestunt Hill，Pa，1964）和吉尔德·豪斯公寓中（the Guild House apartment 1960），文丘里（Robert Venturi）和劳施（John Ransch）通过一种窜改的思想过程，共同完成了这种平庸的设计

吉尔德·豪斯公寓的设计，取自 1920 年代普遍存在的，砖砌的公寓建筑的意象

史特林（Stirling）设计的剑桥大学历史系图书馆（1966—1968），许多地方采用了古典对称的手法，是一个多种形式结合的设计

莫尔（Charles Moore）为加利弗尼亚大学设计的，在 Santa Barbara 的系俱乐部（1969），他慎重地创造了加利弗尼亚的意象，范围从西班牙的教区住宅到条形住宅

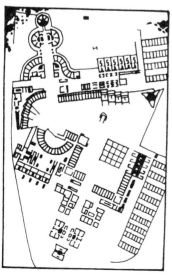

为学生宿舍而设计，参加了设计竞赛，昂格尔斯（Oswald Ungers）采用了一种自由的古典主义方法，现代建筑变成了一个像考古学家设计的罗马形式的平面

这是未来的建筑吗？是克雷尔（Rob Krier）的城市形态学的一个研究，展示了一种新古典主义的秩序，使人联想起斯皮尔（Speer）设计的柏林

态度。最重要的是，历史仅仅与过去有关，了解过去既不是为了较好地研究现在，也不是作为一种方法利用过去进入未来。

简单地说，排斥建筑理论与实践的结果，是怀疑用惯常的方法注视环境问题的任何意义；以及向现有的社会制度挑战的任何意义。当布雷赫特（Brecht）问"谁理解工人"时，结果是忽视他的问题。

谁建了底比斯❶（Thebes）的七个大门？

在书中你会发现国王的名字。

是国王把许多岩石拖曳到建门的地方吗？

然而大量的环境问题面对着今天的社会——擅自占地的居住区，被破坏的内城，敌对的新中心区，交通堵塞，下降的公共设施，宁愿加强军事生产而不愿进行社会性的投资——很清楚，不能用通常的资产阶级的方法解决；资本主义解决的是重要的概念，而不是去创造，到目前为止，环境问题是迷惑人的。

不过前面有替代的方法：早期建筑联合体的战斗，反对破坏他们的制度；莫里斯像马克思一样，看到为了恢复自治和个人的创造力，必不可少的要打破"杰出人才"的国家机器；构成派成员工作到结束，彻底检查了现有的所有权关系，按需要处理建筑问题，而不是按日用品处理，把人民真正的需要放在首位。包豪斯的设计者和他们的后继者至少参与了这种社会的理想主义的工作，虽然在资本主义制度之中，工作取得成功的可能性相当遥远。创造较好的物质环境要求有政治上的行动，以及设计者的熟练技巧，在今天变得更加清楚了，城市贫穷的擅自占地的社区，创造了他们选择的当地经济；内城的社区活动家向当局提出了挑战；贸易联合主义者集团，像上克莱德造船技师们（the Upper Clyde shipbuilders），或是卢卡斯航空和宇宙航行空间工作室的乘务员们，提出创造可替代他们的失去用途的技术。如果在建筑理论方面对这种活动的倾向，无法直接给予一点帮助，就会有另外的可能性。法国城市学校的社会学家的工作仅仅是一个例子。从1968年派生出来的它的动力，和它的Gramsci和Althusser的古典马克思主义理论的哲学背景，对法国，Lojkine和Castells的工作，以及在英国的Pickvance，在专业上安排了责任，新的小资产阶级分子认识到他在社会中的地位，看到他正和工厂的工人，和内城的穷人一样相信他是受剥削的。如果他真的有兴趣去创造一个较好的社会，他能作的只不过是一部分，就像卡斯托尔指出的："一个有组织的大众化的阶级，客观上关心的超出了资本主义，而这种主观意识是必要的和可能的。"

建筑师中的理论家和实践者，也许应该自己回答自己的这样的问题。要首先了解人民和他们的需要，认识建造过程在人民生活中的作用这个基本部分，不仅仅满足功能上的要求还有满足变化着的要求，要帮助所有的人发展他们的内在的技巧和精神需求，这样做是否明智？像对待商品那样处理土地和建筑，在建造过程中，疏远固有的规律，将被认为是我们现在的制度的失败。我们难道不应该认为社会的经济结构是其基础必须从根本上开始去分析，而不是从政治教义上的真伪混同的基础开始，或者从建筑设计的教

---

❶ 底比斯是埃及尼罗河畔的古城。

义开始？我们难道不应该认为，技术的进步和社会进步之间没有反动地联系，尽管资产阶级思想意识上有伪装，历史是有条件地向我们提供机会，我们能否抓住它，取决于我们准备就绪的行动。我们不应该认识重要的辨证的社会性质吗？资产阶级文化隐瞒了阶级斗争的存在，如果我们能与莫里斯一起重新创造阶级斗争的真实性，也许通过斗争，会沿着较好的未来的可能性前进。我们不应该试图去给"建筑"和"建筑历史"更广泛的定义吗？反对资产阶级评论倾向杰出人才和学院派，也许我们应该去发现更基本的和普通的文化，而不是用纪念性的建筑和用纯的风格的评论去描绘文化。特别重要的是，我们不应该对过去、现在和将来给予同等的关注吗？也许我们应该了解它只不过是我们现在的知识问题，即应教我们，什么是历史性的重要意义；如果过去无论怎样似乎距我们很远，可能这是因为我们关心的仅仅是历史的枝节问题。我们应开始意识到我们是真正的传统的继承者，而不是那个资本主义强加于我们的。我们必须学习去创造未来，不是因为资产阶级制度的不圣洁的和危险的思想在一起，而是由于我们继承了历史赋予我们的传统。

Select Bibliography
（主要参考书目录）

GENERAL BACKGROUND: THE WRITING OF HISTORY

Marx, Karl *Capital*, vol. 1 Penguin, London, 1976; Progress Publishers, c/o Imported Publications, Chicago, 1979
Marx, Karl and Engels, Friedrich *The German Ideology*, *Part 1* Lawrence & Wishart, London, 1974; Progress Publishers, c/o Imported Publications, Chicago, 1976

SOCIAL AND ECONOMIC HISTORY

Cipolla, Carlo M. (ed.) *The Fontana Economic History of Europe* (vols 4, 5 and 6) Collins, Glasgow, 1973; Barnes & Noble, New York, 1976–7
Cochran, Thomas C. and Miller, William *The Age of Enterprise: a social history of industrial America* Harper & Row, London and New York, 1968
Hobsbawm, Eric *Industry and Empire: the economic history of Britain since 1750* Weidenfeld & Nicolson, London, 1968; Penguin, New York, 1970
Miller, William *A New History of the United States* Dell Publishing Co. Inc., New York, 1969
Morton, A. L. *A People's History of England* Lawrence & Wishart, London, 1966; International Publ. Co., New York, 1980

GENERAL HISTORY: ARCHITECTURE AND DESIGN

Benevolo, Leonardo *History of Modern Architecture* (2 vols) Routledge, London, 1971; MIT Press, Cambridge, Mass., 1977
Fitch, James M. *American Building: the historical forces that shaped it* Schocken, New York, 1973
Fletcher, Banister *History of Architecture* (18th edn ed. J. C. Palmes) Athlone Press, London, and Scribner, New York, 1975
Heskett, John *Industrial Design* Thames & Hudson, London and New York, 1980
Hitchcock, Henry Russell *Architecture: Nineteenth and Twentieth Centuries* Penguin, London 1971, New York 1977
Lucie-Smith, Edward *Furniture: a concise history* Thames & Hudson, London and New York, 1979
Oates, Phyllis Bennett *The Story of Western Furniture* Herbert Press, London, and Harper & Row, New York, 1981
Pevsner, Nikolaus *An Outline of European Architecture* Penguin, London, 1970; Allen Lane, London and New York, 1974
Risebero, Bill *The Story of Western Architecture* Herbert Press, London, and Scribner, New York, 1979

CHAPTER 1

Hobsbawm, Eric *The Age of Revolution 1789–1848* Weidenfeld & Nicolson, London, and New American Library, New York, 1962
Klingender, Francis D., rev. edn Arthur Elton (ed.) *Art and the Industrial Revolution* Granada, London, 1972; Academy Press, Chicago, 1981
Rosenau, Helen *Social Purpose in Architecture* Studio Vista, London, 1970

CHAPTER 2

Clark, Kenneth *The Gothic Revival* Murray, London, 1962; Harper & Row, New York, 1974
Coleman, Terry *The Railway Navvies* Hutchinson, London, 1965; Penguin, London, 1970
Furneaux Jordan, Robert *Victorian Architecture* Penguin, London and New York, 1966
Kasson, John F. *Civilising the Machine Technology and Republican Values in America 1776–1900* Penguin, London and New York, 1977
Morton, A. L. *The Life and Ideas of Robert Owen* Lawrence & Wishart, London, and Beckman Publishers, New York, 1969
Pelling, Henry *A History of British Trade Unionism* Macmillan, London, 1963; St Martin's Press, New York, 1977
Rolt, L. T. C. *Victorian Engineering* Allen Lane, London, 1970; Penguin, 1974

CHAPTER 3

Beaver, Patrick *The Crystal Palace 1851–1936: A Portrait of Victorian enterprise* Hugh Evelyn, London, 1970; British Book Centre, New York, 1974

Engels, Friedrich *The Condition of the Working Class in England* Granada, London, and Academy Press, Chicago, 1979
Oliver, Paul (ed.) *Shelter and Society* Barrie & Jenkins, London, 1978; distr. US by Arco, New York

CHAPTER 4

Morris, William *Political Writings* (ed. A. L. Morton), Lawrence & Wishart, London and International Publ. Co., New York, 1973
Rubinstein, David (ed.) *People for the People* Ithaca Press, London, 1973; Humanities Press New York, 1974 (contains 'William Morris; Art and Revolution' by Anthony Arblaster)
Thompson, E. P. *William Morris: Romantic to Revolutionary* Merlin Press, London, 1977; Pantheon, New York, 1978

CHAPTER 5

Guérin, Daniel *One Hundred Years of Labor in the USA*, Ink Links, London, 1979

CHAPTER 6

Baran, Paul A. and Sweezy, Paul M. *Monopoly Capital: an essay on the American economic and social order* Monthly Review Press, New York, and Penguin, London, 1968
Bell, Colin and Rose *City Fathers: town planning in Britain from Roman times to 1900* Barrie & Jenkins, London 1969; Humanities Press, NJ, 1974
Davey, Norman *Building in Britain* Evans, London, 1964
Pevsner, Nikolaus *Pioneers of Modern Design* Penguin, London and New York, 1961
Pevsner, Nikolaus and Richards, J. M. *The Anti-Rationalists: Art Nouveau Architecture and Design* Architectural Press, London, 1973; Harper & Row, New York, 1976
Sharp, Dennis *A Visual History of Twentieth Century Architecture* Heinemann/Secker & Warburg, London, and New York Graphic, New York, 1972
Siegel, Arthur *Chicago's Famous Buildings* (2nd edn) University of Chicago Press, 1970

CHAPTER 7

Berger, John *Art and Revolution* Readers & Writers Co-operative, London, 1979; as *Art in Revolution* Pantheon, New York, 1969
Gray, Camilla *The Russian Experiment in Art 1863–1922* Thames & Hudson, London, 1962
Gropius, Walter *The New Architecture and the Bauhaus* Faber, London, 1935; MIT Press, Cambridge, Mass, 1965
Lenin, Vladimir Ilich *The State and Revolution* Progress Publishers, c/o Imported Publications, Chicago, 1972; Greenwood, Westport, Conn., 1978
Lissitzky, El *Russia; an Architecture for World Revolution* Lund Humphries, London, and MIT Press, Cambridge, Mass, 1970
Miliutin, Nikolai A., *Sotsgorod: The Problem of Building Socialist Cities* MIT Press, Cambridge, Mass, 1974
Richards, J. M. *An Introduction to Modern Architecture* Penguin, London, 1940
Shvidkevsky, Oleg A. (ed.) *Building in the USSR 1917–32* special edition of 'Architectural Design', London, Feb. 1970
Willett, John *The New Sobriety: Art and Politics in the Weimar Period 1917–33* Thames & Hudson, London, 1979; Pantheon, New York, 1980

CHAPTER 8

Ambrose, Peter and Colenutt, Bob *The Property Machine* Penguin, London, 1975
Banham, Reyner *Los Angeles: the architecture of four ecologies* Allen Lane, London, and Harper & Row, New York, 1971
Barnet, Richard J. and Müller, Ronald E. *Global Reach: the power of the multi-national corporations* Cape, London, and Simon & Schuster, New York, 1975
Castells, Manuel *City, Class and Power*, Macmillan, London, 1978; St Martin's Press, New York, 1979
Chesneaux, Jean *Pasts and Futures or What is History for?* Thames & Hudson, London and New York, 1978
Coolley, Mike *Architect or Bee? The Human Technology Relationship* Langley Technical Services, Slough, England, 1979; South End Press, Boston, 1982
Gramsci, Antonio *The Modern Prince, and other writings* International Publ. Co., New York, 1959
Hall, Peter *The World Cities* Weidenfeld & Nicolson, London, 1977; McGraw Hill, New York, 1979
Hayter, Theresa *The Creation of World Poverty* Pluto Press, London, 1981
Le Corbusier *L'Unité d'Habitation de Marseilles* special edition of 'Le Point', Mulhouse, Nov. 1950
Schell, Jonathan *The Fate of the Earth* Pan Books/Cape, London, and Knopf, New York, 1982
Schumacher, E. F. *Small is Beautiful* Blond and Briggs, London, and Harper & Row, New York, 1973

译 后 记

一、本书作者以其独特的见解，简明扼要地阐述了现代社会的政治、经济、文化科学与建筑发展的紧密联系和影响，有别于传统的建筑历史，对了解现代建筑的发展颇有裨益，且资料充实有大量图例，是一本值得阅读的好书。

二、作者知识渊博，内容涉及广泛，并例举了历史、文化方面的著作、诗歌、戏剧等方面的内容。

三、本书出现的人名、建筑名称、地名等数量大，且外语种类多，除法文、德文外，还有意大利、荷兰、西班牙等语种，译出后有可能不准确，或与其他书中的译名不一致，有的只得采用原文。

四、限于译者知识、外语水平，及时间的限制，译文中错误及不当之处，恳请读者批评指正。

译 者
1998 年 12 月